DIE

GIFTPFLANZEN DEUTSCHLANDS

DIE GIFTPFLANZEN DEUTSCHLANDS

VON

DR. P. ESSER
DIREKTOR DES BOTANISCHEN GARTENS
DER STADT CÖLN

MIT 660 EINZELDARSTELLUNGEN
AUF 113 ZUM TEXT GEHÖRENDEN FARBENTAFELN

Springer Fachmedien Wiesbaden GmbH
1910

ISBN 978-3-663-19900-7 ISBN 978-3-663-20241-7 (eBook)
DOI 10.1007/978-3-663-20241-7

Ursprünglich erschienen bei Friedr. Vieweg & Sohn,
Braunschweig, Germany 1910.

VORWORT.

Die Tatsache, daß ständig noch Fälle vorkommen, wo Menschen durch den Genuß giftiger Pflanzenteile ihr Leben einbüßen, und zwar in der überwiegenden Mehrzahl aus Unkenntnis der Pflanzen, rechtfertigt wohl die Herausgabe eines Werkes, dessen vornehmliche Bestimmung ist, die Kenntnis der Giftpflanzen allgemeiner zu machen.

Diesem Zweck soll das Buch auch in der Hand des Lehrers dienen, dem nächst den Eltern die Aufgabe zufällt, aufklärend und warnend die Kinder auf die Gefahren aufmerksam zu machen, die beim Genusse von Teilen unbekannter Pflanzen ihnen drohen.

Das Buch würde nach dieser Richtung hin seinen Zweck nicht ganz erfüllen, wenn es sich mit der Beschreibung der Pflanzen begnügt hätte. Das berechtigte Bestreben, im Unterricht die „biologischen Erscheinungen“ mehr in den Vordergrund treten zu lassen, war Veranlassung, bei jeder Pflanze eine Zusammenstellung etwa zu machender biologischer Beobachtungen zu geben.

In der vorliegenden Bearbeitung sind jene Gewächse der deutschen Flora aufgenommen, in denen das Vorhandensein giftigwirkender Stoffe chemisch nachgewiesen ist, ferner solche, durch welche nachweislich Vergiftungen vorgekommen sind, wenn auch die Gifte selbst noch nicht ermittelt wurden, sowie endlich einige, deren Giftwirkung mit Sicherheit noch nicht nachgewiesen wurde, die aber allgemein als giftig angesehen werden, und denen gegenüber also Vorsicht am Platze ist. Einige giftführende Zierpflanzen, die zwar nicht der wildwachsenden Flora Deutschlands angehören, die aber in Gärten und öffentlichen Anlagen allgemein zu finden, und deshalb den Bewohnern der Städte bekannter sind als manche unserer einheimischen Pflanzen, glaubte ich gleichfalls aufnehmen zu müssen.

Bei Angabe der Gifte habe ich mich darauf beschränkt, diese chemisch zu charakterisieren und ihre physiologischen Wirkungen, wo es angebracht erschien, unter Zeichnung der Symptome, unter denen die Vergiftung sich zeigt, anzugeben. Weil der Zweck des vorliegenden Werkes weniger in der Verbreitung der Kenntnis der „Gifte“ als vielmehr der „Giftpflanzen“ liegt, habe ich es unterlassen, Angaben über die Anwendung von Gegenmitteln in den einzelnen Vergiftungsfällen zu machen. Dies gehört in das Gebiet der praktisch-medizinischen Giftlehre, und darauf bezügliche Anordnungen zu treffen, ist Sache des Arztes. Schon die Diagnose einer Vergiftung ist oft mit Schwierigkeiten verknüpft und kann nur durch einen erfahrenen Arzt vorgenommen werden. Einige allgemein gültige Angaben über die erste Behandlung vergifteter Personen finden sich am Schlusse der Einleitung.

Bei Auswahl der Abbildungen auf den Wandtafeln habe ich darauf Bedacht genommen, möglichst Pflanzen aus den verschiedensten Familien darstellen zu lassen, damit die Tafeln auch sonst für den botanischen Unterricht Verwendung finden können.

Dem bereitwilligen Entgegenkommen des Verlegers, der u. a. gerne die bedeutenden Kosten für die Herstellung der farbigen Tafeln, die für das vorliegende Werk sämtlich nach der Natur neu gezeichnet wurden, aufwandte, ist die vornehme Ausstattung des Buches zu verdanken. Auch Herr Direktor Prof. Dr. Thomé hat in dankenswerter Weise durch mannigfache Ratschläge dem Werke seine Unterstützung zuteil werden lassen.

In der Herstellung der prachtvollen Wandtafeln hat die Kunstanstalt des Herrn C. Bollmann in Gera ihren Ruf bewährt, die schönen Texttafeln wurden von Herrn Walter Müller-Gera angefertigt.

Cöln, im Januar 1910.

Der Verfasser.

INHALTSVERZEICHNIS.

Abkürzungen und Zeichenerklärungen.

(gr.) griechisch.
† bezeichnet die stark giftigen Pflanzen.

Druckfehlerverzeichnis.

Auf Tafel 58 muß es heißen: Euphorbia Peplus anstatt Euphorbia esula.
Auf Tafel 59 muß es heißen: Euphorbia esula anstatt Euphorbia Peplus.
Auf Tafel 70 lies Berle statt Berte.

Einleitung.

Nahrungsmittel in fast unendlicher Fülle, Stoffe mannigfacher Art für alle möglichen Bedürfnisse des Lebens entnehmen wir dem Pflanzenreiche. Deshalb pflegen Darstellungen, welche die Beziehungen zwischen Pflanzenwelt und Mensch zum Gegenstande haben, gewöhnlich und mit Recht den großen materiellen Nutzen der ersteren in den Vordergrund zu stellen, während der gesundheitsschädlichen Pflanzenstoffe seltener gedacht wird. Es kommt nämlich im Stoffwechsel zahlreicher Pflanzen auch zur Bildung von Substanzen, die, dem menschlichen oder tierischen Körper einverleibt, hier die Gesundheit schädigend oder das Leben vernichtend einwirken.

Derartige Pflanzen bezeichnet man als Giftpflanzen, und gibt es solche sowohl unter den Kryptogamen als unter den Phanerogamen.

Während in manchen großen Pflanzenfamilien (z. B. den Gräsern [Gramineen] und den Schmetterlingsblütlern [Papilionaceen]) nur vereinzelt eine giftige Gattung oder Art vorkommt, treffen wir in anderen (z. B. den Hahnenfuß- [Ranunculaceen] und Nachtschattengewächsen [Solanaceen], den Rachenblütlern [Scrophulariaceen] und anderen) einen großen Reichtum an solchen an, und nicht mit Unrecht kann zuweilen eine Pflanze schon durch ihre Zugehörigkeit zu einer bestimmten Familie als giftig angesehen werden. Oft ist auch bei zwei nahe verwandten Arten die eine giftig, die andere nicht, und es kann sogar bei ein und derselben Pflanzenart unter Umständen die Bildung des Giftes ganz unterbleiben. So soll z. B. der Gefleckte Schierling (Conium maculatum) im hohen Norden kein Coniin enthalten. Bei manchen Pflanzen finden sich weiterhin die giftigen Eigenschaften nur zu einer bestimmten Jahreszeit, und soll unter anderen die Wurzel des Bilsenkrautes (Hyoscyamus niger) im Winter ganz ungiftig sein; die Eisenhut- (Aconitum-) Arten enthalten kurz vor der Blütezeit, die Zwiebel der Herbstzeitlose (Colchicum autumnale) im Herbste (September bis Oktober) das meiste Gift.

Nicht in allen Fällen, in denen nach dem Genuß eines Pflanzenteiles Unwohlsein oder selbst eine stärkere Schädigung der Gesundheit sich zeigt, liegt die Wirkung eines Giftes vor. Wenn z. B. jemand nach dem Genusse unreifer Früchte krank wird, oder wenn Kinder, die halbreife Beeren der Heckenkirsche in großer Menge verzehrt hatten, starben, so wird es niemandem einfallen, die betreffenden Pflanzen ohne weiteres als giftig zu bezeichnen. Auch die eigenartigen Erkrankungen, die bei manchen Menschen regelmäßig nach dem Genusse gewisser Früchte (z. B. der Erdbeere) oder anderer Pflanzenteile sich einstellen, dürfen nicht als Vergiftungserscheinungen angesehen werden. Ebensowenig berechtigt die hautreizende Wirkung, welche die Sekrete einiger drüsig behaarter Primelarten (Primula obconica, P. sinensis, P. Sieboldi, P. cortusoides) auf manche Personen ausüben, dazu, diese Pflanzen als Giftgewächse zu bezeichnen; denn jene Erkrankungen sind doch allzusehr auf eine individuelle Empfindlichkeit gegen jene Sekrete zurückzuführen und pflegen trotz der weiten Verbreitung der genannten hübschen Zierpflanzen doch verhältnismäßig selten aufzutreten.

Zur Charakterisierung einer Pflanze als Giftpflanze ist es von wesentlicher Bedeutung, daß sie einen Stoff enthält, der schon in verhältnismäßig kleiner Menge im menschlichen oder tierischen Körper eine gesundheitsschädliche Wirkung ausübt und zwar letzteres dadurch, daß er in chemische Beziehungen zu wesentlichen Bestandteilen der lebenden Substanz tritt, durch seine chemisch-molekularen Wirkungen den molekularen Aufbau der lebenden Substanz tierischer Zellen vernichtet und Störungen des Stoffwechsels oder sonstiger Lebensvorgänge verursacht.

Die wirksamen Bestandteile zahlreicher Giftpflanzen sind von der Chemie ermittelt und rein dargestellt worden; dadurch wurde es möglich, ihre physiologischen Wirkungen in wissenschaftlich einwandfreier Weise festzulegen. Es fand sich hierbei, daß die Giftwirkung einer Substanz nicht von ihrer Qualität allein abhängt, sondern auch von der Quantität der Menge des dem Körpers einverleibten Giftes. Selbst bei den stärksten Giften ist nämlich bei entsprechender Verdünnung eine gesundheitsschädliche Wirkung ausgeschlossen. Manche Pflanzengifte, z. B. diejenigen der Tollkirsche (Atropin), des

Fingerhutes (Digitalin), des Schlafmohns (Morphium) u. a. werden in der Arzneikunde als unentbehrliche Heilmittel geschätzt. Ausgesprochene Vergiftungserscheinungen pflegen erst dann einzutreten, wenn das Gift in hinreichender Menge zur Wirkung kommt. Diese, die dosis toxica, ist für alle Gifte, die auch medizinisch Verwendung finden, sowie für manche der anderen genau bestimmt, ebenso kennen wir die tödlich wirkende Menge der meisten Gifte, die dosis letalis. Nicht unerwähnt darf jedoch bleiben, daß manchmal eine individuelle Veranlagung die Wirkung eines Giftes steigern oder abschwächen kann; ebenso können Alter und Geschlecht, gute oder schlechte Körperbeschaffenheit, Ernährungszustand u. dgl. dieselbe beeinflussen.

Versuchen wir die Pflanzen mit Rücksicht auf die in ihnen vorkommenden Gifte zu ordnen, so kann dieses erfolgen, entweder nach der Natur der Gifte oder nach ihren physiologischen Wirkungen auf bestimmte Organe (Nerven-, Herz-, Blut-, Protoplasmagifte u. dgl.) oder auch nach den äußerlich am meisten wahrnehmbaren Erscheinungen (scharfe, narkotische und scharf-narkotische Gifte). Die letztgenannte Einteilung wird, weil für die ärztliche Behandlung einer Vergiftung praktisch, seit langem in der Heilkunde mit Vorliebe befolgt.

Als scharfe, ätzende Pflanzengifte bezeichnet man solche, die mit den inneren Organen des menschlichen Körpers (der Speiseröhre, dem Magen und dem Darnkanal) in Berührung gebracht, einen starken örtlichen Reiz und eine Entzündung hervorbringen. Hierhin gehören die Gifte der Anemonen (Anemone Pulsatilla), der Hahnenfuß-(Ranunculus-) und Wolfsmilch- (Euphorbia-) Arten, der Seidelbaste (Daphne), des Gottesgnadenkrautes (Gratiola officinalis), der Zaunrübe (Bryonia), der Seidenpflanze (Asclepias), des Alpenveilchens (Cyclamen), des Sadebaumes (Juniperus Sabina) u. a.

Die narkotischen oder betäubenden Gifte wirken entweder allein oder doch vorwiegend auf das Gehirn (Gehirnnarkotika) oder vorwiegend auf das Rückenmark (Rückenmarknarkotika). Zu ersteren gehören die Gifte der Kornrade (Agrostemma Githago), des Schlafmohns (Papaver somniferum), der Tollkirsche (Atropa belladonna), des Bilsenkrautes (Hyoscyamus niger), des Hanfes (Cannabis sativa), der Goldregen- (Cytisus-) Arten, des Gift-Lattichs (Lactuca virosa); zu letzteren zählt man unter anderen die Gifte des Mutterkorns (Claviceps purpurea), des Taumellolchs (Lolium temulentum), der Germer- (Veratrum-) Arten.

Die scharf-narkotischen Gifte vereinigen mehr oder weniger die giftigen Eigenschaften der beiden vorgenannten Gruppen. Hierhin gehören die Gifte der Eibe (Taxus), der Eisenhut- (Aconitum-) Arten, der Herbstzeitlose (Colchicum autumnale), des Stechapfels (Datura stramonium), des Tabaks (Nicotiana tabacum u. a.), der Fingerhut- (Digitalis-) Arten, des giftigen Schierlings (Cicuta virosa), der Hundspetersilie (Aethusa cynapium), des Oleanders (Nerium), der Nachtschatten- (Solanum-) Arten, der Wasserlobelie (Lobelia Dortmanna) u. a.

Nicht aus dem Auge zu lassen ist jedoch bei dieser Einteilung, daß sie die Gifte nur betrachtet nach der äußerlich sich ähnlich zeigenden Wirkung auf den menschlichen Körper, während zweifelsohne jedes Gift, seiner chemischen Konstitution gemäß, seine eigene, wenn auch für uns noch nicht klar erkennbare spezifische Wirkung ausübt.

Manche Gifte, besonders die flüchtigen, können durch Erhitzen, Kochen, Trocknen u. dgl. aus den betreffenden Pflanzenteilen entfernt werden. Diese verlieren dadurch ihre Giftigkeit, und manche stärkehaltige (z. B. die Knollen des Aronsstabs, der Kartoffel u. a.) können dann als Nahrungsmittel dienen.

Betrachten wir die in den Pflanzen enthaltenen Gifte vom rein chemischen Standpunkte, so finden wir manche, deren chemische Konstitution noch nicht über jeden Zweifel sichergestellt ist. Hierhin gehören z. B. die Bestandteile des Sadebaumöls, die phenolartige Giftsubstanz der Sumach- (Rhus-) Arten: das Toxicodendrol. Auch die scharfen Stoffe mancher Milchsäfte, z. B. der Wolfsmilch- (Euphorbia-) Arten, der Lattich- (Lactuca-) Arten u. a. sind hinsichtlich ihrer giftig wirkenden Bestandteile gleichfalls noch wenig durchforscht; noch weniger wissen wir über die unter dem Gesamtnamen „Toxalbumine“ zusammengefaßten sehr gefährlichen Gifte.

Die meisten der in unseren einheimischen Pflanzen vorkommenden Gifte gehören chemisch zu den beiden umfangreichen Gruppen der **Alkaloide** und **Glykoside.** Da diese beiden Bezeichnungen bei den Giften der einzelnen Gewächse häufig wiederkehren, so dürfte eine allgemeine Charakteristik dieser beiden Gruppen hier am Platze sein.

Alkaloide nennt man Erzeugnisse des Lebensprozesses gewisser Pflanzen mit ausgesprochen basischen Eigenschaften. Sie enthalten alle Stickstoff bei sonstiger großer Verschiedenheit im molekularen Aufbau. Man unterscheidet sauerstofffreie und sauerstoffhaltige Stickstoffbasen.

Die Alkaloide kommen gewöhnlich in der Pflanze nicht im freien Zustande, sondern gebunden an weit verbreitete organische Säuren (Apfel-, Oxal-, Gerbsäure u. a.), zuweilen auch an spezielle Säuren (Aconitin an Aconitsäure, Veratrin an Veratrumsäure u. a.) vor.

Fast alle Alkaloide sind, rein dargestellt, farblos und entweder (die sauerstoffhaltigen) feste, kristallisierende oder amorphe Stoffe oder (die sauerstofffreien) leicht und unzersetzt flüchtige Flüssigkeiten. Sie besitzen einen brennenden, bitteren Geschmack. Die spezifisch physiologischen, in den meisten Fällen sehr charakteristischen Wirkungen der giftigen Alkaloide lassen sich zurzeit chemisch noch nicht erklären.

Über die Entstehung der Alkaloide in den Pflanzen und die Bedeutung in deren Lebensprozesse wissen wir zurzeit nichts Bestimmtes; dieselben sind, entsprechend der Verschiedenheit ihres Aufbaues, auch wohl nicht bei allen Pflanzen die gleichen. Die früher häufig geäußerte Ansicht, die Alkaloide spielten eine Rolle als Reservestoffe, ist wohl nicht mehr aufrecht zu halten. Allgemeine Erzeugnisse des Stoffwechsels der Pflanze sind die Alkaloide nicht; denn sie bilden sich nur in bestimmten Pflanzen, sind also nur charakteristisch für den Stoffwechsel der betreffenden. Zweifelsohne steht ihre Bildung in irgend einer Beziehung zum Eiweißstoffwechsel; vielleicht sind es Umwandlungsprodukte, die durch den Zerfall zusammengesetzter stickstoffhaltiger Elemente, etwa der Eiweißsubstanzen, entstehen. Ob äußere Einflüsse und welche im einzelnen Falle die Bildung des betreffenden Alkaloides in der Pflanze veranlassen, ist gleichfalls noch unerforscht; doch ist erwiesen, daß Klima und Standort der Pflanze in vielen Fällen den Alkaloidgehalt der Pflanze beeinflussen. Tatsache ist, daß die wildwachsenden Individuen im allgemeinen alkaloidreicher, bei den Giftpflanzen also giftiger sind als die kultivierten. Dies ist z. B. erwiesen für die Tollkirsche (Atropa), den Stechapfel (Datura), den Gefleckten Schierling (Conium), den Eisenhut (Aconitum), den Rittersporn (Delphinium); bei den Cytisusarten sollen jedoch die kultivierten Exemplare alkaloidreicher sein als die wildwachsenden.

Die Ansammlung der Alkaloide kann in allen Teilen der Pflanze erfolgen; in vielen Fällen ist kein Organ der betreffenden Pflanze alkaloidfrei, z. B. bei der Tollkirsche (Atropa), andererseits gibt es Pflanzen, bei denen der Alkaloidgehalt auf bestimmte Organe beschränkt und oft nur in ganz bestimmten Teilen der letzteren nachweisbar ist. So sind z. B. die Alkaloide der Frucht von Conium maculatum nur in der Fruchtschale, diejenigen der Frucht von Colchicum nur in der

Samenschale, die der Aconitumarten nur im Nährgewebe der Samen vorhanden; die Papaver- und Nicotianaarten beherbergen die Alkaloide nur in Stengeln und Blättern, während ihre Samen ganz alkaloidfrei sind. Reichlich treten sie im allgemeinen in den jungen Organen, z. B. in den Vegetationspunkten, also dort, wo die Lebenstätigkeit am kräftigsten ist, auf. Den Ort ihrer ersten Bildung haben wir zweifellos in den Blättern zu suchen, die vielleicht als ihre Hauptbildungsstätten anzusehen sind, aus denen sie sich dann in regelmäßigem Strome in die übrigen Teile der Pflanze verteilen und an einzelnen Orten anhäufen. Letzteres besonders im Parenchym, in besonderen Behältern (z. B. den Milchröhren), ferner im Mark in der Peripherie des Stengels und in der Rinde.

Verbreitet finden sich die Pflanzenbasen in fast allen Gruppen des Pflanzenreiches, besonders bei den höheren Pflanzen. Durch Reichtum an giftigen Alkaloiden zeichnen sich aus: die Liliaceen (Colchicum, Veratrum, Fritillaria), Ranunculaceen (Delphinium, Aconitum), Papaveraceen (Papaver, Chelidonium), Papilionaceen (Cytisus, Colutea), Umbelliferen (Conium, Aethusa, Cicuta), Solanaceen (Nicotiana, Atropa, Datura, Hyoscyamus, Lycium, Solanum), Cucurbitaceen (Bryonia). Sie finden sich aber auch bei den Pilzen, z. B. im Mutterkorn, im Fliegenpilz u. a.

Selten findet man dieselbe Base in mehreren Familien verbreitet, meist ist ihr Vorkommen auf eine Pflanzenart oder doch auf eine bestimmte Familie beschränkt und oft charakteristisch für dieselbe; so kommt das Colchicin nur in Colchicumarten, das glykosidartige Alkaloid Solanin in den Solanumarten, das Nikotin in Nicotiana vor. Arten oder Gattungen, die sich durch Alkaloidreichtum auszeichnen, enthalten oft nicht eine einzige, sondern mehrere, sich chemisch nahestehende Basen, die einen gemeinsamen Ursprung haben oder leicht ineinander übergehen, z. B. die Opiumbasen: Morphin, Codeïn, Thebaïn, Papaverin, Narkotin, die alle im Milchsafte von Papaver somniferum enthalten sind; das Atropin, Hyoscyamin, Atropamin, Belladonnin, die zusammen oder einzeln in Atropa, Hyoscyamus und Datura vorkommen.

Ob einzelnen Alkaloiden nach ihrer Bildung noch eine weitere Bedeutung für den pflanzlichen Stoffwechsel beizulegen ist, bedarf noch näherer Untersuchung. Für manche giftige Alkaloide ist eine solche als Schutzmittel gegen Tierfraß allgemein angenommen, und scheint ihre Ablagerung in den äußeren Gewebslagen, in der Rinde, den Haaren und den Milchsaftgefäßen auch für die Richtigkeit dieser

Annahme zu sprechen. Manche Tiere sind aber augenscheinlich gegen bestimmte giftige Alkaloide völlig immun, z. B. die Tollkirschen verzehrenden Vögel.

Die Alkaloide der Giftpflanzen zählen zu den stärksten Giften, die, in kleiner Menge genossen, schon die Gesundheit schädigen oder den Tod herbeiführen können. Mehrere, z. B. Atropin, werden in der Heilkunde angewandt. Die Vergiftungserscheinungen sind häufig so charakteristisch, daß aus ihnen schon auf das in Frage kommende Gift geschlossen werden kann. Im allgemeinen gehören die Alkaloide zu den narkotisch wirkenden Stoffen, die kurz nach der Aufnahme in den menschlichen Körper Schwindel, Ohrensausen, zuweilen Kopfschmerz verursachen. Nach einer oft kaum bemerkbaren, oft starken Aufregung, die sich bis zum Delirium steigern kann, und die oftmals mit Krämpfen verbunden ist, tritt eine allgemeine Erschlaffung und das Gefühl völliger Betäubung ein. Der Vergiftete fällt allmählich in Schlaf. Die Haut ist unempfindlich und kalt, das Gesicht bleich, die Pupillen sind erweitert oder verengt, der Atem ist langsam und mühsam. Unter allgemeinen Lähmungserscheinungen tritt nach 2 bis 12 Stunden der Tod ein. Auf Genesung ist zu hoffen, wenn es gelingt, bald reichliches Erbrechen zu erzeugen, was übrigens meist nur durch Anwendung starker Mittel möglich ist, und durch kalte Umschläge auf Kopf und Gesicht der zunehmenden Betäubung Einhalt zu tun, oder endlich, wenn bei reichlichem Schweißausbruch der Kranke in einen natürlichen, ruhigen Schlaf fällt.

Die **Glykoside** sind meist kristallisierende in den verschiedenen Pflanzenteilen und zwar besonders in der Rinde, den Wurzelstöcken und Früchten, aber auch in krautartigen Teilen, gelöst im Zellsaft, vorkommende Stoffe, die unter der Einwirkung von Säuren oder Enzymen in einen Zucker (Traubenzucker, Galaktose oder Rhamnose) und andere Stoffe (Aldehyde, Alkohole, Säuren) zerfallen. Die Glykoside sind in Wasser meist leicht löslich und besitzen einen bitteren Geschmack. Ihr molekularer Aufbau ist größtenteils noch unbekannt und die Zusammenfassung der hierhin gezählten Stoffe mehr durch ihr gemeinsames physiologisches, als durch ihr chemisches Verhalten berechtigt.

Die physiologische Bedeutung der Glykoside für die Pflanze ist vielleicht darin zu suchen, daß der Zucker einen, allerdings erst unter bestimmten Bedingungen, nämlich bei Einwirkung eines spezifischen Enzyms, freiwerdenden Reservestoff darstellt. — Inwieweit den Glykosiden oder den durch Spaltung daraus hervorgehenden Stoffen eine biologische Bedeutung für die betreffende Pflanze, etwa als Schutzstoffe gegen Angriffe seitens der Tiere, zuzusprechen ist, bedarf noch eingehender Nachforschung.

Giftige Glykoside kommen in den verschiedensten Pflanzenfamilien vor; nicht selten treten sie im Inhalte von Milchröhren auf; besonders reich sind an ihnen: die Ranunculaceen (Adonis, Helleborus), Papilionaceen (Coronilla, Wistaria), Ericaceen (Andromeda, Rhododendron, Azalea), Asclepiadaceen (Asclepias, Vincetoxicum), Scrophulariaceen (Gratiola, Digitalis, Pedicularis, Rhinanthus). Auch bei den glykosidhaltigen Pflanzen sind die wildwachsenden giftiger als die kultivierten, z. B. die Fingerhut-(Digitalis-)Arten.

Ihrer chemischen Natur nach zu den Glykosiden sind auch die Saponine zu rechnen, Stoffe, die in dem Pflanzenreiche und zwar gelöst im Zellsafte gleichfalls sehr viel, durch 46 Familien, in über 200 Arten verbreitet und meist giftig sind. Über ihre physiologische Bedeutung in der Pflanze ist man noch ganz im Unklaren. Wahrscheinlich werden sie in den Blättern gebildet und von dort zu den anderen Organen (Stengeln, Wurzeln) geleitet, wo sie vielleicht ein Schutzmittel gegen Angriffe seitens der Tiere bilden. Die Saponine bilden amorphe, weiße Substanzen, von brennendem, bitterem Geschmack, die in Pulverform stark zum Nießen reizen. Sie sind unlöslich oder kaum löslich in Alkohol und Äther; in Wasser wenig lösbar. Die Lösung ist schon bei geringem Saponingehalt stark schäumend, daher die Bezeichnung und die Verwendung an Stelle von Seife zum Waschen.

Als Glykoside zerfallen die Saponine bei Behandlung mit Säuren in Zucker und spezifische „Sapogenine“, deren chemische Zusammensetzung bisher in keinem Falle festgestellt worden ist.

Besonders reich an giftigen Saponinen sind von den einheimischen Pflanzen diejenigen aus der Familie der Araceen (Arum, Calla), Caryophyllaceen (Saponaria, Agrostemma), Primulaceen (Cyclamen).

Die Giftwirkung der Saponine, die teilweise schon bei kleiner Menge derselben sich äußert, tritt am intensivsten auf bei direktem Eintritt in das Blut; sie besitzen neben einer protoplasmaabtötenden Wirkung die Fähigkeit, die Blutkörperchen aufzulösen. Dieser Vorgang äußert sich am intensivsten an Blut, welches vom Serum befreit worden; das letztere scheint demnach einen Schutzkörper gegen die Wirkung der Saponinsubstanzen zu besitzen, und vermutet man jenen im Cholesterin des Serums, welches die Saponine chemisch zu verbinden vermag. Auf Fische wirken Saponine noch in sehr großer Verdünnung giftig; saponinhaltige Pflanzenteile finden daher vielfach zur Betäubung der Fische beim Fischfangen Verwendung.

Glykosidischen Ursprunges ist auch die **Blausäure** (der Cyanwasserstoff CHN), welche im Pflanzenreiche, wenn auch oft nur vorübergehend und in geringer Menge, weit verbreitet vorkommt. Blausäure liefernde Glykoside (Nitrilglykoside) sind Stoffe, die unter Einwirkung äußerer Agenzien (z. B. durch bestimmte Fermente) eine Zersetzung erleiden, die stets Zucker und Cyanwasserstoff (Blausäure) liefert. In den meisten Fällen hat man in den Teilen der betreffenden Pflanze neben den Glykosiden auch die diese spaltenden Stoffe, in Form von Enzymen gefunden.

Die hier in Frage kommenden Glykoside entstehen in den grünen Blättern der blausäurehaltigen Pflanze und finden sich meist in den jungen Teilen der Triebe, z. B. in den Blattknospen; sie spielen in den Stoffwechselvorgängen der Zellen dieser Pflanzenteile vielleicht eine bedeutungsvolle, zurzeit jedoch noch unbekannte Rolle; abgelagert treffen wir sie als stickstoffhaltige Reservestoffe weiterhin in manchen Samen, und zwar reichlicher in denen mehrerer Gattungen aus der Familie der Rosaceen.

Das am längsten bekannte, blausäureabspaltende Glykosid ist das in den Samen, der Rinde und den Blättern vieler Pomaceen und Prunaceen, z. B. reichlich in den Samen der bitteren Mandeln (Amygdalus communis), in geringerer Menge in denjenigen der Pfirsiche, Aprikosen und Pflaumen und in der Rinde des Faulbaumes (Prunus padus) vorkommende **Amygdalin** ($C_{20}H_{27}NO_{11}$), das rein dargestellt farblose, gut kristallisierende Prismen bildet; es zersetzt sich erst bei 200° C. In den Blättern und Stengeln des Kirschlorbeeres (Prunus laurocerasus) kommt das Glykosid: Prulaurasin ($C_{14}H_{17}NO_6$) vor. Die das Amygdalin spaltenden Enzyme, deren chemische Natur zurzeit noch ebenso unbekannt ist wie diejenige der meisten anderen Fermente, faßt man als **Emulsin** zusammen. So viel steht fest, daß auf bestimmte Glykoside nur bestimmte Enzyme, z. B. auf das Amygdalin nur das Emulsin zerspaltend einwirken können. Das letztere scheint vorwiegend im Strangsystem der Pflanzenteile abgelagert zu sein, während das Amygdalin in den Parenchymgeweben verbreitet ist.

Weder das Amygdalin noch das Emulsin sind für sich allein giftig. Auch das Bittermandelöl, der Träger des eigentümlichen Geruchs der Blausäure, ist an sich nicht giftig; aber es bindet Blausäure und wird dadurch giftig. Reichlich finden sich Amygdalin und Emulsin gemeinschaftlich, aber getrennt voneinander in den Keimblättern der Früchte des Mandelbaumes, den sogenannten „bitteren Mandeln“. Die Einwirkung des Fermentes Emulsin auf das Glykosid und die Bildung von Blausäure kann also erst erfolgen, wenn die Zellen der Keimblätter zerstört, z. B. die bitteren Mandeln zerrieben oder gekaut werden. Die Wirksamkeit des Emulsins wird durch Erhitzen über 100° C, sowie durch Pepsin und durch eine 0,135 prozentige Salzsäurelösung aufgehoben. Beim Verzehren von bitteren Mandeln gelangt also nur diejenige Menge Blausäure in den Körper, die beim Zerkauen der Samen im Munde entstanden ist, da im Magen die weitere Abspaltung jenes Giftes durch den pepsin- und salzsäurehaltigen Magensaft unterbunden wird.

Die wasserfreie Blausäure ist eine bewegliche Flüssigkeit, die bei — 15° C erstarrt und bei + 26,5° C siedet; bei gewöhnlicher Temperatur verdunstet sie also schon stark. Der ihr eigentümliche Geruch rührt von Bittermandelöl her. — In verdünnter Lösung, z. B. im „Bittermandelwasser“ und im „Kirschlorbeerwasser“ (enthält bis zu 0,1 Proz. Blausäure) wird die Blausäure medizinisch angewandt. Im „Kirsch“- und im „Zwetschenwasser“ sind gleichfalls geringe, aus den Obstkernen stammende Mengen Blausäure enthalten.

Die Blausäure gehört zu den auf den tierischen Organismus am stärksten giftig wirkenden Stoffen. Sie äußert ihre Wirkung stets, gleichviel auf welchem Wege sie in den Körper gelangt. In konzentrierter Form, als flüssige Blausäure eingenommen, treten die ersten Vergiftungserscheinungen schon nach wenigen Sekunden oder ein bis zwei Minuten ein. Auf welche Organe und auf welche Weise die Blausäure auf diese einwirkt, ist noch nicht mit Sicherheit festgestellt; nach einigen sollen Gehirn und Rückenmark, nach anderen das Herz und Gefäßsystem gelähmt werden. Je nach dem Grade der Vergiftung äußert sich die Wirkung verschieden. Bei starker Vergiftung durch Blausäure stürzt der Vergiftete, oft einen Schrei ausstoßend, zusammen und stirbt gefühl- und bewußtlos, ohne Krämpfe, nach einigen Minuten; bei schwacher Vergiftung ist die Haut kalt und gefühllos, die Atmung langsam, krampfhaft, der Atem selbst riecht nach bitteren Mandeln; der Puls wird langsam, und unter Krämpfen erfolgt nach einer Viertel- bis halben Stunde der Tod. Rettung ist nur bei leichten Vergiftungsfällen durch sofortige Hilfe, und zwar in erster Linie durch Entfernung der blausäurehaltigen Flüssigkeit aus dem Magen möglich.

Unter gewissen, noch nicht näher bekannten Bedingungen soll auch in anderen, bisher nicht für giftig gehaltenen Samen einzelner Pflanzen aus der Familie der Rosaceen Blausäure entstehen. So wurde solche z. B. in den Samen des Weißdorns (Crataegus oxyacantha) nach einer vorgekommenen Vergiftung durch den Genuß von Beeren dieses Strauches nachgewiesen.

Für nicht ganz ungiftig wird das in manchen Pflanzen frei vorkommende, chemisch zur Gruppe der Lecithine gehörende **Cholin** gehalten. Wenn auch die direkte Giftigkeit desselben vielfach noch angezweifelt wird, so kann es doch durch Bildung des giftigen **Neurins** zum Ausgangspunkt von Vergiftungen werden. Frei kommt es vor unter anderem im Pantherpilz (Amanita pantherina), im Fliegenpilz (Amanita muscaria), im Mutterkorn (Claviceps purpurea) und in manchen Samen höherer Pflanzen. In naher Beziehung zum Cholin steht das in den genannten Pilzen vorkommende **Muscarin**; als Zersetzungsprodukt des Cholins und des Muscarins tritt in den genannten Pflanzen das „Trimethylamin" auf; mit Cholin identisch soll das **Amanitin** des Fliegenpilzes sein. Über den Ort und die Art der Bildung der genannten Stoffe in der Pflanze sind wir zurzeit noch sehr ungenügend unterrichtet.

Vergiftungen durch Pflanzen können sehr verschiedene Ursachen zugrunde liegen, und die Veranlassungen dazu recht mannigfaltige sein. Meist erfolgen sie durch Genuß giftiger Pflanzenteile, vornehmlich aus Unkenntnis derselben veranlaßt; in anderen Fällen kann unvorsichtige, oft leichtsinnige Anwendung giftiger Pflanzenteile in größeren Mengen, etwa als Arzneistoffe in sogenannten Volks- oder Hausmitteln, Veranlassung zu schweren Erkrankungen werden! — Selbstvergiftungen, d. h. Selbstmorde durch Pflanzengifte, stehen schon im Altertume nicht vereinzelt da. — Benutzung der Giftpflanzen zum Morde finden wir schon in den ältesten Zeiten bei allen Völkern verbreitet, und seit der Tätigkeit der berühmten Giftmischerin Medea hat es bis in die neueste Zeit nicht an Beispielen von Giftmischerei, besonders durch Frauen ausgeführt, gefehlt.

Die **rationelle Behandlung der Vergiftung**, d. h. die Beseitigung der Krankheitserscheinungen nach den Regeln der Wissenschaft, ist Aufgabe des Arztes. Lediglich dieser kann nach Beobachtung der Vergiftungserscheinungen, nach Feststellung des Grades der Vergiftung und nach genauer Untersuchung des Kranken, beurteilen, welche weitere Behandlung Platz zu greifen hat, und welche arzneilichen Gegenmittel in Anwendung gebracht werden dürfen. Der Laie möge sich bis zur Ankunft des Arztes darauf beschränken, unter Anwendung aller zu Gebote stehenden Mittel, das Gift aus dem Körper zu entfernen, oder bei Verwundungen die Weiterverbreitung des Giftes durch Unterbindung der Blutbahn zu verhindern, und bei narkotischen Giften die zu befürchtende Betäubung nicht aufkommen zu lassen. Das letztere läßt sich erreichen, wenn der Kranke, von zwei Personen gestützt, in frischer Luft unaufhaltsam hin und her geführt wird, wobei durch beständiges Sprechen und Fragen seine Aufmerksamkeit rege zu halten ist. Kalte Wassergüsse oder Eisumschläge auf den Kopf sind weiterhin als lindernde und ableitende Mittel angebracht.

Zur **Entfernung des Giftes aus dem Magen** nehmen die brechenerregenden Mittel seit alter Zeit eine hervorragende Stelle ein.

Manche Gifte reizen schon von Natur zum Erbrechen, in welchem Falle das letztere nach Möglichkeit zu begünstigen ist. Durch Kitzeln des Schlundes und Gaumens mit dem Finger oder einer Feder, durch Gaben von das Brechen erleichternden Flüssigkeiten (lauwarmes Wasser, schwacher Kaffee, Kamillenaufguß oder anderer Mittel, die gerade zur Hand oder schnell zu beschaffen sind) ist dafür zu sorgen, daß der Magen rasch von dem Gifte geleert wird; hierbei ist sehr wichtig, die Anwendung der Brechmittel solange fortzusetzen, bis man annehmen darf, daß kein Rest des Giftes mehr im Magen zurückgeblieben ist.

Bei Vergiftungen durch die sogenannten scharfen Gifte stellt sich in den meisten Fällen das Erbrechen von selbst ein oder es ist mit den oben genannten Mitteln leicht hervorzurufen.

Narkotische Gifte bewirken bald eine Lähmung des Magens, und kann dann das Erbrechen meist nur durch die stärksten Mittel erregt werden. Die Wirkung des letzteren kann dadurch begünstigt werden, daß man den Kranken, wie vorhin angegeben, in beständiger Bewegung hält. Der Arzt wird in solchen Fällen ohne Verzug zum Auspumpen des Magens schreiten.

Fliegenpilz. Amanita muscaria *(Pers.).* †

Tafel 1, Fig. 1. **Wandtafel 1,** Fig. 3.

Fam.: **Blätterpilze. Agaricaceae.**

Amanita von *amanítai* (gr.), womit die Griechen alle Erdschwämme bezeichneten. Agaricus muscarius L.

Agaricus von *agarikón* (gr.), dem Zunderschwamm, nach Dioskorides von einer Landschaft Sarmatiens „Agaria“ genannt; muscarius von musca, Fliege. Fliegenpilz, weil er, in Milch gekocht, zur Vertilgung der Fliegen benutzt wird.

Beschreibung. Hut und Stiel sind im Jugendzustande in einer gemeinsamen Hülle eingebettet, welche später, wenn der Stiel sich streckt, zerreißt; ihr unterer Teil bleibt am knolligen Grunde des Stieles als Scheide sitzen, ihr oberer Teil bleibt dem Hute zunächst fest angeheftet, zerreißt aber bei der Ausdehnung des letzteren in Stücke, die als weiße Fetzen an demselben sitzen. Der Rand des Hutes ist mit dem Stiel durch einen Schleier verbunden, der später zerreißt und als häutiger Ring (Manschette) um den Stiel angeheftet bleibt. — Der Stiel ist oberhalb des Ringes fein längsgestreift (es sind die Stellen, an denen im Jugendzustande des Hutes die Blätter desselben mit ihrer unteren Schneide auflagen), unterhalb des Ringes glatt, meist weiß gefärbt, innen weiß, zuerst markig, später hohl. — Der Hut ist zuerst halbkugelig, scharlachrot, er breitet sich allmählich flach aus, und im Alter erhebt sich der Rand etwas, so daß der Hut innen schwach vertieft ist. Seine Färbung geht dann ins Gelbrote und zuletzt ins Ledergelbe über. Die Oberfläche ist glänzend; in der Jugend ist er von den weißen Fetzen der Überreste der Hülle wie mit weißen Warzen bekleidet, die jedoch später vom Regen fortgespült werden. — Die Blätter (Lamellen) sind weiß, radial am Stiele angeordnet, mit messerschneideförmigem, unterem Rande. — Fleisch weiß, an der Luft unveränderlich, hat einen faden Geschmack und Duft.

Der Pilz ändert ab in der Größe aller Teile (Amanita puella Pers.) und kommt auch mit gelblichem Stiele vor (Amanita formosa Rabenh.). Verwechselungen dieses Giftpilzes mit ähnlichen kommen in Deutschland im allgemeinen nicht vor, da er durch seine Färbung zu leicht kenntlich ist. In Südeuropa dagegen findet sich der ihm ähnliche, als Speisepilz geschätzte Kaiserschwamm (A. caesaria), der nördlich vereinzelt auch in Böhmen, in der Lausitz und in Baden vorkommt. Blätter, Stiel und Fleisch des letzteren sind aber gelb.

Biologisches. Der Fliegenpilz nimmt teil an der Pilzwurzelbildung (Mykorhiza) der Waldbäume (siehe Juniperus Sabina).

Standort und Verbreitung. In lichten Nadel- und Laubholzwäldern, am Rande von Waldwiesen von August bis Oktober in Deutschland allgemein verbreitet.

Gift und dessen Wirkung. Der Fliegenpilz ist der augenfälligste Pilz unserer Wälder, der nur im Jugendzustande mit eßbaren Pilzen verwechselt werden und zu Vergiftungen Veranlassung geben kann. Erbrechen, Leibschmerzen, Schwindel, Ohnmacht, schwacher Puls sind die Erscheinungen, welche sich nach dem Genuß von Fliegenpilzen einstellen, meist führt die Vergiftung jedoch nicht zum Tode. — Eine Abkochung der Pilze in Milch wird zur Tötung der Fliegen benutzt. — Der Träger des Giftes ist das Alkaloid: **Muscarin** ($C_5H_{15}NO_3$), rein dargestellt geruch- und geschmacklose, farblose, an der Luft leicht zerfließliche Kristalle. — Das Muscarin steht in naher Beziehung zu dem „Cholin", aus dem es durch Oxydation entstehen kann. Mit Cholin ist das nicht giftige „Amanitin" des Fliegenpilzes identisch, welch letzteres aber leicht in das giftige sog. „Pseudomuscarin" übergehen kann. — Beim Erhitzen des Muscarins bildet sich Trimethylamin. — Das Muscarin ist ein sehr intensiv wirkendes Gift, welches die Herztätigkeit lähmt, die Pupille verengt und hierin sowie in seiner sonstigen Einwirkung auf den tierischen Körper eine dem Atropin (siehe Atropa belladonna) entgegengesetzte Wirkung ausübt, so daß eine Vergiftung durch Muscarin durch eine Atropingabe schnell gehoben werden kann. — Außer dem Muscarin soll der Fliegenpilz noch ein besonderes, leicht zersetzliches, nicht näher bekanntes „Pilzgift" enthalten. — Der Fliegenpilz ist frisch und gekocht giftig, jedoch scheint der Giftgehalt nicht an allen Standorten der gleiche zu sein; in manchen Gegenden wird er abgekocht, nach Abgießen des Kochwassers, in anderen Gegenden, z. B. im Erzgebirge, wird er ohne entgiftende Vorbereitung gegessen. In Japan ist er z. B. weit weniger giftig als in Europa. In Lappland, in Kamtschatka und Ostsibirien wird er noch verzehrt und zur Herstellung eines berauschenden Getränkes benutzt, das in eigentümlicher Weise eine Erhöhung der Körper- und Geisteskräfte, die mit Wahnvorstellungen aller Art verbunden ist, bewirkt. In diesen Fällen ist die Wirkung des Giftes auf die einzelnen Individuen sehr verschieden; während die einen in traurige Stimmung versetzt werden, geraten die anderen in hochgradige Erregung und Wut, in der sie zu außergewöhnlichen Kraftleistungen befähigt sind. Die „Berserkerwut" der Nordmänner soll gleichfalls eine Folge des Genusses von Fliegenpilzen sein.

1 **Fliegenpilz.** *Amanita muscaria Pers.* 2 **Knollenblätterpilz.** *Amanita bulbosa Pers.* 3 **Mutterkorn.** *Claviceps purpurea Tul.* 4 **Kartoffelbovist.** *Scleroderma vulgare Fr.* 5 **Speiteufel.** *Russula emetica Fr.*

Knollenblätterpilz. Amanita bulbosa *(Pers.)*. †

Tafel 1, Fig. 2. **Wandtafel 1,** Fig. 2.

Fam.: **Blätterpilze. Agaricaceae.**

Amanita siehe Amanita muscaria; bulbosus mit einer Knolle versehen.
Amanita phalloides Fr.; Agaricus bulbosus Bull.
Knollenwulstling, Knollenschwamm, Schierlingspilz, Gichtschwamm.

Beschreibung. Hut und Stiel in der Jugend in einer gemeinsamen Hülle eingebettet, die bei der Streckung des Stieles an der Spitze des Hutes aufbricht und teils am Grunde des Stieles als Scheide um den knolligen Fuß des Stieles sitzen bleibt, teils die Oberfläche des Hutes in Form von großen, gelblichgrünen Warzen bedeckt. Der Stiel entspringt aus einer kugelförmigen, braunhäutigen Knolle; er ist etwa fingerhoch, unten dick, nach oben sich schnell verjüngend; weiß, mit häutigem, herabhängendem, zerrissenem, weißem oder gelblichem gestreiftem, leicht vergänglichem Ring; oberhalb des letzteren ist der Stiel feingestreift, unterhalb desselben mit kleinen Fäserchen bedeckt; im Innern zuerst voll, nachher oben hohl. Hut anfangs glockenförmig, später flachgewölbt bis 8 cm breit, schwach glänzend, feucht, etwas klebrig, glatt oder mit großen gelblichgrünen, vom Regen leicht abspülbaren Warzen bedeckt. Die Farbe des Hutes ändert sehr ab von weiß, gelblichweiß, schwefelgelb, gelbgrün bis olivenbraun. — Die Blättchen (Lamellen), am Stiel radial angeordnet, dichtstehend, an geöffneten Pilzen stets weiß, nie rosa oder bräunlich, in noch geschlossenen Hüten jedoch, wie beim Champignon, rötlich. — Das Fleisch riecht widerlich nach rohen Kartoffeln; Geschmack desselben anfangs milde, nachher bitter.

Der Pilz ändert ab in der Farbe des Hutes (siehe oben) und sind die verschiedenen Abarten nach dieser benannt.

Verwechselungen dieses Pilzes mit dem ihm sehr ähnlich sehenden echten Champignon sind leicht möglich; die meisten Pilzvergiftungen sind auf eine solche zurückzuführen. Er unterscheidet sich vom Champignon durch die weißen, den Stiel berührenden (beim Champignon rötlichen, den Stiel nicht berührenden) Blätter; die grünlichgelbe, feuchte, schmierige, glänzende, unverletzt oft mit Warzen bedeckte Oberfläche des Hutes, die beim Champignon weiß oder bräunlich, trocken, faserig-schuppig ist; durch den knolligen, braunhäutigen Fuß des Stieles; durch den unangenehmen Geruch des Fleisches nach rohen Kartoffeln, während derjenige des Champignons aromatisch-anisartig ist.

Standort und Verbreitung. In lichten Wäldern, an Waldrändern, auf Moosplätzen, von Juli bis September, oft schon im Mai, zuweilen recht zahlreich.

Gift und dessen Wirkung. Der Knollenblätterpilz ist einer unserer gefährlichsten Giftpilze, der wegen seiner Ähnlichkeit mit dem Champignon bei den meisten und schlimmsten, fast stets zu Tode führenden Vergiftungsfällen eine Rolle spielt; die Vergiftungserscheinungen treten verhältnismäßig spät nach dem Genuß der Pilze, meist erst 10 bis 12 Stunden nachher auf, währenddessen sich das Gift durch den ganzen Körper ausgebreitet hat. — Das Gift des Knollenblätterpilzes ist das **Phallin;** es gehört zu den Toxalbuminen, d. h. zu den giftigen, eiweißhaltigen, noch wenig erforschten Stoffen, die in tierischen und pflanzlichen Organismen vorkommen. Das Phallin ist, wie alle Toxalbumine, ein Blutgift, welches die roten Blutkörperchen zerstört. — Außer diesem ist in dem Knollenblätterpilz noch ein seiner Wirkung nach nicht näher erforschtes Alkaloid nachgewiesen.

Kartoffelbovist. Scleroderma vulgare *(Fr.)*.

Tafel 1, Fig. 4. **Wandtafel 1,** Fig. 6.

Fam.: **Bauchpilze. Gasteromycetes.**

Scleroderma von *sklerós* (gr.), hart, und *dérma* (gr.), Haut, wegen der festen Schale; vulgare gemein, überall vorkommend.

Kartoffelbrätling; Hartbovist; Schweinetrüffel.

Beschreibung. Der Fruchtkörper entwickelt sich aus einem dichten Mycel unter der Erdoberfläche, durchbricht diese aber bald und erhebt sich auf stielförmigem Fußteile über die Erde, an der er durch dicke, wurzelähnliche Mycelstränge befestigt ist. Fruchtkörper fast kugelrund, 2 bis 7 cm im Durchmesser, etwas abgeplattet. Die Hülle desselben ist dick, lederartig, hart, anfangs glatt, später im oberen Teile rissig, gefeldert; braun, unten gelblich, im Alter auch oberseits gelb. Das Innere ist von einer trockenen, festen, blauschwarzen Masse angefüllt, die von feinen, weißen Fäden durchzogen ist; im Alter zerfällt die Masse in schwarzen Staub (die Sporen) und braune Flocken; das Innere des Pilzes duftet widrig scharf.

Verwechselungen mit Trüffeln sind bei dem ausgesprochen unangenehmen Duft, bei einiger Kenntnis des Pilzes und bei nötiger Vorsicht kaum möglich. Häufig sollen von gewissenlosen Trüffelhändlern junge, noch unreife, zerschnittene Kartoffelboviste den echten Trüffeln beigemischt worden sein.

Standort und Verbreitung. In Wäldern, Wiesen, auf Heideland, auf Weideplätzen, häufig unter Kiefern von Juli bis November, durch ganz Deutschland verbreitet.

Gift und dessen Wirkung. Der Pilz wird allgemein als giftig bezeichnet; jedenfalls ist der Genuß desselben gesundheitsschädlich; auch getrocknet oder abgekocht verliert er nichts von seinen giftigen Eigenschaften. Im frischen Zustande ist er an Geruch und Färbung so gekennzeichnet, daß er wohl nicht leicht zu Vergiftungen Veranlassung gibt. Junge Exemplare des Pilzes sollen in Scheiben geschnitten oft in betrügerischer Absicht von Händlern den Trüffeln beigemengt werden. In Böhmen und im Osten Deutschlands soll ein Auszug des Pilzes wegen des Aromas als Brühe in der Küche Verwendung finden. — Über die Inhaltsstoffe des Pilzes ist Näheres nicht bekannt.

Speiteufel. Russula emetica *(Fr.)*. †

Tafel 1, Fig. 5. **Wandtafel 1,** Fig. 5.

Fam.: **Blätterpilze. Agaricaceae.**

Russula, Verkleinerungsform von russus, rötlich; emeticus, brechenerregend.
Agaricus emeticus Schaeff.
Speitäubling.

Beschreibung. Stiel etwa 4 bis 5 cm hoch, 1 bis 1,5 cm dick, glatt, meist etwas rötlich, selten ganz weiß, anfangs voll, später hohl, ohne Ring. — Hut bis zu 13 cm breit, anfangs glockig, später flach, tellerförmig, mit etwas erhobenem Rande; Oberhaut glänzend, in der Farbe veränderlich, je nach Standort und Alter, meist dunkelbraunrot oder braungelb bis gelbrot. — Blättchen (Lamellen) sehr steif, weitläufig stehend, nicht mit dem Stiel verwachsen, sehr zerbrechlich, ohne Milchsaft, mit scharfer Schneide, grauweiß. Fleisch weiß, unter der Haut rötlich, unangenehm duftend und scharf schmeckend.

Verwechselungen mit eßbaren Russulaarten sind leicht möglich infolge seiner sehr wechselnden Färbung.

Standort und Verbreitung. In feuchten Wäldern, Gehölzen, auf feuchten Waldwiesen, stellenweise häufig vom Frühjahr bis zum Herbst.

Gift und dessen Wirkung. Von den Russulaarten gelten Russula emetica als sehr giftig, Russula foetens als weniger giftig. Der Genuß des ersteren verursacht meist schwere Entzündungen des Magens und Darmes und führt gewöhnlich zum Tode. Schon der widerliche Geruch verursacht Kopfschmerzen und Schwindel. — Über die giftigen Bestandteile dieser Pilze ist nichts Näheres bekannt. Der rote Farbstoff rührt von dem in den Pilzwandungen eingelagerten „Russularot", einem in Wasser und Alkohol löslichen Farbstoff, her.

Satanspilz. Boletus Satanas *(Lenz).*

Wandtafel 1, Fig. 1.

Fam.: **Löcherpilze. Polyporaceae.**

Bolites (gr.) bezeichnet bei den Griechen eine bestimmte Art eßbarer Pilze, boletus bei den Römern; satanas, Satan. — Boletus sanguineus Kromh. Blutpilz, Satansröhrling.

Beschreibung. Stiel anfangs dick, bauchig, später walzenförmig, bis 8 cm hoch, oben schön gelb, mit einem purpurroten und zwischen diesem noch mit einem gelben Adernetz gezeichnet. — Hut anfangs halbkugelig, später polsterförmig, bis 20 cm breit; Oberhaut gelb oder gelbbraun, mit grünlichem Ton, im feuchten Zustande schleimig. — Röhrchen an der Unterseite des Hutes unter sich verwachsen, vom Fleisch des Hutes leicht trennbar, am Stiel frei, innen gelb, an der Mündung blutrot. — Fleisch dick, weiß oder gelblich, wird im Bruch zuerst rot, dann schnell tiefblau; Geruch und Geschmack schwach, nicht unangenehm.

Verwechselungen dieses Pilzes mit anderen kommen selten vor, da er nicht häufig ist. Durch seine Färbung und sonstige bestimmte Merkmale ist er so charakterisiert, daß er sich von einigen anderen Boletusarten leicht unterscheidet. Ähnlichkeit hat er mit dem Schönfußröhrling und mit Boletus luridus, dem Hexenpilz.

Standort und Verbreitung. In Gebirgswäldern, unter Büschen, auf Viehtriften und Grasplätzen im August, September, jedoch selten.

Gift und dessen Wirkung. Der Satanspilz gilt allgemein als giftig, besonders im rohen Zustande; von anderen wird seine Giftigkeit jedoch bezweifelt und darauf hingewiesen, daß er in Böhmen und Schlesien als Speisepilz benutzt wird. Fälle von Vergiftungen durch diesen Pilz dürften selten vorkommen, da er durch seine Färbung leicht kenntlich ist, und weil er zu den selten vorkommenden Pilzen gehört. — Die Inhaltsstoffe der giftigen Boletusarten sind noch nicht näher bekannt; wahrscheinlich ist die Giftigkeit bedingt durch Muscarin (siehe Amanita muscaria) oder ein diesem nahestehendes Alkaloid. — Die rote Färbung einzelner Teile des Pilzes wird von einigen dem nicht näher untersuchten, rein dargestellt rote Kristalle bildenden „Boletol", von anderen der in manchen Boletusarten vorkommenden „Luridussäure" zugeschrieben.

Mutterkorn. Claviceps purpurea *(Tulasne)*.†

Tafel 1, 2a und **2b. Wandtafel 1,** Fig. 4.

Fam.: **Kernpilze. Pyrenomycetes.**

Claviceps von clava, Keule, und caput, Kopf; purpurea = purpurrot. Hungerkorn, Hahnensporn, Kribbelkorn, Roggenmutter, Kornzapfen.

Beschreibung und Entwickelung. Die erste Entwickelung dieses Pilzes, die zur Bildung des Mutterkornes führt, nimmt ihren Anfang mit dem Anfliegen einer Sklerotiumspore des Pilzes zur Blütezeit des Kornes auf den Fruchtknoten. Der aus der Spore austretende Keimschlauch durchbricht die Wand des Fruchtknotens, dringt in das Innere desselben ein und erzeugt ein Geflecht vielfach verzweigter Pilzfäden, die bald den ganzen unteren Teil des Fruchtknotens durchwachsen haben (Tafel 2a, Fig. 1). Die Außenschicht dieses Pilzgewebes durchbricht später die Fruchtknotenwand und bildet an der Oberfläche in die Luft hinausragende, schlauchförmige Zellen, die an ihrem äußeren Ende zahlreiche weiße, ovale Zellen (Conidien) abschnüren (Tafel 2b, Fig. 9 und 10). Diese Conidienzellen schwimmen in einer gleichfalls von dem Pilze erzeugten klebrigen, gelben, süßen Flüssigkeit, dem sogenannten „Honigtau"; sie sind befähigt, sofort zu keimen, wenn sie auf einen anderen Fruchtknoten gelangen. Unter für den Pilz günstigen Umständen wird durch sie die Krankheit schnell verbreitet, teils, indem die angesteckten Ähren durch den Wind mit noch gesunden in Berührung gebracht werden, teils auch durch zahlreiche Insekten, die, der süßen Flüssigkeit nachstellend, die Sporen auf noch gesunde Fruchtknoten übertragen. In diesem conidienbildenden Zustande ist der Mutterkornpilz, bevor seine weitere Entwickelung bekannt war, als Sphacelia segetum Lév. beschrieben worden. Die Pilzfäden dieser Sphaceliaform wachsen nun, vom Grunde des Fruchtknotens nach oben fortschreitend, zu einem die Form des Fruchtknotens im allgemeinen beibehaltenden Pilzkörper aus (Tafel 2a, Fig. 2, 3, 4). Der letztere, welcher an der Spitze zuerst noch die Überreste des jungen Fruchtknotens als Mützchen trägt, wandelt sich allmählich in ein festes, dickwandiges, etwas hornförmig gekrümmtes, fettreiches, außen violett bis violettbraun gefärbtes Gebilde: ein Sklerotium, das sogenannte Mutterkorn, um (Tafel 1, Fig. 4; Tafel 2a, Fig. 4). Nach einer Ruhe von

 Tafel 2a.

Claviceps purpurea.

1 Junger Fruchtknoten vom Spermogon erfüllt (12 mal vergr.). 2 Älteres Stadium junger Fruchtknoten im Längsdurchschnitt (12 mal vergr.). 3 Beginn der Sklerotiumbildung (12 mal vergr.). 4 Halbentwickeltes Sklerotium (12 mal vergr.). 5 Halbentwickeltes Sklerotium im Längsdurchschnitt (12 mal vergr.). 6 Sklerotium mit Fruchtkörpern. 7 Fruchtkörper (12 mal vergr.). 8 Fruchtkörper im Längsdurchschnitt (12 mal vergr.).

Tafel 2 b.

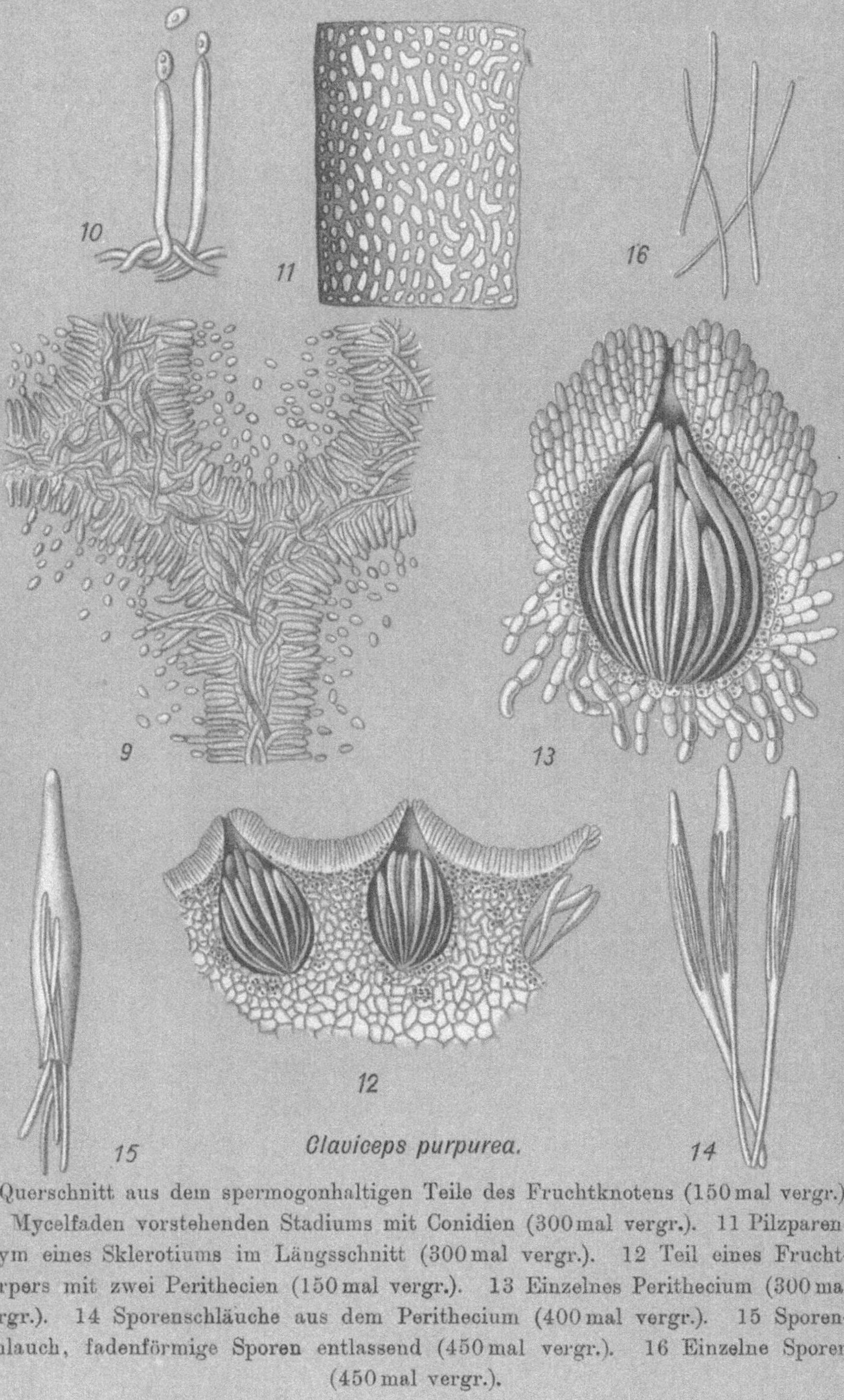

Claviceps purpurea.

9 Querschnitt aus dem spermogonhaltigen Teile des Fruchtknotens (150 mal vergr.). 10 Mycelfaden vorstehenden Stadiums mit Conidien (300 mal vergr.). 11 Pilzparenchym eines Sklerotiums im Längsschnitt (300 mal vergr.). 12 Teil eines Fruchtkörpers mit zwei Perithecien (150 mal vergr.). 13 Einzelnes Perithecium (300 mal vergr.). 14 Sporenschläuche aus dem Perithecium (400 mal vergr.). 15 Sporenschlauch, fadenförmige Sporen entlassend (450 mal vergr.). 16 Einzelne Sporen (450 mal vergr.).

mehreren Monaten, die das Sklerotium am besten unter leichter Erdbedeckung zubrachte, treten aus seiner Oberfläche rötliche oder gelbliche Fruchtlager hervor, die in ihrer weiteren Entwickelung zu einem Fruchtträger werden, bestehend aus einem bis 1 cm großen Stielchen mit einem rotbraunen Köpfchen (Tafel 2a, Fig 6). Je nach der Größe des Sklerotiums entstehen wenige oder viele solcher Fruchtträger. Die runden Köpfchen sind bedeckt mit zahlreichen warzenförmigen Erhebungen (Tafel 2a, Fig. 7). Von diesen ist jede die sich später erst öffnende Ausmündungsstelle eines länglichen, flaschenförmigen Behälters (Tafel 2a, Fig. 8; Tafel 2b, Fig. 12), der von zahlreichen keulenförmigen, an seinem Grunde entspringenden Schläuchen ausgefüllt ist. Jeder dieser Schläuche birgt im Innern acht fadenförmige Sporen (Tafel 2b, Fig. 14, 15, 16). Durch die Öffnungen auf den Warzen des Köpfchens gelangen diese nach außen. Werden diese Sporen auf die Fruchtknoten blühender Roggenpflanzen übertragen — in der Natur besorgen Wind und Insekten dieses —, so keimen sie, und der geschilderte Entwickelungsgang beginnt von neuem.

Standort und Verbreitung. Die Hauptnährpflanze des Mutterkornpilzes ist der Roggen; außerdem finden sich noch Clavicepsarten auf zahlreichen anderen Gräsern. Noch unentschieden ist jedoch, ob es sich in allen Fällen um dieselbe Art handelt, oder ob deren mehrere, auf bestimmte Grasarten beschränkte, zu unterscheiden sind. Leicht übertragbar ist Claviceps purpurea durch Sporen auf Gerste, Spelt, Dactylis glomer., Anthoxanthum odor., Arrhenatherum elatius, Poaarten u. a.; nicht übertragbar auf Lolium, Brachypodium silv., Milium effusum u. a. Da die auf den letzteren vorkommenden Clavicepsarten morphologisch gar nicht von Claviceps purpurea zu unterscheiden sind, so nimmt man an, daß es nur biologische Formen einer einzigen morphologischen Art sind.

Gift und dessen Wirkung. Der Mutterkornpilz ist giftig im Sklerotienzustande. Der Genuß solcher Sklerotien oder von Brot, das stark durch solche verunreinigt ist, erzeugt gefährliche Krankheiten, die in früheren Zeiten, in denen der Getreidebau und die Reinigung des Getreides weniger sorgfältig betrieben wurden, besonders in Jahren, wo die Witterung die Entwickelung des Pilzes begünstigte, in fast allen Ländern Europas seuchenartig auftraten. Von dem eigentümlichen Gefühle des Kribbelns (Juckens) in Händen und Füßen, mit dem die Krankheit beginnt, hat sie den Namen der „Kribbelkrankheit“ erhalten. Im Mittelalter wurde sie in Deutschland fast allgemein „Antoniusfeuer“ genannt, weil man glaubte, durch Verehrung der Reliquien des hl. Antonius könne der Seuche Einhalt getan werden. Starke Vergiftungen durch Mutterkorn führen stets unter Krämpfen, Schwindel, Ohrensausen, furchtbaren Schmerzen, Atemnot zum Tode. In schweren Fällen werden die Glieder brandig und lösen sich vor dem Tode in den Gelenken vom Körper ab; nach leichten Erkrankungen bleiben noch lange schwere Nervenstörungen zurück. — Unsere Kenntnis von den giftigen Inhaltsstoffen des Mutterkornpilzes ist sehr ungenügend und bedarf in vielen Teilen noch der Aufklärung. Als unzweifelhaft giftig werden angegeben das Alkaloid: **Ergotin** ($C_{50}H_{52}N_2O_3$) (von Ergot de seigle, der französischen Bezeichnung für das Mutterkorn); das **Cornutin,** ein sehr giftiges Alkaloid; die **Sklerotinsäure** und die vielleicht mit ihr identische **Ergotinsäure,** beides stickstoffhaltige Glykoside; sodann das **Picrosklerotin,** ein sich leicht zersetzendes und sehr giftiges Alkaloid, endlich die stickstofffreie giftige **Phacelinsäure.**

Nach neueren Untersuchungen, die jedoch noch der Bestätigung bedürfen, soll die Giftwirkung des Mutterkornes ausschließlich an ein stickstofffreies Harz, das **Phacelotoxin,** gebunden sein.

Außer den genannten Stoffen sind im Mutterkorn noch zahlreiche andere nachgewiesen, die nicht giftig sind, oder deren Giftigkeit noch in Frage steht, so das **Trimethylamin,** das wohl auch hier, wie in vielen Fällen, ein Zersetzungsprodukt des giftigen Cholins ist; das **Ergotinin,** ein bis 0,1 Proz. im Mutterkorn enthaltenes kristallisierbares Alkaloid ($C_{35}H_{40}N_4O_6$); das **Ergosterin** ($C_{26}H_{39}OH + H_2O$), ein kristallisierbares Phytosterin. Außerdem enthält das Mutterkorn reichlich Fett, Eiweißstoffe, sodann einen Farbstoff, das Sklererythrin, in der dünnen äußeren Schicht des Kornes, etwas Zucker, Zellstoff u. a. — Zu Heilzwecken fanden die Sklerotien, „das Mutterkorn“ (Secale cornutum) schon im 16. Jahrhundert Verwendung. Allgemein werden sie in der Heilkunde seit Ende des 17. Jahrhunderts benutzt.

 Tafel 3.

Giftreizker. *Lactarius torminosus Fr.*

Von verschiedenen Seiten gesehen und längs durchschnitten.

Giftreizker. Lactarius torminosus *(Fr.)*.

Tafel 3.

Fam.: **Blätterpilze. Agaricaceae.**

Lactarius von lac = Milch, wegen des Milchsaftes; torminosus = tormina = Leibweh, hervorbringend.

Agaricus torminosus Schaeff.

Giftiger Milchblätterschwamm, Birkenrietsche, weil mit Vorliebe unter Birken wachsend; Giftmilchling.

Beschreibung. Der Stiel ist kurz, dick, brüchig, hohl, rötlich gefärbt, Fleisch weiß. — Der Hut, 5 bis 8 cm breit, jung flach gewölbt mit stark eingebogenem Rande, später flacher, in der Mitte eingedrückt, zuletzt oft schüsselförmig mit erhobenem Rande. Oberfläche schwach klebrig, zottig, gegen den Rand zu weißzottig; in der Jugend fleischrot, später rotgelb, zuletzt bräunlich mit dunkleren Zonen. — Blättchen (Lamellen) gelblichweiß, dem Stiel angeheftet und an ihm eine kurze Strecke herablaufend. — Fleisch weiß, brüchig, unveränderlich, von gefäßartigen Schläuchen durchsetzt, die einen weißen, scharf schmeckenden Milchsaft enthalten, der bei der Verletzung des Pilzes tropfenförmig herausquillt.

Verwechselung mit dem echten Reizker (Lactarius deliciosus) ist kaum möglich, da letzterer an der ziegelroten Milch und dem grünspanfarbigen Hut leicht kenntlich ist.

Standort und Verbreitung. Auf Sandboden, in Laubwäldern, besonders unter Birken und auf Heideplätzen; Juni bis November, am häufigsten im Spätherbst.

Gift und dessen Wirkung. Das Fleisch bzw. der Milchsaft des Pilzes besitzt einen rettichartigen, scharfen, beißenden Geschmack; die Zusammensetzung des Milchsaftes, der in besonderen röhrenartigen Sekretbehältern enthalten ist, bedarf noch näherer Untersuchung; ebenso ist noch nicht festgestellt, ob die im Pilz vorkommende Lactariussäure ($C_{15}H_{30}O_2$) in den Milchschläuchen abgelagert ist. Der Giftreizker gilt allgemein als giftig, und hat der Genuß ähnliche Wirkung wie der Speiteufel (Russula emetica), jedoch weniger heftig.

Pantherpilz. Amanita pantherina *(D. C.)*.

Tafel 4.

Fam.: **Blätterpilze. Agaricaceae.**

Amanita siehe Amanita muscaria; pantherinus, wie ein Panther gefleckt.
Agaricus pantherinus D. C.
Pantherwulstling, graubrauner Fliegenpilz.

Beschreibung. Die in der Jugend Hut und Stiel gemeinsam umschließende braune Hülle reißt bei der Streckung des Stieles unten an letzterem ab, bleibt ganz auf dem Hute sitzen und bedeckt diesen später in Form von braunen Flecken. Stiel, bald hohl werdend, am Grunde knollig, mit bräunlicher Scheide, mit weißem, herabhängendem, etwas einseitig ausgebildetem Ringe, etwa fingerhoch, weiß. — Der Hut ist zuerst glockenförmig, später ausgebreitet-gewölbt, bis 16 cm breit, mit klebriger, graubrauner, mit kleinen Wärzchen besetzter Oberfläche; Rand des Hutes gestreift. — Blättchen (Lamellen) radial um den Stiel angeordnet, weiß, den Stiel nicht berührend. — Fleisch weiß, fade schmeckend und duftend, nach dem Durchbrechen an der Luft sich nicht verfärbend.

Standort und Verbreitung. In Gebirgsgegenden, in Nadel- und Laubwäldern, an Wegrändern, von Juli bis Oktober, zuweilen schon im Juni.

Gift und dessen Wirkung. In diesem Pilze sind dieselben Stoffe: **Muscarin** und **Cholin** nachgewiesen, welche im Fliegenpilz vorkommen (siehe S. 2). — Das Gift soll besonders in der Oberhautschicht des Hutes enthalten sein, und sollen enthäutete Pilze vielfach genossen werden. — Die Färbung des Hutes wird durch die in Wasser leicht lösliche Pantherinussäure bewirkt, die, rein dargestellt, gelbbraune, krustenförmig zusammengeballte Kristalle bildet. Auch der Pantherpilz soll, je nach Klima und Standort, mehr oder weniger giftig sein und besonders in Ostasien (Japan) zu den gefährlichsten Pilzen gehören, während er in Europa weniger Giftstoffe enthält als andere, z. B. der Fliegenpilz.

 Tafel 4.

Pantherpilz. *Amanita pantherina D. C.*

 Tafel 5.

Stinktäubling. *Russula foetens Fr.*

Stinktäubling. Russula foetens *(Fr.)*.

Tafel 5.

Fam.: **Blätterpilze. Agaricaceae.**

Russula siehe Russula emetica; foetens = stinkend.
Agaricus foetens Pers.

Beschreibung. Stiel bis 10 cm hoch, dick, im Alter hohl, weiß oder gelblichweiß, nach unten zu abgerundet. — Hut glockenförmig buckelig, mit unregelmäßigem, im Alter erhobenem, gefurchtem Rande; Oberfläche gelbbraun, bei feuchter Witterung mit dickem Schleim bedeckt, bei trocknem Wetter glänzend. — Blättchen (Lamellen) dick, steif, zerbrechlich, weitläufig stehend und vielfach gabelig geteilt, schmutzigweiß. — Fleisch gelblichweiß, ekelhaft duftend und beißend scharf schmeckend.

Verwechselungen mit anderen Russulaarten sind wegen des höchst unangenehmen Duftes ausgeschlossen.

Standort und Verbreitung. In Wäldern und Gebüschen von Juli bis Oktober nicht selten.

Gift und dessen Wirkung siehe Russula emetica.

Wolfs-Röhrenpilz. Boletus lupinus *(Fr.)*. †

Tafel 6.

Fam.: **Löcherpilze. Polyporaceae.**

Boletus siehe Boletus Satanas; lupinus von lupus = Wolf.
Boletus erythropus Kranbh.

Beschreibung. Stiel bis 8 cm hoch, dick, am Grunde bauchig erweitert, oben blutrot, undeutlich geadert. — Hut bis 10 cm breit, halbkugelig, mit unregelmäßig gebuchteter Oberfläche und unregelmäßigem Rande; zuerst blaugrünlich, später gelblich. — Röhren unter sich verwachsen, am Stiel frei, vom Hutfleisch leicht ablösbar; an der Mündung hochrot. — Fleisch gelblich, bei Verletzung schnell blau werdend. Geruch und Geschmack etwas säuerlich.

Standort und Verbreitung. In Wäldern von August bis Oktober nicht selten.

Gift und dessen Wirkung. Dieser Pilz, dessen Fleisch etwas säuerlich riecht und schmeckt, ist sehr giftig; die Wirkungen sind denen, die nach dem Genuß von Fliegenpilzen eintreten, sehr ähnlich. — Über unsere Kenntnis von den Inhaltsstoffen siehe Boletus Satanas.

 Tafel 6.

Wolfs-Röhrenpilz. *Boletus lupinus Fr.*

Gichtmorchel. Phallus impudicus *(L.)*.

Tafel 7.

Fam.: **Gichtmorchelpilze. Phallaceae.**

Phallus vom griechischen *Phállos*, wegen der Gestalt; impudicus = unverschämt.

Stinkmorchel, Eichelpilz.

Beschreibung. Das im Boden in Form von starken, vielverzweigten, weit hinkriechenden, wahrscheinlich ausdauernden Strängen lebende Mycel bildet, sobald es genügend erstarkt ist, Fruchtkörper, die zunächst in Form erbsengroßer Knöllchen auftreten. Aus diesen wachsen allmählich bis gänseeiergroße runde Fruchtkörper heran (Fig. 1), die vom Volke als „Teufelsei" oder „Hexenei" bezeichnet werden. — In diesem ausgewachsenen Zustande besteht der junge Fruchtkörper äußerlich aus einer weißgelben Fruchthülle (Fig. 2), an der drei Gewebslagen sich unterscheiden lassen: eine dicke, weiße, feste äußere Haut, eine feste, dünne innere Haut und zwischen diesen gelegen eine breite, mittlere Lage, die aus einer weichen, schleimigen Masse besteht. Die Mitte des Fruchtkörpers nimmt ein spindelförmiger Teil ein, der den Stiel darstellt. Zwischen diesem und der innern Gewebepartie der Hülle lagert der sporenerzeugende Apparat in Form einer Glocke. Diese trägt fast in senkrechter, aufrechter Richtung niedrige Blättchen (Lamellen), die, wabenartig verbunden, zahlreiche Abteilungen bilden. Zwischen Stiel und Hut liegt eine Gewebeschicht, die sich später gallertartig erweicht. Zur Reifezeit des Fruchtkörpers verdickt und streckt sich der Stiel plötzlich ganz bedeutend und ragt als festes, außen wabiges Gebilde in die Luft. Infolge dieses Vorganges wird die Hülle an der Spitze gesprengt, und der Hut (Fig. 3), der jetzt entfernte Ähnlichkeit mit einer Morchel hat, wird emporgehoben. Während dieses Vorganges beginnen die Gewebeelemente auf der Oberfläche des Hutes zu verschleimen und fließen schließlich, vermischt mit den Sporen, als höchst unangenehm riechende Masse an den Waben des Hutes herab. — Aasfliegen, die, durch den Duft angelockt, sich auf den grünen Schleimmassen niederlassen und mit denselben bedecken, verbreiten die Sporen.

Standort und Verbreitung. Auf sandigem und lehmigem Boden, an Hecken, in Gebüschen und Wäldern, auf feuchtem Boden, von Juni bis September, besonders nach warmem Regen.

Gift und dessen Wirkung. Der vorliegende Pilz wird vielfach als giftig angegeben, von anderen wird er jedoch als unschädlich bezeichnet, wenigstens im jungen, noch geschlossenen Zustande. Es ist nicht ausgeschlossen, daß die übelriechende, grüne Schleimmasse des entwickelten Pilzes giftige Bestandteile enthält. Zum Genuß kann er höchstens im jungen Zustande verlocken, später schreckt der aasartige Geruch vor solchem zurück. — Über die Bestandteile des Fruchtkörpers des Pilzes ist Näheres nicht bekannt, außer daß ein fettes Öl und ein walratartiges Fett in ihm nachgewiesen wurde. — Früher wurde der Pilz als Volksheilmittel gegen Gicht gebraucht.

Tafel 7.

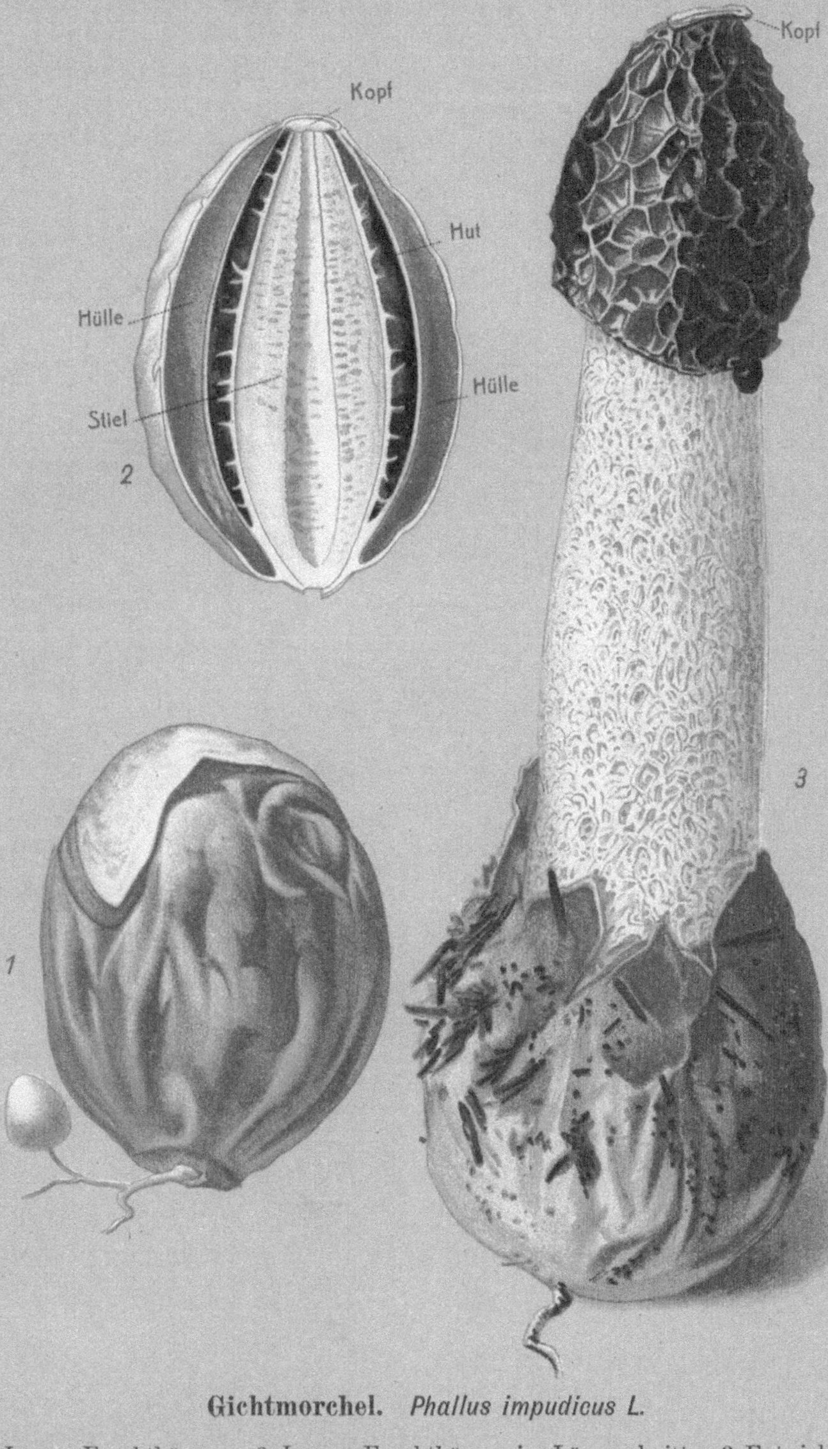

Gichtmorchel. *Phallus impudicus L.*

1 Junger Fruchtkörper. 2 Junger Fruchtkörper im Längsschnitt. 3 Entwickelter Fruchtkörper.

Sadebaum. Juniperus Sabina *(L.)*.†

Tafel 8. Wandtafel 2.

Fam.: Nadelhölzer. Pinaceae.

Juniperus, Bezeichnung für den Strauch bei den Römern (Vergil); auch Herba Sabinae genannt (nach Plinius), weil die Sabiner die Blätter benutzten.

Sabina officinalis (Garke).

Gemeiner Sevenbaum, Siebenbaum (Eifel); Sevibaum (Schweiz); Segelbaum oder Segenbaum (Bayern, Österreich); Stinkholz, Stinkwacholder, Jungfern-Rosmarin (Salzburg).

Beschreibung. Strauch mit mehr oder weniger niederliegenden, oft fast am Boden kriechenden Ästen oder schräg aufstrebendem, oft 7 bis 8 m hohem Stamm mit unregelmäßiger Krone. Rinde aschgrau, im Alter rötlich, abblätternd. — Blätter ausdauernd; an jungen Pflanzen nadelförmig, linealisch, stachelspitzig, abstehend, oben blaugrün, auf dem Rücken mit länglicher Drüse. Die zierlichen, langgestreckten grünen Zweige tragen nach dem achten bis zehnten Jahre außer den vorgenannten Blättern vorwiegend solche von rhombischer oder rhombisch-lanzettlicher Gestalt, kreuzweise gegenständig, kaum 2 mm lang; auch hier liegt in der Mitte der konvexen Rückseite eine ovale Öldrüse. Gerieben verbreiten die Zweige einen balsamischen, widrigen Geruch. — Blüten eingeschlechtlich, meist zweihäusig, zuweilen einhäusig. Die länglich-eiförmigen Staubblüten (Fig. 3), an der Spitze kleiner Zweige (Fig. 2) stehend, werden von 10 bis 14 dreieckigen, schuppenförmigen, kreuzweise angeordneten Staubblättern gebildet, die an der unteren Seite drei bis sechs kugel- bis eiförmige Staubbeutel tragen (Fig. 4, 5, 6). Fruchtblüten, einzeln an der Spitze kleiner aufrechter Zweige stehend (Fig. 7), aus vier gelblichweißen, zur Bestäubungszeit strahlig ausgebreiteten fleischigen Schuppenblättern bestehend, welche drei aufrechte Samenanlagen umschließen (Fig. 7 u. 8). — Frucht im reifen Zustande eine an zurückgekrümmten Zweiglein hängende blauschwarze, oft bläulich bereifte, erbsengroße, kugelige Beere: Beerenzapfen mit 1 bis 3 Samen (Fig. 2 u. 9).

Von den zahlreichen, auch in Gärten jetzt häufig angepflanzten Formen seien erwähnt: der tamariskenblätterige Sadebaum (J. Sab. tamaricifolia Ait.), der zypressenblätterige S. (J. Sab. cupressifol. Ait.), der kriechende S. (J. Sab. prostrata Hort.), der buntblätterige S. (J. Sab. variegata Hort).

Blütezeit: April, Mai.

Biologisches. Die Spaltöffnungen liegen auf der Oberseite der Blätter, zweireihig. Zum Schutze gegen das Vordringen des Wassers bis zu den Spalten ist die Blattoberfläche, soweit sie mit Spaltöffnungen besetzt ist, mit einem Wachsüberzuge, in Form von zwei weißlichen Streifen sichtbar, bedeckt. — Zweihäusige Pflanzen, d. h. auf dem einen Stocke reine Staubblüten, auf dem anderen reine Fruchtblüten; selten einhäusig, mit Staub- und Fruchtblüten auf demselben Stocke. — Übertragung des Blütenstaubes durch den Wind. Der aus den reifen Staubbeuteln ausfallende Blütenstaub lagert sich zunächst auf der Rückseite des unter ihnen stehenden Staubblattes ab und wird dann, wenn die äußeren Verhältnisse zu seiner Verbreitung geeignete sind (trockenes, sonniges Wetter), vom Winde weggeblasen und auf die Fruchtblüten abgelagert. — Als Schmarotzer kommt an den Ästen und Stämmen der wirtswechselnde Pilz: Gymnosporangium Sabinae, kenntlich an knotigen, krebsigen Auftreibungen der Rinde, vor, der in der anderen Entwickelungsstufe als „Gitterrost“: Roestelia cancellata auf den Blättern des Birnbaumes, des Weißdornes und anderen Pomaceen lebt. — An der Wurzel Symbiose mit Pilzen eine beständige Erscheinung. Die Wurzel ist eine sog. Pilzwurzel (Mykorhiza), d. h. das ganze Wurzelsystem, insbesondere sämtliche Saugwurzeln, sind, wie bei allen Nadelhölzern, zahlreichen Waldbäumen sowie heide- und moorbewohnenden Sträuchern, regelmäßig von einem Pilzgewebe, wie von einem Mantel völlig bedeckt und verwachsen derart mit diesem, daß Pilz und Wurzel ein einheitliches Ganze, eine sogenannte Pilzwurzel darstellen. Die Pilzfäden dringen auch zwischen die Oberhautzellen der Wurzel ein und umspinnen die einzelnen Zellen. Die eigentlichen Saugorgane der Pflanzen, die Wurzelhaare, fehlen bei diesen Gewächsen; sie werden durch den Pilz ersetzt, der zahlreiche Fäden in das Erdreich aussendet und die ganze Ernährung der Pflanze aus dem Boden besorgt, vor allem die Herbeischaffung des gesamten Wassers und die Erschließung des Humus als Stickstoffquelle. Vielleicht erhält der Pilz von der Wirtspflanze als Gegenleistung organische Stoffe, die diese im Sonnenlichte in den Blättern erzeugte, so daß zwischen beiden eine Ernährungsgenossenschaft besteht. An der Bildung der Pilzwurzel sind die Mycelien einer großen Anzahl bekannter Pilze: Geaster fimbriatus, Amanita muscaria, Lactarius piperatus, Elaphomycesarten und zahlreicher anderer beteiligt. Die Pilzwurzeln sind unschwer zu erkennen an ihrem korallen- oder büschelförmigen Aussehen, eine Folge ihres stark verminderten Längenwachstums.

Standort und Verbreitung. Auf steinig-felsigem Boden, in den Gebirgen Südeuropas, den Alpen, im Ural und in Zentralasien. Seit alter Zeit, in Deutschland schon vor Karl dem Großen, viel-

 Tafel 8.

Sadebaum. *Juniperus Sabina L.*

1 Zweig mit Fruchtblüten und reifen Früchten. 2 Zweig mit Staubblüten. 3 Staubblüte. 4 Staubblüte im Längsschnitt. 5 Staubblatt von außen. 6 Staubblatt von der Seite gesehen. 7 Fruchtblüte. 8 Fruchtblüte im Längsschnitt. 9 Frucht (Beere) im Längsschnitt. 3 bis 9 vergr.

fach angepflanzt und zu medizinischen und abergläubischen Zwecken benutzt.

Gift und dessen Wirkung. In den jungen Trieben und in den Blättern, in letzteren eingeschlossen in einer Öldrüse auf der Rückseite des Blattes, findet sich das giftige, farblose, helle, an der Luft gelb werdende, stark riechende **Sabinaöl.** Reichbeblätterte Zweige liefern bis 4 Proz. desselben. Die wesentlichen Bestandteile des Öles sind das **Sabinol,** ein ungesättigter Alkohol ($C_{10}H_{15}[OH]$), der als schwach angenehm riechendes Öl teils frei, teils esterifiziert darin vorkommt, und das **Sabinen** ($C_{10}H_{16}$), wahrscheinlich der Stammkohlenwasserstoff des Sabinols. — Die physiologische Wirkung des Sabinaöls scheint durch den Sabinolgehalt bedingt zu sein. In geringerer Menge enthalten auch andere der obengenannten Juniperusarten das giftige Öl. — Das Sabinaöl gehört zu den kräftigsten, irritierenden Giften; es wirkt zunächst örtlich auf die Häute des Darmkanals; Magen- und Darmentzündungen sind die nächsten Folgen des Genusses; ferner wirkt es sehr kräftig auf die Unterleibsorgane. Als Nebenerscheinung bei der Vergiftung treten auf: Verlangsamung des Pulses, Krämpfe, Betäubung. Der Tod tritt frühestens nach 12 bis 14 Stunden, meist erst später ein. — In der Heilkunde werden gebraucht: die Zweigspitzen (Summitates Sabinae) der wilden und der kultivierten Pflanzen.

Eibe. Taxus baccata *(L.)*.

Tafel 9.

Fam.: Eibengewächse. Taxaceae.

Taxus von *táxos* (gr.), Bezeichnung für den Baum bei Dioskorides; baccata = beerentragend.

Eibe vom althochdeutschen „iwa", das sowohl den Baum als auch Bogen aus dessen Holz bezeichnet.

Ibe (Schweiz); Roteibe (Österreich); Tax, Taxenboom (Norddeutschland); Taxe (Österreich).

Beschreibung. Bildet ausgewachsen einen immergrünen, dichtverzweigten Baum von 12 bis 15 m Höhe mit über 1 m Durchmesser, findet sich jedoch meist strauchartig. — Stamm mit rötlicher Borke bekleidet, die sich später in dünnen, blattartigen Stücken ablöst. — Äste abstehend, Zweige etwas hängend, kurz, Holz hart und dicht. — Blätter ausdauernd, abwechselnd oder spiralig stehend, oberseits glänzend, dunkelgrün, unterseits matt hellgrün, linealisch, flach, kurzstachelspitzig, kurzgestielt. — Blüten zweihäusig, auf der Unterseite der Zweige in den Achseln der vorjährigen Blätter stehend. Die Staubblüten (Fig. 1) werden schon im Herbst angelegt; sie bestehen aus einer Anzahl schuppenförmiger Blättchen und aus 6 bis 15 schildförmigen Staubblättern (Fig. 4 u. 5), deren jedes 5 bis 9 Pollensäckchen trägt (Fig. 6), die sich nach unten öffnen. — Fruchtblüten (Fig. 2) werden gleichfalls im Herbst angelegt. Sie entstehen einzeln als Achselsprosse an der Spitze der vorjährigen Triebe und als Achselsprosse der obersten Blattanlage. Sie bestehen aus einer einzelnen, aufrechten Samenanlage, die in einen napfförmigen Becher eingebettet ist (Fig. 7 u. 8). Nach der Befruchtung wächst dieser zu einem im Reifezustande rotgefärbten, fleischigen Samenmantel (Arillus) aus, der den braunen Samen (Fig. 11) im unteren Teile umschließt (Fig. 1, 9 u. 10).

Von den zahlreichen Formen, die teils durch Klima oder Standort hervorgebracht, wild, teils in den Kulturen entstanden sind, seien erwähnt: der irländische oder Säulentax (Taxus baccata fastigiata), auch in goldbunten Abarten vorkommend; ferner Taxus baccata Dovastoni mit überhängenden Ästen und Taxus baccata cuspidata mit schwärzlicher Stachelspitze an den Blättern.

Blütezeit: März, April.

Biologisches. Gegen Tierfraß geschützt durch die Giftigkeit seiner Blätter. — Zweihäusiger Strauch. Übertragung des

Eibe. *Taxus baccata L.*

1 Zweig mit Staubblüten. 2 Zweig mit Fruchtblüten. 3 Zweig mit Früchten. 4 Staubblüte. 5 Staubblüte im Längsschnitt. 6 Staubblatt. 7 Fruchtblüte. 8 Fruchtblüte im Längsschnitt. 9 Frucht. 10 Frucht im Längsschnitt. 11 Same. 4 bis 10 vergr.

Blütenstaubes durch den Wind. — Verbreitung des mit leuchtendrotem Samenmantel umgebenen Samens durch beerenfressende Vögel. — An den Zweigen kommen kleine, durch eine Gallmücke (Phytoptus psilaspis) verursachte Gallen vor. — Über die Pilzwurzel der Pflanze siehe bei Juniperus Sabina.

Standort und Verbreitung. An schattigen und halbschattigen Stellen, als Unterholz in Laub- und Nadelholzwäldern von Südskandinavien bis Südeuropa (hier in den Gebirgen), in Nordafrika, Armenien, im Kaukasus, im Himalaja, in China, Japan und im westlichen Nordamerika vorkommend, aber niemals größere Bestände bildend.

Als Waldbaum spielte die Eibe einst in den germanischen Ländern eine nicht unbedeutende Rolle. Im Zeitalter der ältesten Pfahlbauten war sie schon in der Schweiz verbreitet, wie Funde von Gegenständen aus Holz des Baumes (Bogen, Messer, Kämme usw.) erweisen. Zu Cäsars Zeiten war der Baum in Germanien und Gallien sehr häufig. Im Mittelalter lieferten die Wälder Deutschlands noch genügend Eibenholz zur Verfertigung von Bogen und anderen Gerätschaften. Die stete Abholzung der Eibenhorste rottete den Baum, der bei seinem langsamen Wachsen nicht imstande war, die Lücken schnell auszufüllen, in den genannten Gebieten allmählich fast ganz aus. Einige größere Eibenbestände finden sich noch im Harz, im Thüringer Wald, in der Rhön und im Bayerischen Jura.

Gift und dessen Wirkung. Die jungen Triebe, Blätter und Samen (nicht der Samenmantel) enthalten neben ätherischem Öl und Harz ein amorphes, weißes, bitter schmeckendes, giftiges Alkaloid: das **Taxin** ($C_{37}H_{52}NO_{10}$); in den Blättern ist dieses gegen 2 Proz. enthalten. — Die Wirkung des Giftes ist betäubend, narkotisch; sie äußert sich selbst bei kleinen Gaben durch Müdigkeit, Schwindel, Schläfrigkeit, bei stärkerer Vergiftung, die sich beim Menschen erst nach dem Genuß größerer Mengen der giftigen Pflanzenteile zeigt, durch Unruhe, Flimmern vor den Augen, Ohnmacht, Verlangsamung des Pulses, Betäubung, Pupillenerweiterung; der Tod tritt meist plötzlich ein. — Da Gegengifte nicht bekannt sind, ist reichliches Erbrechen Haupterfordernis. — Vergiftungen können vorkommen beim Gebrauch der Blätter gegen Würmer, beim Genuß der schönen roten Früchte. — Nicht selten sind Vergiftungen durch Taxblätter bei Tieren (Pferden, Rindern, Schafen und Ziegen) beobachtet worden; deshalb soll man den Strauch nicht an den Weideplätzen anpflanzen. — Die Giftigkeit der Eibe war schon den alten Römern, Griechen und Kelten bekannt. Sie war ein den Todesgöttern geweihter Baum. Catuvolcus, König der Eburonen, vergiftete sich mit Taxgift, als er sich nicht mehr zu retten wußte.

Taumellolch. Lolium temulentum *(L.)*

Tafel 10.

Fam.: **Gräser. Gramineae.**

Lolium, Bezeichnung der Pflanze bei Ovid, Vergil, Horaz und anderen römischen Schriftstellern; temulentum = berauschend.

Lolium annuum (Gilib); Craepelia temulenta (Schrank), Bromus temulentus (Bernh.).

Taumelhafer, Schwindelhafer, Schwindelweizen, Tollkorn, Tollkraut, Tollgerste, Schlafkorn und zahlreiche andere deutsche Volksnamen, die sich alle auf die taumelerregenden Eigenschaften des Samens dieser Pflanze beziehen.

Beschreibung. Einjährige Pflanze mit 30 bis 100 cm hohem, meist steif aufrechtem, selten geknicktem, scharfem, rauhem Halme. — Blätter schmal, bandförmig, nebst den Blattscheiden oberseits rauh. — Ähre 15 bis 20 cm lang, locker, mit starrer, welliger Spindel (Fig. 1). Ährchen zweizeilig stehend, 5- bis 9 blütig. Die seitlichen Ährchen mit einer Hüllspelze von gleicher Länge wie das Ährchen (Fig. 2). Das Gipfelährchen hat 2 Hüllspelzen. Deckspelze unten knorpelig mit langer Granne (Fig. 2 und 3). Vorspelze unbegrannt, zweikielig, mit gewimpertem Rande und ausgerandeter Spitze (Fig. 3). Die zweispitzigen Lodiculae fleischig, länger als der Fruchtknoten (Fig. 4). — 3 Staubblätter, Staubfaden dünn, fadenförmig; Staubbeutel am Rücken befestigt, an den Staubfäden pendelnd. — Fruchtknoten glatt mit zwei kurzen Griffeln; Narbe federartig. — Frucht länglich (Fig. 6), von den Spelzen eingeschlossen (Fig. 5).

Die Pflanze ändert zuweilen ab, und kommt vor mit völlig kahlen Stengeln: var. laeve, ohne oder mit ganz kurzen Grannen: var. arvense u. a.

Blütezeit: Juni, Juli.

Biologisches. Übertragung des Blütenstaubes durch den Wind. Die an langen, dünnen Fäden pendelnden Staubbeutel ragen außerhalb der Spelzen in die Luft; die geringste Bewegung der letzteren erschüttert die Beutel, wodurch der Blütenstaub verweht und den Narben zugeführt wird. Diese sind federförmig und fangen den Blütenstaub leicht auf. — Die Samenkörner besitzen zwischen Samenschale und Aleuronschicht ein dichtes Hyphengeflecht eines Pilzes, dessen systematische Stellung noch unbekannt ist, da er niemals Sporen erzeugt, sondern sich immer nur vegetativ durch Wachstum des Mycels fortpflanzt. Dieser Pilz tritt bei der Keimung in den

Vegetationspunkt des Stengels und wächst während der ganzen Entwickelung desselben mit diesem weiter; nachher dringt er in die Ähren, in die Spelzen und schließlich in die Fruchtknoten ein. Während das Pilzmycel in allen vegetativen Teilen der Pflanze sich nur spärlich ausbreitet, entwickelt es sich im Fruchtknoten reichlich. Eine Schädigung der Pflanze durch den Pilz ist nicht nachzuweisen. Seine Anwesenheit scheint der Pflanze die Assimilation des freien Stickstoffs der Luft zu ermöglichen; der Stickstoffgewinn wird jedoch kein sehr großer sein. Nicht alle Taumellolchpflanzen beherbergen den Pilz; man hat oft 20 bis 30 Proz. derselben ganz pilzfrei gefunden. Nach Ansicht der meisten Forscher, die sich mit der Untersuchung des Taumellolches beschäftigten, ist der Pilz allein der Träger des „Temulins“, d. h. des in den Samen enthaltenen Giftes. Pilzfreie Samenkörner, die sich übrigens äußerlich nicht von den pilzhaltigen unterscheiden, wären demnach nicht giftig. — An allen Standorten der Pflanze: in Chile, Brasilien, Südafrika, Persien, Spanien, Frankreich, Schweden, Deutschland usw. konnte in den Samen der Pilz nachgewiesen werden. Auch aus den ägyptischen Königsgräbern entnommene, fast 3000 Jahr alte Samen zeigten sich von dem Pilz durchwachsen. Jahrtausende hindurch hat dieser sich also in rein vegetativem Wachstum ohne Fortpflanzung durch Sporenbildung erhalten. Auch die Samen anderer Loliumarten sind zuweilen pilzhaltig gefunden worden, so Lolium linicolum, Lolium perenne, Lolium italicum u. a. Die beiden letzteren, wichtige Futtergräser, weisen glücklicherweise selten den Pilz in ihren Samen auf.

Standort und Verbreitung. In Getreidefeldern unter dem Korn häufiger als unter dem Hafer und der Gerste. In ganz Europa, Mittelasien, Nordafrika; in den anderen Kulturländern durch Saatgut eingeschleppt und jetzt weit verbreitet. Der Taumellolch kam schon 2500 v. Chr. als Unkraut in den Getreidefeldern Ägyptens vor, wie die Untersuchungen der Samen aus den Königsgräbern der 5. Dynastie ergaben.

Gift und dessen Wirkung. Die Samen waren schon den Alten als giftig bekannt; Vergil nennt die Pflanze „Lolium infelix“; in den meisten Sprachen weist der Name der Pflanze auf ihre betäubenden Eigenschaften hin.

Das Gift ist ein betäubendes (narkotisches) Alkaloid: das **Temulin** ($C_7H_{12}N_2O$), welches in der pilzführenden Schicht des Samenkorns seinen Sitz hat und als ein Erzeugnis des Pilzes anzusehen ist. Es wären also nur die pilzhaltigen Loliumsamen giftig, was man daraus schließt, daß in pilzfreien Samen Temulin nicht nachzuweisen ist. Fütterungsversuche bei Tieren zur endgültigen Entscheidung der Frage sind noch nicht angestellt worden. Der Temulingehalt der Samen beträgt etwa 0,06 Proz.; er ist also ein sehr geringer, und Vergiftungserscheinungen machen sich erst bemerkbar, wenn größere Mengen von Taumellolchsamen ins Getreide geraten. Erkrankungen durch Genuß taumellolchhaltigen Brotes sind früher nicht selten vorgekommen. — Die Wirkung des Giftes erstreckt sich auf Gehirn und Rückenmark. Heftige Kopf- und Magenschmerzen, Schwindel, Ohrensausen, Verminderung des Sehvermögens und vor allem eine eigentümliche Art der Trunkenheit, sowie in schweren Fällen allgemeine Betäubung sind die Hauptererscheinungen einer Temulinvergiftung. Selten endet eine solche Vergiftung mit dem Tode. — Um das Bier berauschender zu machen, sollen die Samen absichtlich der Gerste beigemischt werden.

Taumellolch. *Lolium temulentum L.*

1 Ganze Pflanze. 2 Ährchen, auseinandergezogen. 3 Einzelne Blüte. 4 Fruchtknoten mit Staubblättern und den Lodiculae. 5 Spelze mit Samen. 6 Same, nat. Gr. u. vergr. 2 bis 6 vergr.

Gefleckter Aronsstab. Arum maculatum *(L.)*.

Tafel 11. Wandtafel 3.

Fam.: Arongewächse. Araceae.

Arum, Name der Pflanze bei den alten Römern; *Aron*, der griech. Name für die Pflanze; maculatus = gefleckt, wegen der zuweilen gefleckten Blätter.

Zur Bezeichnung „Aronsstab", die sich schon im frühen Mittelalter findet, gab wohl der stabförmige Blütenkolben im Zusammenhang mit dem Gleichklang der latein. Bezeichnung mit dem Namen des Hohenpriesters Aron Veranlassung.

In Schlesien heißt die Pflanze Zehrwurz, weil die stärkemehlhaltigen Knollen getrocknet gegessen werden können.

Beschreibung. Ausdauernde Pflanze mit weißem, knolligem Wurzelstock (Fig. 1). — Blätter (Fig. 2) pfeilförmig, gleichmäßig grün- oder rotgefleckt, an langen Stielen mit scheidenförmigem Grunde.

Blütenstand von einer grünlichweißen, unten eingerollten Scheide umgeben. — Blüten einhäusig (Fig. 3), ohne Blütenhülle, dicht um einen von der Scheide umschlossenen, fleischigen Kolben gestellt, dessen verdickte, gelblich bis dunkelrote, blütenlose Spitze aus der Scheide etwas hervorragt. — Die Fruchtblüten (Fig. 6), bestehend aus einem einfächerigen, mehrsamigen Fruchtknoten mit breiter, ovaler, feingewimperter Narbe, stehen am Grunde des Kolbens. — Die Staubblüten (Fig. 4), bestehend aus drei bis vier zweifächerigen Staubbeuteln, sitzen über den Fruchtblüten. Getrennt sind beide durch einen Kranz schildförmiger Gebilde mit borstigen Spitzen, die als umgewandelte Fruchtblüten betrachtet werden (Fig. 3 u. 5). Über den Staubblüten steht ein ähnlicher Kranz verkümmerter Staubblüten (Fig 3). — Die Frucht (Fig. 7) ist eine fleischige, eiförmige, einfächerige, rote Beere.

Blütezeit: April bis Juni.

Biologisches. Die großen Blätter zeigen durch ihre Stellung und Form deutlich eine Zuleitung des auffallenden Regenwassers zum Wurzelstock hin. Stengel und Blätter der Pflanze sind mit spitzen, nadelförmigen Kristallen (Rhaphiden von Kalkoxalat) durchsetzt, welche Schutz gegen Angriffe der Schnecken gewähren. — Der Blütenstand wird durch die eigentümliche Ausbildung der Scheide zu einer „Kesselfalle". Die durch den aasartigen Geruch angelockten Fliegen können durch die am Eingang in den Kessel stehenden starren Fäden (unfruchtbare Staubblüten) in denselben ein-, und an den noch geschlossenen Staubblüten vorbei bis zu den in der Tiefe stehenden reifen Fruchtblüten vordringen und auf diese aus anderen Blüten mitgebrachten Blütenstaub übertragen. Die borstigen Spitzen an dem Kranze der die Frucht- und Staubblüten trennenden schildförmigen Gebilde welken sodann und gestatten den eingeschlossenen Tieren den Zutritt zu den Staubblüten, wo sie sich mit Blütenstaub bedecken. Welken nach einigen Tagen auch die über den Staubblüten stehenden, das Abschlußgitter der ganzen inneren Blüte bildenden Haare, so ist den Tieren der Austritt ermöglicht. — Die Bestäubung vollzieht vornehmlich eine kleine Mücke (Psychoda phalaenoides).

Standort und Verbreitung. In schattigen, etwas feuchten Laubwäldern und an Hecken, in Mitteleuropa von Norditalien bis nach Skandinavien; kommt in Deutschland in Brandenburg, Preußen und Posen nicht vor.

Gift und dessen Wirkung. Die Pflanze enthält in allen Teilen scharfe, auf den Schleimhäuten blasenziehende Stoffe, die aber zum Teil flüchtig sind, d. h. sich durch Erhitzen (Kochen u. dgl.) entfernen lassen. Die so entgifteten Knollen der Pflanze können zur Gewinnung von Stärke, die reichlich in ihnen aufgespeichert ist, benutzt werden. In den Knollen wurde verschiedentlich Blausäure (siehe Bittermandel u. Einleitung) nachgewiesen. Die eigentliche **Giftwirkung** der Pflanze soll aber auf der Gegenwart eines **Saponins** (siehe Einleitung) beruhen, das in den Knollen und Früchten aufgefunden wurde. — Vergiftungen sind vorgekommen durch Verzehren der schönen, roten Beeren und durch Kauen der anfangs säuerlich, dem Sauerampfer ähnlich schmeckenden Blätter, deren Genuß Magenentzündung erzeugt. Schleimige Getränke, fette Öle u. dgl. kommen zur Hebung der letzteren in Anwendung.

 Tafel 11.

Aronsstab. *Arum maculatum L.*

1, 2 Blühende Pflanze. 3 Der Kolben der Blüte. 4 Staubblüten. 5 Verkümmerte Blüten. 6 Fruchtblüte. 7 Fruchtstand.

Schlangenkraut. *Calla palustris L.*

1 Blühende Pflanze. 2 Blütenstand mit Hüllblatt von der Seite. 3 Blüte. 4 Staubblatt. 5 Fruchtstand. 6 Einzelne Frucht. 7 Frucht im Längsschnitt. 8 Same.
3, 4, 6, 8 vergr.

Schlangenkraut. Calla palustris *(L.)*.

Tafel 12.

Fam.: **Arongewächse. Araceae.**

Calla, latein. Bezeichnung unbekannter Abstammung für mehrere Pflanzen; palustris = im Sumpfe wachsend.

Schlangenkraut, Schlangenwurzel, Drachenwurz, weil früher gegen Schlangenbiß gebraucht.

Beschreibung. Ausdauernde Pflanze mit kriechendem, rundem, gegliedertem Wurzelstock. — Blätter grundständig, langgestielt, herzförmig (Fig. 1). — Der Blütenschaft, aus scheidenförmigen Niederblättern sich erhebend, ist rund; die aus einem Blatte bestehende, außen grüne, innen weiße Scheide ist anfangs dütenförmig (Fig. 2), breitet sich später aus (Fig. 1). — Kolben am Grunde nackt, im oberen Teile ganz mit Blüten bedeckt, an der Spitze des Kolbens oft nur Staubblätter. — Die dicht gedrängt stehenden Fruchtknoten direkt aufsitzend, rund (Fig. 3). — Staubblätter zu 7 bis 8 den Fruchtknoten umgebend, mit langen Staubfäden und an der Spitze stehenden zweifächerigen, länglich runden, längs aufspringenden Beuteln (Fig. 4). — Frucht eine scharlachrote, mehrsamige, fleischige Beere (Fig. 6 u. 7). — Same eiförmig, mit lederartiger, etwas rippiger Schale und einem seitlich der Länge nach verlaufenden dicken Nabelwulste (Fig. 8).

Blütezeit: Juni bis August.

Biologisches. Gegen Tierfraß ist die Pflanze geschützt durch zahlreiche nadelförmige Kristalle aus Kalkoxalat (Rhaphiden) und durch unangenehmen Geruch.

Standort und Verbreitung. An sumpfigen Stellen, in Torfbrüchen, langsam fließenden Bächen; im Norden Deutschlands häufiger als im Süden.

Gift und dessen Wirkung. Der Pflanze werden ähnliche giftige Wirkungen zugeschrieben wie dem gefleckten Aronsstab.

Maiglöckchen. Convallaria majalis *(L.)*.

Tafel 13.

Fam.: **Liliengewächse. Liliaceae.**

Convallaria wird von convallis, Tal, abgeleitet, im Tale wachsend; majalis, im Mai blühend. — In den früher slawischen Ländern Sachsen, Schlesien, Böhmen heißt die Pflanze Zaupe, Tschaupe, vom wendischen tschup = Grind, Schorf, gegen den das Kraut gebraucht wurde.
Lilium convallium (Tournf.).

Beschreibung. Ausdauernde, krautartige Pflanze mit kriechendem Wurzelstock und grundständigen, gewöhnlich zu zwei zwischen scheidenförmigen Niederblättern sich erhebenden Laubblättern. — Blattstiele lang; Blattfläche oval-elliptisch, allmählich in den Stiel übergehend. — Blütenschaft nackt, halbstielrund, scharfkantig. Blüten nickend, in einseitswendiger, lockerer Traube stehend (Fig. 1). Blütenhülle glockenförmig, mit sechsspaltigem Rande, weiß (Fig. 2 u. 3). — Die sechs freien, aufrechtstehenden Staubblätter stehen auf dem Boden der Blütenhülle (Fig. 3). Die zweifächerigen Staubbeutel öffnen sich mit Längsspalten (Fig. 4). — Fruchtknoten eiförmig, dreifächerig (Fig. 6). Griffel säulenförmig mit dreikantiger, stumpfer Narbe (Fig. 5). — Frucht eine fleischige, kugelrunde, dreifächerige, rote Beere (Fig. 7 u. 8). — Same weißlich, länglich, kantig (Fig. 9).

Blütezeit: Mai, Juni.

Biologisches. Die Blätter sind so gestellt, daß das auffallende Regenwasser zum Wurzelstock zugeleitet wird. — Die Blüten werden von Weidetieren nicht angefressen; sie enthalten einen Giftstoff. — Aus den fächerförmigen, in den Knospen nach oben gerichteten Blüten werden beim Öffnen hängende Glöckchen zum Schutze des Blütenstaubes bei eintretendem Regenwetter. — Als Anlockmittel für die Insekten dient der Duft. — Die Blüten sind erstmännlich (proterandrisch). — Den Insekten wird kein Honig, sondern nur Blütenstaub geboten, der von Bienen reichlich gesammelt wird. Bei fehlendem Insektenbesuche tritt regelmäßig Eigenbestäubung ein, die leicht erfolgt, da die Staubbeutel dicht um den Griffel stehen. — Die roten Beeren werden von Waldvögeln verzehrt und dadurch die Samen verschleppt.

 Tafel 13.

Maiglöckchen. *Convallaria majalis L.*

1 Blühende Pflanze. 2 Blüte. 3 Blüte im Längsschnitt. 4 Staubblatt. 5 Fruchtknoten. 6 Fruchtknoten im Querschnitt. 7 Frucht. 8 Frucht im Querschnitt. 9 Same. 2 bis 9 vergr.

Standort und Verbreitung. In Laubwäldern vom Mittelländischen Meere bis nach Nordeuropa und in Nordasien, stellenweise sehr häufig.

Gift und dessen Wirkung. Die Pflanze wird, wenn auch eigentliche Vergiftungen noch nicht bekannt geworden sind, doch allgemein zu den giftverdächtigen Pflanzen gezählt. — In allen Teilen der Pflanze sind zwei kristallisierbare, hinsichtlich ihrer Wirkung auf den tierischen Organismus noch nicht näher erforschte Glykoside: des **Convallamarin,** $C_{23}H_{44}O_{12}$ (zu 0,2 Proz.) und das **Convallarin** enthalten.

Herbstzeitlose. Colchicum autumnale (L.). †

Tafel 14. Wandtafel 4.

Fam.: Liliengewächse. Liliaceae.

Colchicum nennt Dioskorides ein in Messenien und im Lande der Kolchier wachsendes Kraut, das giftige Knollen besitze und bei den Römern „bulbus agrestis“ heiße; man vermutet in diesem die vorliegende Pflanze, welche die Sage aus dem Zaubertranke der Medea, von dem einige Tropfen zur Erde fielen, entstehen ließ; autumnale = im Herbst blühend. „Zeitlose“, weil sie nicht zur Zeit der anderen Wiesenblumen blüht.

Andere deutsche Namen sind: Lausblume, Mattensafran, Michelsblume, Wiesenhahn, Ochsenpinsel, nackte Jungfer.

Bei den Alten hieß sie auch „Ephemeron“, weil man annahm, der Genuß einer Zwiebel führe in einem Tage den Tod herbei.

Beschreibung. Zwiebelgewächs, mit dichtfleischiger, eiförmiger Zwiebel, die, ziemlich tief in der Erde liegend, mit einer oder wenigen braunen, trockenhäutigen Schalen bedeckt ist (Fig. 1). — Nach dem Blühen stirbt die Zwiebel ab; währenddessen entwickelt der fleischige Wurzelstock an einer Seite eine, seltener zwei Knospen. — Blätter zu 3 bis 4 stehend, sich scheidenartig umfassend, breit, lanzettförmig, parallelnervig, werden im Herbst mit den Blüten angelegt, treten aber erst im nächsten Frühling an die Oberfläche. — Blüten zwitterig, zu 1 bis 3 am Grunde einer seitlichen Rinne der Zwiebel entstehend, kurz gestielt (Fig. 2). Blütenhülle (Fig. 3) trichterförmig; Röhre derselben sehr lang, dreiseitig aus der Zwiebel hervortretend und aus der Erde hervorragend; Blütensaum lila, zuweilen weiß, trichterförmig, sechsteilig; die Abschnitte lanzettlich, am inneren Grunde mit feinbehaarter Rinne und einem gelblichen Streifen (Fig. 4). — Die sechs Staubblätter, von denen die drei des inneren Kreises länger sind als die des äußeren, stehen vor den Perigonblättern und sind mit der Röhre verwachsen; Staubbeutel gelb, oval, zweifächerig, der Länge nach aufspringend; Pollenkörner orangefarbig. — Fruchtknoten unterirdisch (Fig. 2), aus drei einfächerigen, in der Mitte zusammenhängenden Fruchtblättern, die zahlreiche Samenanlagen bergen, bestehend; auf dem Fruchtknoten drei fadenförmige, an der Spitze zurückgebogene, unten weiße, oben lilafarbige Griffel, etwas länger als die Staubblätter; Narbe auf der oberen äußeren Seite mit gelbweißen Papillen besetzt. —

Frucht (Fig. 5) im Frühjahr mit den Blättern aus dem Boden hervortretend; eine dreihäusige, aufgeblasene, zuerst grüne, später braune, häutige (Fig. 6), dreiklappig aufspringende (Fig. 7) Kapsel. — Samen zahlreich, rundlich, eiförmig, dunkelbraun, etwas runzelig, am Grunde mit einem weißen, fleischigen, nachher eintrocknenden Wulste (Fig. 8).

Blütezeit: August, September.

Biologisches. Die Pflanze enthält in allen Teilen ein scharfes Gift und wird deshalb von Weidetieren unberührt gelassen. Die Nährstoffe werden in einer Knolle in Form von Stärke abgelagert. Der Fruchtknoten liegt in der Knolle, die so tief in den Boden eingesenkt ist, daß sie gerade an der Frostgrenze liegt; ihre Lage kann also zur Feststellung dieser benutzt werden. Im Herbst treibt die Knolle ihre um diese Zeit gerade so auffallende Blüte. Die Staubbeutel öffnen sich nach außen und biegen sich nach dorthin. Da der Honig an der Außenseite der Staubfäden von kleinen Nektarien abgeschieden und in den von Haaren überdeckten Rinnen der Blumenkrone aufbewahrt wird, müssen sich die honigsuchenden Bienen und Hummeln notwendig mit Blütenstaub bedecken. — Die Blüte ist erstweiblich. Die Narben bleiben empfängnisfähig bis zur Entwickelung des Blütenstaubes; daher ist auch Selbstbestäubung möglich, die dann eintritt, wenn die am Abend sich schließenden Blüten die Griffeläste mit den Staubbeuteln in Berührung bringen. Die Samen der erst im nächsten Frühjahr sich entwickelnden Früchte besitzen eine große klebrige Warze, mittels derer sie sich an die Füße der Weidetiere anheften und so verschleppt werden.

Standort und Verbreitung. Auf den nassen Wiesen der Ebenen und in den Bergländern von Mittel- und Westeuropa; in den Alpen bis über 2000 m, fehlt im östlichen Europa; findet sich dagegen in einzelnen Teilen Südeuropas und im Kaukasus. In manchen Gegenden als lästiges Unkraut massenhaft in den Wiesen.

Gift und dessen Wirkung. Die Pflanze war schon im Altertum und im Mittelalter als Giftgewächs bekannt. — In allen Teilen der Pflanze ist ein sehr giftiges Alkaloid: das **Colchicin** ($C_{22}H_{25}NO_6$) enthalten und zwar, jedoch nach der Jahreszeit verschieden, vorzugsweise in den Knollen (0,2 Proz. in unmittelbarer Umgebung der Gefäßbündel) und in den Schalen der Samen (0,4 bis 0,6 Proz.), während in den Blättern nur Spuren davon nachgewiesen sind. Rein dargestellt, ist es ein in Wasser und Alkohol leicht lösliches amorphes, gelbliches, bitteres, klebriges Pulver. Alle Teile der Pflanze besitzen einen starken bitteren Geschmack; ihr Genuß bewirkt brennende Schmerzen im Munde, Zusammenziehen des Schlundes, später Magenschmerzen und heftige Magenentzündung; in schweren Vergiftungsfällen zeigen sich Kälte der Haut, schwacher Puls und Krämpfe; der Tod erfolgt gewöhnlich nach 24 bis 30 Stunden, oft nach zwei bis drei Tagen. — Vergiftungen von Weidetieren (Pferden und Rindern, seltener Schweinen und Schafen) kommen nicht selten vor, wenn die Tiere im Frühjahr die kräftigen Triebe der Pflanze verzehren, oder wenn sie stark mit Herbstzeitlosen versetztes Heu, zu Häcksel geschnitten, als Futter erhalten, da es im letzteren Falle den Tieren nicht möglich ist, die giftigen Pflanzenteile zur Seite zu werfen. — In der Heilkunde werden benutzt: die Samen (Semen Colchici).

 Tafel 14.

Herbstzeitlose. *Colchicum autumnale L.*

1 Zwiebel. 2 Zwiebel im Längsschnitt. 3 Blüte. 4 Blüte im Längsschnitt. 5 Blätter mit Frucht. 6 Frucht, aufgesprungen. 7 Frucht im Querschnitt. 8 Same. 8 nat. Größe u. vergr.

Kaiserkrone. Fritillaria imperialis *(L.)*.

Tafel 15.

Fam.: **Liliengewächse. Liliaceae.**

Fritillaria, weil die Blüte die Gestalt eines Fritillus, d. h. des Bechers, hat, aus dem die Würfel geworfen werden; imperialis, kaiserlich, wegen des kronenartigen Blattbüschels über dem Blütenstande.

Beschreibung. Ausdauernde Zwiebelpflanze; Zwiebel mit gelblichweißen Schuppen. — Stengel bis 1 m und höher, beblättert. — Blätter spitz, eirund, glänzend grün (Fig. 1). Zwischen den obersten Blättern und den Blüten ist der Stengel nackt; an seiner Spitze trägt er wieder einen Schopf von Blättern. — Blüten zwitterig, hängend, aus den Achseln der unteren Blätter des Blattschopfes entspringend. Blütenhülle aus sechs ziegelrot oder hochrot gefärbten Blättern bestehend, die am Grunde eine längliche, elfenbeinweiße Honiggrube tragen (Fig. 3). — Die sechs Staubblätter, auf dem Grunde der Blumenkrone entspringend (Fig. 2), länglich; Staubbeutel zweifächerig, der Länge nach aufspringend. — Fruchtknoten dreikantig, dreifächerig, mit vielen Samenknospen. Griffel lang, gerade, mit dreiteiliger Narbe. — Frucht eine dreikantige, dreifächerige, vielsamige Kapsel.

In der Kultur sind eine Menge von Abarten entstanden, die sich vor allem in der Farbe der Blütenblätter, von Schwefelgelb bis Hochrot in fast allen Abstufungen, unterscheiden; in allen Farben gibt es auch Formen mit gefüllten Blüten und solche mit gelbbunten Blättern. Eine geruchlose Art (Fritillaria inodora), die aus Buchara stammen soll, besitzt nicht den unangenehmen, betäubenden Geruch der gewöhnlichen Kaiserkrone.

Blütezeit: März bis Mai.

Biologisches. Vegetative Vermehrung durch kleine Zwiebelchen, die sich zuweilen in den Achseln der Blätter bilden.

Die zuerst aufrechten Blütenstiele krümmen sich vor dem Öffnen der Blumenkrone, so daß der Eingang zur Blüte dem Boden zugewendet ist zum Schutze gegen eindringendes Wasser, und ferner eine Anpassung an die Gewohnheit der Hummeln und Bienen, wenn möglich von unten her an die Blüte zu fliegen; sie erfassen die Narbe und den Griffel und klettern an diesen zu den Honigbehältern empor, die in Form einer runden Grube auf den

Blumenblättern stehen. Von den sechs Staubblättern sind drei kürzer als die anderen; letztere stehen neben der Narbe. Die ersteren öffnen sich einen Tag früher als die letzteren, welche, falls Fremdbestäubung nicht erfolgte, Selbstbestäubung vollziehen. — Der platte Same ist mit einem als Flugapparat dienendem Saume umgeben.

Standort und Verbreitung. Sehr verbreitete Gartenpflanze, die aus Persien stammt. In der Mitte des 16. Jahrhunderts gelangte sie nach Konstantinopel, von dort nach Wien, von wo ihre Verbreitung durch die kaiserlichen Gärten erfolgte.

Gift und dessen Wirkung. Die im übrigen sehr stärkereiche und deshalb zur Herstellung von Stärke benutzte Zwiebel enthält im frischen Zustande ein giftiges Alkaloid: das **Imperialin** ($C_{35}H_{60}NO_4$), über dessen Eigenschaften und dessen Verbreitung in anderen Teilen der Pflanze bis jetzt nur unsichere Angaben vorliegen. Dasselbe Alkaloid ist auch bei anderen Fritillariaarten, z. B. Fritillaria Meleagris, nachgewiesen.

 Tafel 15.

Kaiserkrone. *Fritillaria imperialis L.*

1 Oberer Teil der Pflanze. 2 Blüte im Längsschnitt. 3 Blumenkronenblatt mit Honigdrüse.

 Tafel 16.

Schachbrettblume. *Fritillaria Meleagris L.*

1 und 2 Pflanze mit Zwiebel und Blüte. 3 Blüte im Längsschnitt. 4 Fruchtknoten im Querschnitt, vergr.

Schachbrettblume. Fritillaria Meleagris *(L.)*.

Tafel 16.

Fam.: **Liliengewächse. Liliaceae.**

Fritillaria siehe Fritillaria imp.
Meleagris (gr. Perlhuhn) wegen der Zeichnung der Blütenblätter; Schachbrettblume wegen der Würfelflecken auf den Blütenblättern; Kiebitzei wegen Form und Zeichnung der Knospe.

Beschreibung. Zwiebelpflanze mit kleiner, kugeliger, etwas abgeplatteter Zwiebel (Fig. 1). — Stengel 20 bis 30, bis 50 cm hoch, beblättert. — Blätter graugrünlich, wechselständig, linealisch, rinnenförmig. — Blüte einzeln, selten zu zweien an der Spitze des Stengels, nickend, becherförmig. — Blütenhülle aus sechs rötlichen, seltener gelblichen oder weißen, würfelfleckig gezeichneten, ovalen Blättern bestehend, deren Spitze einwärts geneigt ist, und die am Grunde eine linealische Honiggrube tragen. — Sechs Staubblätter. — Fruchtknoten dreifächerig; Griffel an der Spitze tief dreispaltig. — Frucht eine kugelige oder längliche dreifächerige, vielsamige Kapsel. — Viele Gartenformen mit reingelben, reinweißen oder mit violett-, rötlichbraun- oder grüngefleckten Blumenblättern und mit gefüllten Blüten.

Blütezeit: April, Mai.

Biologisches. Die biologischen Verhältnisse in der Blüte sind denen von Fritillaria imperialis gleich.

Standort und Verbreitung. Auf feuchten Wiesen in ganz Deutschland, besonders im Norden, meist zerstreut, zuweilen häufiger vorkommend; ferner in Südschweden, von Nordfrankreich bis Südrußland und zum Kaukasus. — Wird in den schöneren Formen häufig als Gartenzierpflanze in feuchtem Boden gezogen.

Gift und dessen Wirkung siehe Fritillaria imperialis.

Vierblätterige Einbeere. Paris quadrifolia *(L.)*.

Tafel 17.

Fam.: **Liliengewächse. Liliaceae.**

Die Herkunft des Namens „Paris" ist mit Sicherheit nicht festzustellen. Einbeere, weil jede Pflanze nur eine Beere trägt. — Wolfsbeere, Fuchsbeere.

Beschreibung. Ausdauernde Pflanze (Fig. 1) mit kriechendem Wurzelstock. — Stengel einfach, bis 30 cm hoch, mit einem Wirtel von vier breiteiförmigen, zugespitzten Blättern. — Blüte einzeln, gipfelständig, zwitterig. — Blütenhülle aus acht, seltener zehn freien, grünlichgelben, nach der Blüte nicht abfallenden Blättern bestehend; die vier äußeren lanzettlichen, grünlichgefärbten größer als die vier inneren linealischen (Fig. 2). — Staubblätter acht oder zehn. Die Staubfäden im Grunde der Blütenhülle befestigt, fadenförmig, oben in eine lange Spitze endigend (Fig. 3). Staubbeutel zweifächerig, in der Mitte der Staubfäden zu beiden Seiten der Länge nach befestigt, längsaufspringend. — Fruchtknoten rotbraun, eiförmig, vier- oder fünffächerig, mit vier oder fünf freien Griffeln (Fig. 4). — Frucht eine fleischige, vier- oder fünffächerige, vielsamige, blauschwarze Beere (Fig. 5), die von den acht grünen Blättern der Hülle umgeben ist. — Same eiförmig (Fig. 6).

Blütezeit: Mai.

Biologisches. Die nach oben gerichtete Blüte bietet den Insekten die ausgebreitete sternförmige Narbe als Anflugsplatz. — Die Pflanze ist erstweiblich. Die Staubbeutel stehen anfänglich von der Narbe entfernt; erfolgt auf dieser keine Übertragung fremden Blütenstaubes, so biegen sich später die Staubfäden so, daß die Staubbeutel mit der Narbe in Berührung kommen.

Standort und Verbreitung. An schattigen, feuchten Plätzen und in Waldungen Mittel- und Nordeuropas häufig, im Süden seltener.

Gift und dessen Wirkung. Früchte und Wurzelstock der Pflanze besitzen scharfe, etwas narkotische Eigenschaften, denjenigen der Ipekakuanha ähnlich. Besonders die schönen, dunkelblauen Früchte sind gefährlich, weil sie so leicht von Kindern oder auch von Er-

 Tafel 17.

Vierblättrige Einbeere. *Paris quadrifolia L.*

1 Blühende Pflanze. 2 Blüte im Längsschnitt. 3 Staubblatt. 4 Griffel und Narben. 5 Frucht. 6 Same. 2, 3, 4, 6 vergr.

wachsenen durch Verwechselung mit anderen Beeren genossen werden können. Ausgesprochene Vergiftungserscheinungen treten beim Menschen erst nach Genuß einer größeren Menge (30 bis 40 Stück) der Beeren auf; beim Federvieh (Hühner usw.) sollen die Beeren jedoch, schon in geringer Menge verzehrt, sehr giftig wirken. — Die Giftwirkung beruht auf der Gegenwart eines **Saponins** (siehe Einleitung), und zwar soll dieses in der Pflanze als Doppelglykosid: **Paristyphnin** ($C_{38}H_{64}O_{18}$) vorhanden sein, welches in **Paridin** ($C_{16}H_{28}O_7$) und Zucker spaltbar ist.

Weisser Germer. Veratrum album *(L.)*.†

Tafel 18.

Fam.: **Liliengewächse. Liliaceae.**

Als Veratrum (Ableitung bisher nicht festgestellt) führte Plinius die von Theophrast und Dioskorides *Ellėboros leukós* (gr.) (siehe unter Helleb. niger) genannte Pflanze auf. — Germer oder Hermer, die altdeutsche Bezeichnung der Pflanze. — Nieswurz, weil die gepulverte Wurzel zum Niesen reizt.

Beschreibung. Staude mit knolligem, schwärzlichem Wurzelstock. — Stengel einjährig, stielrund, hohl, bis 1 m hoch, mit großen, scheidenartigen, am unteren Teile des Stengels mit breit-ovalen, am oberen länglichen bis lanzettförmigen, längsfaltigen, stengelumfassenden, unten weichhaarigen, dunkelgrünen Blättern besetzt (Fig. 1). — Blüten in endständigen, rispigen, weichhaarigen, vielblütigen Trauben. Einzelblüten in den Achseln eiförmiger, zugespitzter Deckblätter entstehend, polygamisch; Zwitterblüten (Fig. 4) oder nur Staubblüten (Fig. 3) tragend. — Blütenhülle sechsblätterig, regelmäßig, ausgebreitet, Blütenblätter weiß oder grünlich, mit grünen Nerven, am Rande kerbig gesägt. — Sechs am Grunde der Blütenblätter und vor diesen befestigte Staubblätter. Staubfäden pfriemenförmig. Staubbeutel nierenförmig, am Rücken des Staubfadens angefügt, querspaltig, nach außen hin aufspringend. — Fruchtknoten (Fig. 5, 6 u. 7) in den Zwitterblüten aus drei am Grunde zusammenhängenden, einfächerigen, länglichen Fruchtblättern gebildet. Drei kurze, pfriemliche, freie, nach außen gebogene Griffel. — Frucht (Fig. 8) eine längliche, bräunliche, oben aufspringende Kapsel, die von der bleibenden Blütenhülle umgeben ist. — Samen in jedem Fruchtblatte bis zu zwölf, flach, länglich, blaßrötlich, mit einem breiten, häutigen Rande (Fig. 9). — Die Abart mit hellgrünen Blüten führt auch den besonderen Namen Veratrum Lobelianum (Bernh.).

Blütezeit: Juli, August, September.

Biologisches. Jedes der konkaven Blätter hat an der oberen Seite eine Menge tiefer Längsrinnen, die alle am Blattgrunde zusammenmünden. Das auffallende Regenwasser sammelt sich hier und fließt am Stengel herab zu den Wurzeln hin. In den giftigen Alkaloiden hat die Pflanze einen Schutz gegen Tierfraß. — An jedem Stocke finden sich neben echten Zwitterblüten auch reine Staubblüten. — Die Samen haben

 Tafel 18.

Weißer Germer. *Veratrum album L.*

1 Sproß mit Blättern und Blüten, verkleinert. 2 Staubblüte. 3 Staubblüte, längs durchschnitten. 4 Zwitterblüte. 5 Fruchtknoten mit Griffel. 6 Fruchtknoten, längs durchschnitten. 7 Fruchtknoten, quer durchschnitten. 8 Frucht. 9 Samen. 2 bis 9 vergr.

in dem geflügelten, häutigen Rande eine Ausrüstung zur Verbreitung durch den Wind.

Standort und Verbreitung. Auf feuchten Wiesen der Gebirge und Hochebenen von Spanien bis zum Nordkap in den meisten Ländern Europas und Nordasiens bis nach Japan, fehlt in manchen Ländern ganz, z. B. in Griechenland, England und Dänemark. In Deutschland mehr im Süden, in den Alpen und im Riesengebirge, fehlt aber auch in manchen Teilen Deutschlands, z. B. im Schwarzwalde.

Gift und dessen Wirkung. Veratrum album und Veratrum nigrum enthalten in den Wurzelstöcken und Wurzeln, hier namentlich in der Oberhaut und den Schutzscheidezellen, weniger in den Stengeln und Blättern stark, narkotische Gifte, welche die Tätigkeit des Rückenmarks lähmen. In früherer Zeit wurde der Saft der Pflanze als Pfeilgift benutzt. — Man hat in der Pflanze fünf Basen nachgewiesen, die alle an die (mit der Chelidonsäure identische) Jervasäure gebunden sind: **Jervin** ($C_{26}H_{37}NO_3$), **Rubijervin** ($C_{26}H_{43}NO_2$), **Pseudojervin** ($C_{29}H_{43}NO_7$), **Veratrin** ($C_{32}H_{51}NO_{11}$) und **Veratridin** ($C_{26}H_{45}NO_8$). Ein trockener Wurzelstock enthält bis 1,5 Proz. dieser Alkaloide. Die stärksten Giftwirkungen äußert das **Veratrin,** rein dargestellt, ein weißes, geruchloses, kristallinisches, etwas scharf bitter schmeckendes Alkaloid. Auf der Haut erzeugt dasselbe das Gefühl des Stechens, Brennens und Juckens. In die Nase gebracht, erregt es ein oft stundenlang anhaltendes, heftiges Niesen. Die Vergiftungserscheinungen sind im allgemeinen den durch die Herbstzeitlose hervorgebrachten ähnlich, nur weit heftiger; sie gehen bis zur völligen Betäubung und Gefühllosigkeit, Zittern der Glieder und Krämpfen. — In der Heilkunde wird benutzt: der Wurzelstock von Veratrum album (Rhizoma veratri).

Schwarzer Germer. Veratrum nigrum *(L.)*. †

Tafel 19.

Fam.: **Liliengewächse. Liliaceae.**

Veratrum siehe Veratrum album.

Beschreibung. Staude mit knolligem Wurzelstock. — Stengel bis $1^1/_2$ m hoch, beblättert. — Blätter breitelliptisch, kahl; die grundständigen sehr groß, in den Blattscheiden verschmälert, längsfaltig (Fig. 1). — Blüten in großen, rispigen, filzig behaarten Trauben, polygamisch (Zwitterblüten und Staubblüten). Blütenhülle regelmäßig sechsblätterig, ihre Blättchen so lang wie die Blütenstiele, braunrot, elliptisch, ganzrandig, bleibend (Fig. 3). — Staubblätter sechs, Staubbeutel, am Rücken den Staubfäden angeheftet, einfächerig, querspaltig sich öffnend (Fig. 6). — Fruchtknoten in den Staubblüten rückgebildet, in den Zwitterblüten aus drei einfächerigen, vielsamigen Fruchtblättern bestehend. — Frucht eine dreifächerige Kapsel in der bleibenden, rotbraunen Blütenhülle stehend (Fig. 4 u. 5).

Blütezeit: Juli, August.

Biologisches. Siehe Veratrum album.

Standort und Verbreitung. In Bergwäldern und Kalkböden Südeuropas; in Krain, Kroatien, Ungarn, Dalmatien, in Böhmen bei Schlan. — Wird als dekorative Pflanze häufig in Gartenanlagen angepflanzt.

Gift und dessen Wirkung siehe Veratrum album.

 Tafel 19.

Schwarzer Germer. *Veratrum nigrum L.*

1 Grundständige Blätter. 2 Teil eines Blütenstandes. 3 Blüte. 4 Blüte mit junger Frucht. 5 Frucht im Querschnitt. 6 Staubblätter. 3 bis 6 vergr.

Unechte Narzisse. Narcissus pseudonarcissus *(L.)*.

Tafel 20.

Fam.: **Amaryllisgewächse. Amaryllidaceae.**

Narcissus, bei Dioskorides *narkissos* (gr.) genannt, von *narkós* (gr.), Betäubung, wegen des betäubenden Geruches vieler Narzissen. — Pseudonarcissus = falsche, unechte Narzisse.

Beschreibung. Zwiebelpflanze mit eiförmiger, großer, von schwarzbrauner, häutiger Schale bedeckter Zwiebel (Fig. 1). — Blätter flach, linealisch, rinnenförmig, graugrün, etwa 30 cm lang. — Blütenschaft zweischneidig, einblütig. — Blüte in einer häutigen Blütenscheide, zwitterig, regelmäßig. Blütenhülle gelb, tellerförmig, sechsteilig, Zipfel eirund, am Grunde zu einer Röhre verwachsen, auf der sich eine glockenförmige, goldgelbe Nebenkrone erhebt, deren oberer Saum unregelmäßig gelappt und wellig gehalten ist. — Die sechs Staubblätter sind im Grunde der Röhre befestigt. Die Staubfäden sind kurz; die Staubbeutel am Rücken angeheftet, länglich, zweifächerig; sie öffnen sich mit einer Längsspalte nach innen. — Fruchtknoten stumpf, dreikantig, dreifächerig, mit vielen Samenanlagen. Griffel lang, fadenförmig; Narbe platt, dreiteilig. — Frucht eine längliche, stumpf dreikantige, dreifächerige, aufspringende Kapsel. — Same halbkugelig.

Blütezeit: März, April.

Biologisches. Nadelförmige Kristalle (Rhaphiden) in Blättern und Stengeln gewähren Schutz gegen Tierfraß. — Die Innenseite der röhrenförmigen Nebenkrone ist unten in ein honigabsonderndes Gewebe umgewandelt. — Bestäubung der in der Dunkelheit noch sichtbaren gelben Blüten erfolgt meist durch Nachtschmetterlinge, aber auch am Tage durch Hummeln und Bienen. — Die Blüte ist erstweiblich (proterogyn). Der feingezähnte Rand der Narbe ist als Vorrichtung zum bessern Festhalten des Blütenstaubes anzusehen, da die Insekten beim Eindringen in die Blüten die Narbe nur am Rande berühren.

Standort und Verbreitung. Auf Bergwiesen von Südeuropa (besonders in Spanien) bis nach dem südlichen Skandinavien. In

Deutschland stellenweise sehr häufig, so in der Rheinprovinz (in der Eifel bei Malmedy, auf dem Hundsrück und an anderen Orten), in Hessen, in den Hochvogesen. — An vielen Stellen verwildert. Wird häufig in Gärten angepflanzt und hat in der Kultur viele schöne Abarten erzeugt.

Gift und dessen Wirkung. Die Zwiebel und in geringem Maße die übrigen Teile der Pflanze enthalten ein narkotisch wirkendes Gift, als welches das in seinen Eigenschaften nicht näher bekannte, bitter schmeckende, brechenerregende Pseudonarcissin (Narcitin) angesehen wird.

 Tafel 20.

Unechte Narzisse. *Narcissus pseudonarcissus L.*

1 Zwiebel. 2 Blätter, Knospe und Blüte. 3 Blüte im Längsschnitt. 4 Staubblatt. 5 Narbe. 6 Fruchtknoten im Querschnitt. 4, 5, 6 vergr.

Hanf. Cannabis sativa *(L.)*.

Tafel 21.

Fam.: **Nesselgewächse. Urticaceae.**

Kánnabis (gr.) bei Herodot und Dioskorides; Cannabis sativa ist bei Plinius die Bezeichnung für diese Pflanze. Man leitet dieselbe ab vom Altindischen und nennt von der Pflanze die Sanskritnamen „Banga" und „Gangika", deren Wurzel „ang" oder „an" sich in allen indoeuropäischen und semitischen Sprachen wiederfindet, z. B. „Bang" im Persischen, „Ganga" in Bengalen, „Kanas" im Keltischen, „Cannab" im Arabischen, „Hanaf" im Althochdeutschen, „hänep" im Angelsächsischen, „hanpr" im Altnordischen, endlich der heutige deutsche Name „Hanf". — Die Benennungen „Femmel", „Fimmel" für den männlichen und „Mastel" für den weiblichen Hanf werden auf die lateinische bzw. italienische Bezeichnung femella und masculus zurückgeführt, allerdings in umgekehrter Anwendung, was sich aber vielleicht aus der sehr verschiedenen Größe der beiden Geschlechter dieser Art erklärt, von denen die weibliche, weil stärker entwickelt, dem Volke als männlich erscheint.

Beschreibung. Einjährige, krautige Pflanze mit weißer, spindelförmiger Pfahlwurzel. — Stengel bis 3 m hoch, aufrecht, undeutlich vierkantig, innen hohl, verästelt, mit steifen Borstenhaaren dicht besetzt. — Blätter gestielt; Stiel rinnenförmig; die unteren Blätter fünf- bis neunfach gefingert, die oberen einfacher bis zu kleinen lanzettlichen Blättern, unten gegenständig, oben zerstreut; Blättchen schmal, lanzettlich, spitz, grobgesägt (Fig. 2). — Blüten zweihäusig; bei der Pflanze mit Staubblüten (der männlichen) in achsel- und endständigen Trauben (Fig. 1); bei derjenigen mit Fruchtblüten (der weiblichen) in achselständigem, ährigem Blütenstande (Fig. 2). — Staubblüten hängend; Blütenhülle fünfblätterig (Fig. 3); Blättchen derselben länglich, gleich lang, die drei äußeren mit häutigem Rande und grünen Mittelnerven, die drei inneren schmäler, grünlich. — Die fünf Staubblätter am Grunde der Kronblätter angeheftet; Staubfäden kurz, fadenförmig; Staubbeutel länger, fast vierkantig, zweifächerig, mit Öldrüsen besetzt, der Länge nach aufspringend (Fig. 4). — Fruchtblüten zu je zwei von einem gemeinschaftlichen und jede einzelne von einem besonderen Deckblatte gestützt. Blüte von einem krautigen, mit Drüsen und Haaren besetzten, bauchigen, scheideförmigen Hüllblättchen umschlossen (Fig. 5). — Fruchtknoten länglichrund, einfächerig, einsamig (Fig. 6); zwei Griffel, kurz, in zwei längere, fadenförmige, behaarte Narben auslaufend (Fig. 5). — Frucht ein eiförmiges, etwas zusammengedrücktes, nicht aufspringendes Nüßchen, das von den scheidenförmigen Hüllblättchen umschlossen bleibt (Fig. 7). — Same hängend, von einem feinen, grünen Häutchen bedeckt (Fig. 8). Embryo weiß, gekrümmt (Fig. 9). Cotyledonen ölig, fleischig.

Blütezeit: Juli, August.

Biologisches. Zweihäusige, erstweibliche (proterogyne) Pflanze. Erst vier bis fünf Tage, nachdem die weiblichen Pflanzen befruchtungsfähig geworden, öffnen sich an den männlichen die Staubbeutel, die an zarten Fäden pendeln, und der Wind trägt den Blütenstaub auf die Narben (windblütige Pflanzen).

Standort und Verbreitung. Der Hanf wird wild gefunden in den weiten Gebieten Mittel- und Nordasiens, in Mittel- und Südrußland, in Sibirien, in Persien, in Kaschmir, im Himalaja bis zu 3000 m und in China. Seit den ältesten Zeiten in den genannten Gegenden kultiviert. Nach Herodot bauten die Skythen die Pflanze an; im 3. Jahrh. v. Chr. soll schon die Hanffaser zur Ausrüstung der Schiffe in Sizilien aus Gallien hergebracht worden sein. Danach hätten die nordeuropäischen Völker die Pflanze schon sehr früh gekannt, und nimmt man an, daß die Germanen dieselbe und den Namen dafür aus der Aralgegend mitbrachten. In den Überresten der Schweizer Pfahlbauten fehlt der Flachs. Die Ausbreitung über weite, klimatisch so verschiedene Gebiete und mehrtausendjährige Kultur haben die Pflanze im Aussehen zwar wenig, in ihren Eigenschaften und ihren physiologischen Wirkungen dagegen sehr verändert. Unter den klimatischen Verhältnissen des Nordens ist sie zur Faserpflanze, durch die Sonne des Südens zur Arzneipflanze und zum Reizmittel geworden.

Gift und dessen Wirkung. Das Kraut der Pflanze besitzt ausgesprochen narkotische Wirkung. Die Giftwirkung wird einem Alkaloid: dem **Cannabin, Cannabinin** oder **Tetancannabin** zugeschrieben. Eigenschaften und chemische Zusammensetzung dieses Stoffes sind nicht näher bekannt, wie auch sein Vorhandensein in der Hanfpflanze von einigen Chemikern in Zweifel gezogen wird. Die letzteren nehmen an, daß es sich nicht um ein spezifisches Alkaloid, sondern um „Cholin", eine auch sonst im Pflanzenreich vorkommende giftige Base handelt. Von anderen wird die physiologische Wirkung dem in den ätherischen Ölen der Pflanze enthaltenen **Cannaben** ($C_{15}H_{24}$) einem Sesquiterpen zugeschrieben. Der in Indien kultivierte, auch Cannabis indica genannte Hanf enthält die erwähnten Stoffe in weit reichlicherer Menge als die in nördlichen Gegenden zur Fasergewinnung angebaute Pflanze. — Die Ausdünstungen der Pflanze erregen Kopfschmerzen und Schwindel. In geringer Menge eingenommen oder geraucht, verursachen die Blätter und Stengel eine Art Rausch, dem Opiumrausche sehr ähnlich. Der von den Bewohnern Hindostans, Arabiens, Persiens,

 Tafel 21.

Hanf. *Cannabis sativa L.*

1 Sproß der männlichen Pflanze. 2 Sproß der weiblichen Pflanze. 3 Staubblüte. 4 Staubblatt. 5 Fruchtblüte. 6 Fruchtknoten. 7 Frucht. 8 Same, nat. Größe u. vergr. 9 Same im Längsschnitt. 3 bis 7 u. 9 vergr.

Algiers, der Türkei und benachbarter Länder zur Berauschung benutzte „Haschisch“ wird von den vor der Fruchtreife gesammelten und getrockneten Spitzen der Pflanze bereitet oder aus dem Harze, das durch Abschaben von den Stengeln und Blättern der weiblichen Pflanze gewonnen wird. Die auch in der Heilkunde benutzte Wirkung des Hanfes richtet sich vor allem auf die Tätigkeit des Gehirns und des Herzens. Der Gebrauch größerer Mengen des Giftes führt bei solchen Personen, die an dasselbe nicht gewöhnt sind, nach einer aufheiternden Wirkung schnell Betäubung und Verlust des Gefühls herbei. Die Nachwirkungen der Vergiftung (Atemnot, Muskelschwäche u. dgl.) sind oft von langer Dauer; unmäßiger Gebrauch hat häufig zu Wahnsinn geführt. — In der Heilkunde werden benutzt: die Spitzen der weiblichen Pflanze mit den jungen Früchten (Herba Cannabis) und die reifen Früchte (Fructus Cannabis).

Kornrade. Agrostemma Githago *(L.)*.

Tafel 22.

Fam.: **Nelkengewächse. Caryophyllaceae.**

Agrostemma von *agrós* (gr.), Feld, und *stémma* (gr.), Kranz, Krone. Diese Feldpflanze, die Dioskorides „Feldnelke", *lýchnis agría* (gr.), nennt, wurde zu Kränzen gebraucht. Githago, eine bei Plinius „Gith" genannte, in den Samen dem Schwarzkümmel ähnliche Pflanze.

Rade von raden = ausroden.

Githago segetum (Desf.). Segetum, in der Saat wachsend.

Beschreibung. Einjährige Pflanze mit einfachem oder wenig verzweigtem Stengel, 1/2 bis 1 m hoch, weißfilzig, behaart. — Blätter linealisch, die unteren gestielt, die oberen ungestielt, lang zugespitzt, unten verbreitert, entgegengesetzt stehend (Fig. 1). — Blüten zwitterig, auf langen Stielen, gipfelständig. — Kelch unterständig, bauchig-röhrig, rippig, in fünf linealen, die Blumenkrone um das Doppelte überragenden Zipfeln endigend. — Blumenkrone fünfblätterig; Blumenblätter unten genagelt; Platte breit ausgerandet, rot. — Staubblätter zehn; Staubbeutel länglich, am Rücken den Staubfäden angeheftet, längsspaltig sich öffnend; Staubfäden lang, fadenförmig, weiß (Fig. 2). — Fruchtknoten kegelförmig, einfächerig; Samenträger grundständig; die fünf langen, fadenförmigen Griffel an der Spitze nach links zurückgebogen, drüsig behaart (Fig. 3). — Frucht eine vom Kelch umschlossene Kapsel, an der Spitze in fünf Zähnen aufspringend (Fig. 5). — Samen zahlreich, dreieckig, rund, etwas zusammengedrückt, mit schwarzer, konzentrisch mit kleinen Warzen besetzter Schale (Fig. 5 u. 6).

Blütezeit: Juni, Juli.

Biologisches. Erstmännliche Blüte. — Die Übertragung des Blütenstaubes erfolgt durch Schmetterlinge (Tagfalter). — Bleibt Fremdbestäubung aus, so strecken die Staubfäden sich so weit, daß ihre Staubbeutel mit der Narbe in Berührung kommen und Eigenbestäubung erfolgt.

Standort und Verbreitung. Als Unkraut in Getreidefeldern durch ganz Europa und Asien. Erhebliche Verunreinigung des Getreides ist jedoch bei Anwendung der Mehl- und Getreidereinigungsmaschinen ausgeschlossen

Gift und dessen Wirkung. Die Samen der Pflanze enthalten bis 6,56 Proz. eines giftigen glykosidischen Saponins, welches als

 Tafel 22.

Kornrade. *Agrostemma Githago L.*

1 Blühender Sproß. 2 Blumenkronenblatt und Staubgefäße. 3 Fruchtknoten mit Griffel. 4 Frucht. 5 Frucht (Samenkapsel) im Längsschnitt. 6 Same. 3, 6 vergr.

Agrostemma-Sapotoxin, Githagin oder **Agrostemmin** ($2\,C_{17}H_{28}O_{11}$) bezeichnet wird, in reinem Zustande eine weiße, amorphe, geruchlose Masse. — Über die Saponine und ihre physiologischen Wirkungen siehe Einleitung. — Das Gift ist ausschließlich im Embryo, der Radicula und den Keimblättern enthalten. — Die Wirkung ist eine narkotische; auf die Nasenschleimhaut gebracht, erregt es heftiges Niesen. — Vor allgemeiner Einführung der Getreidereinigungsmaschinen kamen die Samen als Verunreinigungen häufig in größerer Menge ins Brot, machten dieses unangenehm bitter schmeckend und in hohem Grade gesundheitsschädlich; auch sind Vergiftungen mit tödlichem Ausgange vorgekommen beim Gebrauch von Kornkaffee, in dem, wie die Untersuchung ergab, eine größere Menge von Radesamen enthalten war. Durch den Röstprozeß war also das giftige Glykosid nicht zerstört worden.

Gemeines Seifenkraut. Saponaria officinalis *(L.)*.

Tafel 23.

Fam.: **Nelkengewächse. Caryophyllaceae.**

Saponaria von sapo = Seife, weil die zerstoßenen, im Wasser schäumenden Wurzeln statt Seife gebraucht werden können. — Officinalis, in der Heilkunde gebräuchlich.

Beschreibung. Staude mit kriechendem, rötlichem Wurzelstock. — Stengel 30 bis 50 cm hoch, steif, aufrecht, stielrund, knotig, fast kahl oder fein behaart, beblättert. — Blätter glatt, länglich-elliptisch, von drei bis fünf starken Rippen durchzogen, am Grunde in einen kurzen, breiten Stiel verschmälert, scharfrandig. — Blütenstand rispig. — Kelch zylinderförmig, etwas rötlich, nackt oder behaart. — Blumenkronblätter fünf, hell-fleischfarbig, in einen langen Nagel ausgezogen, mit herzförmiger Platte, an deren Grunde mit zwei spitzen Zähnen. — Staubblätter zehn, mit bläulichen Staubbeuteln. — Fruchtknoten einfächerig, mit zwei Griffeln. — Frucht eine einfächerige, an der Spitze in vier Zähnen aufspringende Kapsel. — Samen nierenförmig, schwarzbraun, feingekörnt.

Blütezeit: Juli bis September.

Biologisches. Die Blüte ist an die Bestäubung durch Abend- und Nachtschmetterlinge angepaßt: die Blumenblätter sind hell, einfarbig und duften am stärksten des Abends; der tief in der Blumenkrone abgelagerte Honig ist nur dem langen Schmetterlingsrüssel zugängig. — Erstmännliche (proterandrische) Blüte. — Besucher sind der Ligusterschwärmer (Sphinx ligustri) und Nachtschmetterlinge aus den Gattungen Diathoecia und Mamestra. Die letzteren benutzen den Fruchtknoten als Brutstätte für ihre Nachkommenschaft, indem sie mittels der langen Legröhre ihre Eier in denselben bringen. Die Räupchen ernähren sich von den Fruchtanlagen und verlassen ihre Wohnstätte erst, wenn sie sich zum Verpuppen in die Erde begeben wollen.

Standort und Verbreitung. Auf Sandboden, an Wegrändern und Hecken, auf Hügeln, an Flußufern und auf Schuttplätzen; in Mittel- und Südeuropa sehr verbreitet.

 Tafel 23.

Seifenkraut. *Saponaria officinalis L.*

1 Blühender und nichtblühender Sproß. 2 Blüte im Längsschnitt. 3 Blumenkronblatt mit vor- und nebenstehenden Staubblättern. 4 Blumenkronblatt. 5 Fruchtknoten im Längsschnitt. 6 Fruchtknoten im Querschnitt. 7 Frucht. 8 Same. 2 bis 8 vergr.

Gift und dessen Wirkung. In der ganzen Pflanze, besonders in der Wurzel, ist ein giftiges, glykosidisches Saponin: das **Saponarin** ($C_{19}H_{22}O_{11}$)? enthalten, von anderen wird es **Saporubrin** genannt; seine chemische Zusammensetzung ist noch ganz unsicher. Über Saponine siehe Einleitung. — Es bildet, rein dargestellt, nadelförmige, stark hygroskopische Kristalle. — In der Heilkunde wurde früher benutzt: der im Ruhezustande der Pflanze gesammelte Wurzelstock (Radix Saponariae rubrae).

Schwarze Nieswurz. Helleborus niger *(L.)*.†

Tafel 24. Wandtafel 5.

Fam.: Hahnenfussgewächse. Ranunculaceae.

Helleboros, *Ellëboros* (gr.), von *hellein* (gr.), töten und *borá* (gr.), Speise, weil der Genuß den Tod bringt; nach anderen von einem Flusse Helleborus auf der Insel Antikyra, wo diese seit den ältesten Zeiten als *Ellëboros mélas* (gr.) bezeichnete Pflanze medizinisch benutzt und von den griechischen Ärzten gesammelt wurde. Nieswurz, weil die gepulverte Wurzel zum Niesen reizt. — Winterrose, Christwurz, Christrose, Weihnachtsrose, weil die Pflanze zur Weihnachtszeit blüht.

Beschreibung. Ausdauernde Pflanze mit fast senkrecht stehendem, ein- oder vielköpfigem, dunkelbraunem Wurzelstock. — Blätter grundständig, langgestielt, fußförmig, mit fünf bis neun kahlen, glatten, lederigen, oben dunkel-, unten hellgrünen, verkehrt lanzettförmigen, spitzen, gegen die Spitze zu grobgesägten Blättchen (Fig. 1). — Blütenschaft aufrecht, stielrund, blattlos, grünlich, oft unten rötlich angelaufen, aus einem breiten, abgerundeten Niederblatt entspringend, mit einer oder zwei, zuweilen drei, von einem eiförmigen Niederblatt gestützten Blüten. — Blüte groß, zwitterig. — Kelch fünfblätterig, ausgebreitet, blumenblattartig; Blätter breit-eirund, weiß, bleibend; beim Aufblühen blaßrötlich, nach dem Verblühen grün werdend. — Blumenkronblätter 13 bis 20, klein, zu dütenförmigen, zweilippigen, gelblichgrünen Honigbehältern (Nektarien) umgewandelt; Honigdrüse im Grunde des Nektariums (Fig. 2 und 3). — Staubblätter zahlreich; Staubfäden fadenförmig, weiß; Staubbeutel länglichrund, gelb, zweifächerig, längsaufspringend. — Fruchtblätter zwei bis neun, frei, länglich, seitlich zusammengedrückt; Samenanlagen zahlreich, zweireihig, an der Bauchnaht befestigt; Griffel pfriemlich, nach außen gebogen; Narbe nierenförmig (Fig. 2). — Frucht eine am Grunde etwas verwachsene Teilkapsel, an der Bauchnaht der Länge nach aufspringend (Fig. 4).

Blütezeit: Dezember bis März.

Biologisches. Die Pflanze wird von Tieren unberührt gelassen infolge des in den grünen Teilen enthaltenen Giftes. — An den großen, honigreichen Blüten sind die eigentlichen Blumenblätter zu dütenförmigen „Nektarien“ umgewandelt; ihre Rolle übernehmen die Kelchblätter, welche, im Anfang, durch ihre blendendweiße

 Tafel 24.

Schwarze Nieswurz. *Helleborus niger L.*

1 Blühende Pflanze. 2 Innere Teile der Blüte im Längsschnitt. 3 Blatt der inneren Blütenhülle (Honigdrüse). 4 Frucht. 3 vergr.

Farbe gegen das dunkle Grün abstechend, weithin sichtbar sind. Nachdem sie zur Anlockung der Insekten gedient, fallen sie nicht, wie die Blumenkronblätter der meisten Blüten, ab, sondern bleiben erhalten und bilden in ihrem Innern Blattgrün; die weiße Farbe geht allmählich in eine grüne über. — Platzwechsel der Staubblätter. Die Staubblätter sind in mehreren Wirteln um die Fruchtblätter gruppiert. Um sie herum steht der Nektarienkranz, und dieser ist umgeben von den Blumenkronblättern; die besuchenden Insekten (Hummeln, Bienen) werden also dem Rande der Blüte zustreben. In der jungen, sich eben öffnenden Blüte sind die Griffel so auseinandergespreizt und gekrümmt, daß die Narben über den Nektarien stehen; die Staubbeutel sind noch vollständig geschlossen. Die Blüte ist also ausgesprochen erstweiblich. Ist die Bestäubung vollzogen, so öffnen sich die Staubbeutel des äußersten Wirtels der Staubblätter, und die Staubfäden strecken, krümmen und drehen sich so, daß die Staubbeutel genau über die Mündung der kleinen, honigführenden Becher zu stehen kommen. Insekten, welche den Honig entnehmen wollen, streichen unvermeidlich an den Staubbeuteln vorbei. Am folgenden Tage biegen sich die Staubfäden dieses ersten Wirtels weiter nach außen gegen die blumenblattartigen Kelchblätter hin, und an ihre Stelle treten die Staubblätter des nächsten Wirtels; auch diese werden am folgenden Tage nach außen gerückt und durch Glieder des folgenden Wirtels ersetzt. Dies wiederholt sich Tag für Tag, bis sämtliche Staubblätter mit größter Genauigkeit ihre Staubbeutel über die Nektarien gestellt haben.

Standort und Verbreitung. Auf Kalkboden in schattigen Tälern und Waldungen Süddeutschlands, Österreich-Ungarns und Südeuropas; bei uns oft in Gärten angepflanzt.

Gift und dessen Wirkung. Alle Nieswurzarten gehören zu den scharfnarkotischen Giftpflanzen. Im Wurzelstock und in den Grundblättern von H. niger, H. viridis und H. foetidus sind zwei sehr giftige, kristallisierbare, in Wasser schwer, in Alkohol leicht lösbare Glykoside enthalten (über Glykoside siehe Einleitung): Das **Helleborin** ($C_6H_{10}O$), besonders reichlich in H. viridis, und das **Helleboreïn** ($C_{37}H_{56}O_8$), besonders in H. niger. Diese Glykoside sollen besonders in den äußeren Lagen des Rindenparenchyms von Wurzel und Wurzelstock vorkommen. Die frische Wurzel riecht widrig und schmeckt etwas bitter; auf der Haut bringt sie Rötung und Blasenbildung hervor; genossen, erregt sie Schwindel, Erbrechen, Durchfall und führt zuletzt durch Krämpfe, Lähmung zum Tode. — Die Wurzel von H. niger war früher als Heilmittel gegen Geisteskrankheiten berühmt.

Stinkende Nieswurz. Helleborus foetidus *(L.)*.†

Tafel 25.

Fam.: **Hahnenfussgewächse. Ranunculaceae.**

Helleborus siehe Helleborus niger.

Beschreibung. Ausdauernde Pflanze mit spindelförmigem, ästigem Wurzelstock. — Stengel bis 35 cm hoch, aufrecht, fingerdick, steif, rund, beblättert. — Blätter: die unteren langgestielt, mit rinnigem Blattstiel und mit scheidigem Grund, Blattspreite lederartig, dunkelgrün, kahl, fußförmig, mit sieben bis neun lanzettlichen, spitzen, feingesägten Blättchen; die oberen mehr oder weniger nur aus breiter Scheide mit sehr kleinen Blattzipfeln, weiter nach oben übergehend in die ovalen Deckblätter des Blütenstandes (Fig. 1). — Blütenstand rispenartig doldentraubig, reichblütig. — Blüten nickend, Blütenstiele kurz behaart. — Kelch fünfblätterig mit glockenförmig zusammengeneigten, länglichrunden, grünen, braunrot gesäumten Blättern (Fig. 2). — Blumenkronblätter zu schlauchförmigen, offenen, abgestutzten, gezähnelten Honigbehältern umgewandelt (Fig. 3). — Staubblätter so lang wie der Kelch. Staubfäden weiß, Staubbeutel gelb. — Fruchtblätter zwei bis drei, aufgeblasen, kurz behaart, im unteren Drittel verwachsen, vielsamig. Griffel pfriemenförmig (Fig. 4). — Frucht eine aufspringende Kapsel (Fig. 5). — Samen eiförmig, mit einer weißlichen Nabelwarze (Fig. 6).

Blütezeit: April, Mai.

Biologisches siehe Schwarze Nieswurz.

Standort und Verbreitung. An halbschattigen, steinigen Stellen, auf Kalkboden, in Süd- und Mitteleuropa. In Deutschland nur in bestimmten Gebieten, z. B. im Rheintale und seinen Nebentälern, in der Pfalz, in Baden und Thüringen.

Gift und dessen Wirkung siehe Helleborus niger.

 Tafel 25.

Stinkende Nieswurz. *Helleborus foetidus L.*

1 Blühender Sproß. 2 Blüte im Längsschnitt. 3 Honigdrüse. 4 Fruchtblatt. 5 Samenkapsel. 6 Same. 2, 3, 4 vergr.

 Tafel 26.

Grüne Nieswurz. *Helleborus viridis L.*

1 Blühender Sproß. 2 Blüte im Längsschnitt. 3 Blatt der inneren Blütenhülle (Honigdrüse). 4 Einzelnes Fruchtblatt.

Grüne Nieswurz. Helleborus viridis *(L.)*.†

Tafel 26.

Fam.: **Hahnenfussgewächse. Ranunculaceae.**

Helleborus siehe Helleborus niger.

Beschreibung. Ausdauernde Pflanze mit kurzem, mehrköpfigem, kriechendem, geringeltem, braunem Wurzelstocke. — Wurzelblätter fußförmig, langgestielt, die Blättchen lanzettförmig, dünn, nicht lederartig, zurückgekrümmt, am ganzen Rande dicht scharf gesägt, dunkelgrün, an der Unterseite mit hervortretenden Adern, kahl oder an der Rippe fein behaart. — Stengel blattlos, rund, einblütig, oft verzweigt, dann an der Verzweigungsstelle ein kleineres, fingerig zerteiltes Blatt mit breiten Scheidenstielen (Fig. 1). — Blüten einzeln, groß, angenehm schwach duftend. — Kelch fünfblätterig, breit, oval, ausgebreitet, dunkelgrün (Fig. 1). — Blumenkronblätter zu gelbgrünen, dütenförmigen, unbestimmt zweilippigen Honigbehältern umgewandelt (Fig. 3). — Staubblätter zahlreich; Staubfäden fadenförmig, weiß; Staubbeutel länglich, gelblichweiß (Fig. 2). — Fruchtblätter meist drei, frei, aufgeblasen, grün; Griffel pfriemlich, zurückgebogen (Fig. 4). — Frucht eine dreispaltige Kapsel mit geradem Rücken (Fig. 1).

Blütezeit: April, Mai.

Biologisches siehe Helleborus niger.

Standort und Verbreitung. In Gebirgsgegenden an Waldrändern im westlichen und mittleren Europa; nicht häufig in Deutschland: in Schlesien, Böhmen, Sachsen, im Harz, in Hannover, Westfalen, Hessen und in der Eifel.

Gift und dessen Wirkung siehe Helleborus niger. — In der Heilkunde wurde früher benutzt: der Wurzelstock (Radix Hellebori viridis), gesammelt in der Ruheperiode der Pflanze.

Sumpfdotterblume. Caltha palustris *(L.)*.

Tafel 27.

Fam.: **Hahnenfussgewächse. Ranunculaceae.**

Ableitung des Wortes unbestimmt; vielleicht von Calathus = Schale, Körbchen, wegen der Blütenform.

Schmalzblume, Butterblume, von der gelben Farbe.

Beschreibung. Ausdauernde Pflanze mit sehr kurzem Wurzelstock, der mit einem dichten Büschel langer, dicker, weißer Wurzeln besetzt ist (Fig. 1). — Stengel aufsteigend oder niederliegend, in letztem Falle an den Knoten oft wurzelnd und neue Pflanzen bildend, röhrig, saftig, kahl. — Wurzelblätter gestielt, nieren-herzförmig, kahl, gekerbt, am Grunde scheidenartig erweitert. Stengelblätter kurz gestielt, stengelumfassend, oft mit dütenartiger, häutiger, vertrocknender Blattscheide. — Blüten einzeln auf kräftigem, gefurchtem Stiel (Fig. 1). — Kelch fünf-, zuweilen siebenblätterig. Kelchblätter groß, oval, abgerundet, deutlich geädert, glänzend, gelb, außen am Grunde grün, abfallend (Fig. 2). — Blumenkrone fehlt. — Staubblätter zahlreich. Staubfäden linealisch, wie die elliptischen, vierfächerigen Staubbeutel gelb (Fig. 2). — Fruchtblätter vier bis fünfzehn, sitzend, vielsamig, frei. Narbe sitzend, schrägstehend, geschnabelt (Fig. 3). — Frucht eine sternförmig ausgebreitete, aufspringende Teilfrucht (Fig. 4). — Samen länglich, schwarz, mit einer langen, fleischigen, kammartigen Nabelwarze (Fig. 5).

Blütezeit: April, Juni, Juli.

Biologisches. Die fünf gelbgefärbten Kelchblätter bilden einen auf weite Entfernung sichtbaren Schauapparat. — Am Grunde zu beiden Seiten jeden Fruchtblattes zwei Honiggruben, die reichlich Honig absondern. — Staubblätter und Narbe reifen gleichzeitig; durch die nach außen aufspringenden Staubbeutel aber wird Fremdbestäubung begünstigt. Der Insektenbesuch ist ein sehr starker.

 Tafel 27.

Sumpf-Dotterblume. *Caltha palustris L.*

1 Teile der Pflanze. 2 Blüte im Längsschnitt. 3 Einzelnes Fruchtblatt. 4 Fruchtstand. 5 Same. 2 bis 5 vergr.

Standort und Verbreitung. In Wassergräben, Sümpfen und Teichen, auf nassen Wiesen durch ganz Nord- und Mitteleuropa, Asien und Nordamerika.

Gift und dessen Wirkung. Eigentliche Vergiftungen durch die Pflanze sind noch nicht nachgewiesen; sie wird jedoch allgemein den giftverdächtigen, scharfen Pflanzen zugezählt. — In der Pflanze ist das Vorhandensein eines Alkaloides nachgewiesen worden, welches aber noch nicht rein dargestellt und untersucht wurde.

Trollblume. Trollius europaeus *(L.)*.

Tafel 28.

Fam.: **Hahnenfussgewächse. Ranunculaceae.**

Trollius, Ableitung unbestimmt, vielleicht mit Bezug auf die kugelrunde Blüte vom althochdeutschen troll = kugelrund, oder von trulleus = rundes Gefäß.

Beschreibung. Ausdauernde Pflanze mit kurzem Wurzelstock, der viele lange, hellbraune Wurzeln und oben die Überreste der vorjährigen Blätter als braune, borstige Fasern trägt (Fig. 1). — Stengel aufrecht, bis 1 m hoch, rund, kahl, wenig verästelt, meist einblütig (Fig. 1). — Blätter meist sitzend, mit fünfteiliger Blattspreite; Blattzipfel breit, rautenförmig, dreispaltig, eingeschnitten. Wurzelblätter langgestielt; Stiel rinnig, am Grunde scheidenförmig erweitert (Fig. 1). — Blüte groß, hellgelb, kugelförmig. — Kelch fünf- bis fünfzehnblätterig; Kelchblätter blumenblattartig, hellgelb, oval-schalenförmig, dachziegelig übereinander liegend, abfallend (Fig. 2). — Blumenkronblätter (Fig. 3) acht bis vierzehn, klein, zu Honigbehältern umgewandelt, aus einem kleinen, hohlen, linealen Nagel mit aufsitzender, zungenförmiger Platte bestehend. — Staubblätter zahlreich; Staubfäden gelb; Staubbeutel linealisch, gelb (Fig. 2). — Fruchtblätter zahlreich, frei. — Frucht eine vielsamige Teilfrucht; Fächer vielsamig, mit aufrechtem Schnabel, nach innen aufspringend (Fig. 4 u. 5). — Same dreiseitig, schwarz (Fig. 6).

Die Pflanze ändert nach dem Standorte vielfach ab, und man unterscheidet die Formen Trollius europaeus humilis Crantz (die alpine Form); Trollius europaeus altissimus Crantz (auf besonders feuchten, nahrhaften Wiesen, sehr hoch werdend).

Blütezeit: Mai bis Juli.

Biologisches. Die dachig übereinanderliegenden Kelchblätter umschließen das Innere der Blüte wie eine Kapsel, um die Staubblätter vor Benetzung durch Regen zu schützen. — Anlockung der Insekten durch die hochgelben Kelchblätter und durch den Duft. — Als Genußmittel wird den Insekten Honig geboten. — Die Blüte ist erstmännlich (proterandrisch). — Die Entwickelung der Staubblätter und ihr Platzwechsel mit den Narben

 Tafel 28.

Trollblume. *Trollius europaeus L.*

1 Pflanze in zwei Teilen. 2 Blüte im Längsschnitt. 3 Blatt der inneren Blütenhülle mit Honigdrüse, vergr. u. nat. Größe. 4 Fruchtstand. 5 Einzelfrucht. 6 Same, nat. Größe u. vergr. 2, 5 vergr.

vollzieht sich genau wie bei Helleborus (siehe Helleborus niger). — Bestäuber: Bienen, Hummeln, Fliegen und kleine Käfer.

Standort und Verbreitung. Auf feuchten Wiesen, in Nord- und Mitteleuropa; in Südeuropa in den Gebirgen; zerstreut, an manchen Orten seltener.

Gift und dessen Wirkung. Wirkliche Vergiftungen durch die Pflanze sind noch nicht bekannt geworden; sie wird aber als Hahnenfußgewächs mit scharfem Safte allgemein als giftverdächtig angegeben.

Gemeine Akelei. Aquilegia vulgaris *(L.)*.

Tafel 29.

Fam.: **Hahnenfussgewächse. Ranunculaceae.**

Das Wort Aquilegia wird abgeleitet von aqua = Wasser und legere, schöpfen; wasserschöpfend in bezug auf die Form der Blumenkronblätter; andere leiten es von aquilina ab, im Hinblick auf die den Krallen eines Adlers gleich gekrümmten Blumenkronblätter.

Beschreibung. Ausdauernde Pflanze mit ästigem, mehrköpfigem, hellbraunem Wurzelstock (Fig. 1). — Stengel aufrecht, bis $^1/_2$ m hoch, stielrund, einfach oder verzweigt, mehrblütig. — Wurzelblätter langgestielt. Stiel dreiteilig, unten scheidenförmig. Blättchen doppelt dreizählig, oben dunkel-, unten bläulichgrün. Stengelblätter an den Astteilungen einfacher, kurzgestielt oder sitzend, die Blätter unter den Blütenstielen oval-lanzettlich (Fig. 2). — Blüten groß, nickend. Blütenstiele mit feinen Haaren und Drüsen besetzt. — Kelch fünfblätterig. Kelchblätter blumenblattartig, meist violett, abstehend, eilanzettlich (Fig. 4). — Blumenkrone fünfblätterig. Kronblätter kapuzenförmig, nach hinten in einen hakenförmigen Honigsporn auslaufend (Fig. 5). — Staubblätter zahlreich, mehrreihig; die innersten unfruchtbar, zu breiten Staminodien mit weißem, krausem, welligem Rande umgewandelt (Fig. 6). Staubfäden etwas länger als die Blumenkronblätter. Staubbeutel gelb (Fig. 3). — Fruchtblätter fünf bis zehn (Fig. 7), frei; Griffel lang, an der Spitze nach außen gebogen. — Frucht eine Teilfrucht, deren runde, feinbehaarte, nach oben in den langen, aufrechten Griffelschnabel verlängerte, vielsamige Einzelfrüchte nach innen aufspringen. — Samen länglich, platt, schwarz.

Kommt in mehreren Standortformen vor mit blauen, schwarzvioletten, rötlichen, weißen und mit gefüllten Blüten und in zahllosen Gartensorten.

Blütezeit: Juni, Juli.

Biologisches. Die becherförmige Blüte ist in der Knospenlage nach oben gerichtet, vor dem Öffnen krümmt sich jedoch der Stiel, und die Blüte wird zu einer hängenden Glocke zum Schutz des Blütenstaubes gegen Nässe; später streckt sich der Stiel wieder gerade, und die Fruchtkapseln sind nach oben gerichtet. — Ausgesprochen insektenblütige Pflanze. — Jedes Kronblatt

 Tafel 29.

Gemeine Akelei. *Aquilegia vulgaris L.*

1 Wurzelstock. 2 Blühender Sproß. 3 Blüte im Längsschnitt. 4 Blatt der äußeren und 5 Blatt der inneren Blütenhülle. 6 Fruchtknoten und Griffel. 7 Fruchtknoten im Querschnitt. 8 Frucht. 9 Same, nat. Größe u. vergr. 6 u. 7 vergr.

ist in den Honigsporn ausgezogen, an dessen kolbenförmig verdicktem Ende der Honig abgeschieden wird; auch die gefärbten Kelchblätter wirken anlockend auf die Insekten. Die Staub- und Fruchtblätter sind auffallend gelb gefärbt, ragen aus der Blüte hervor und werden von den Besuchern als Anflugplatz benutzt und umklammert. — Die Blüte ist an die Bestäubung durch Hummeln angepaßt, aber auch von diesen können nur die langrüsseligen Arten (Bombus hortorum) bis zum Honig gelangen; andere Hummeln und manche Bienenarten beißen ein Loch in den Sporn und begehen Honigraub. — Die Blütenstiele sind klebrig zum Abhalten kleiner, ungeflügelter, an die Blumen herankriechender Insekten, die Honig zu stehlen beabsichtigen. — Die Blüten sind erstmännlich. — Die Staubblätter sind anfangs zum Blütengrunde hingebogen und strecken sich beim Öffnen der Blüte; die später reifenden Staubblätter bewegen sich etwas nach auswärts. Fremdbestäubung ist die Regel, bei ihrem Ausbleiben erfolgt Selbstbestäubung.

Standort und Verbreitung. In Laubwäldern, auf Waldwiesen und in Gebirgen von Südeuropa bis nach Schweden. In Gärten oft angepflanzt.

Gift und dessen Wirkung. Die Pflanze wird als giftig angegeben, obschon über Vergiftungen durch Genuß von Teilen der Pflanze keine Berichte vorliegen; Alkaloide sind in ihr nicht gefunden worden. Neuerdings wurde in den Blättern, Blumen und besonders in den jungen Samenkapseln der Akelei Blausäure nachgewiesen. Man muß bis auf weiteres die Pflanze zu den sehr giftverdächtigen rechnen.

Grossblumiger Rittersporn. Delphinium grandiflorum *(L.)*.

Tafel 30.

Fam.: **Hahnenfussgewächse. Ranunculaceae.**

Delphínion (gr.) nannte Dioskorides diese Gattung, weil die Blütenknospen einem Delphin ähnlich seien.
Rittersporn, wegen des Sporns am oberen Kelchblatte.
Delphinium chinense (Fisch.).

Beschreibung. Ausdauernde Pflanze mit 60 bis 80 cm hohem Stengel. — Blätter handförmig, vielspaltig, mit linealen Zipfeln, glatt (Fig. 1). — Blütentraube reichblütig; Blüten groß. — Kelch fünfblätterig, blumenblattartig, unregelmäßig, das oberste Kelchblatt gespornt (Fig. 2). — Blumenkrone vierblätterig; Blumenblätter frei, kürzer als die Kelchblätter, die zwei oberen gespornt, Honig führend, blau, in den Sporn des Kelches eingeschlossen. — Staubblätter zahlreich; Staubfäden verbreitert (Fig. 3). — Fruchtblätter drei bis fünf, vielfrüchtig (Fig. 4, 5 u. 6). — Frucht eine vielsamige, aufspringende Teilfrucht (Fig. 7). — Same kantig (Fig. 8).

Blütezeit: Juni bis September.

Biologisches. Der Honig ist in dem langen, hohlen Sporn abgelagert und nur langrüsseligen Insekten zugänglich. — Die Bestäubung wird besonders durch die Gartenhummel bewirkt. Die Häufung der Blüten zu einer lockeren Traube und die blumenblattartige Färbung der Kelchblätter machen die Blüte auffallend. Als Anflugplatz für die Besucher dient das durch gelbe Haarbüschel gekennzeichnete „Saftmal". Beim Hindurchzwängen des Kopfes durch den engen Blüteneingang treffen die Hummeln in jüngeren Blüten auf die reifen, nach außen aufspringenden Staubbeutel; erst wenn diese abgeblüht sind, wird die Narbe belegungsfähig. Die Blüte ist also ausgeprägt erstmännlich (proterandrisch). — Honigraub, durch Zerbeißen der Safthülle, wie dieses häufig bei anderen Spornblüten vorkommt, ist hier dadurch erschwert, daß der Honig

 Tafel 30.

Großblumiger Rittersporn. *Delphinium grandiflorum L.*

1 Blühender Sproß. 2 Blüte im Längsschnitt. 3 Staubblatt. 4 Fruchtblattbündel. 5 Junge Teilfrucht im Längsschnitt. 6 Fruchtknoten im Querschnitt. 7 Samenkapsel. 8 Same. 3, 4, 8 vergr.

durch zwei Wandungen, diejenige des Kelchsporns und diejenige des Blumenblattsporns, geschützt ist.

Standort und Verbreitung. In Sibirien und China. In Gärten als schönblühende Staude vielfach angepflanzt, besonders auch in zahlreichen schönen lila-, azurblau-, fleischfarben-, weiß- und anders gefärbt blühenden Formen; auch mit gefüllten Blüten vorkommend.

Gift und dessen Wirkung siehe Delphinium Staphysagria.

Läusekorn-Rittersporn. Delphinium staphysagria *(L.)*.

Tafel 31.

Fam.: **Hahnenfussgewächse. Ranunculaceae.**

Delphinium siehe Delphinium grandiflorum; staphysagria von *staphis* (gr.), Rosine, Traube, und *ágria* (gr.), wild, weil die Blätter denen des Weinstockes etwas ähnlich sehen.

Läusekorn, weil die Samen früher zur Vertilgung des Ungeziefers benutzt wurden.

Beschreibung. Ein- oder meist zweijährige Pflanze mit fleischiger Pfahlwurzel. — Stengel bis 1 m hoch, steif, aufrecht, wenig verzweigt, überall drüsig behaart. — Blätter gestielt, zerstreut stehend, handförmig, drei-, fünf- bis siebenteilig; die Zipfel länglich zugespitzt; Stützblätter am Grunde der Blütenstiele als kleine drei-, zwei- oder einzipfelige Blättchen ausgebildet (Fig. 1). — Blütentraube reichblütig, locker; Blütenstiele zweimal länger als die Blüten, drüsig behaart. — Kelch fünfblätterig, breit-eiförmig, blumenblattartig, violett, außen behaart; das obere Blatt mit einem kurzen, hakenförmigen Sporn. — Blumenkrone vierblätterig; die zwei oberen Blätter länglich, etwas gebogen, hinten mit einem kurzen Sporn, bläulichweiß; die zwei unteren spatelförmig, etwas gekerbt. — Staubblätter zahlreich; Staubfäden fadenförmig, weiß; Staubbeutel grünlichgelb (Fig. 2 u. 3). — Fruchtblätter drei, frei, aufgeblasen, behaart, mit langem Griffel (Fig. 2). — Frucht eine kurz aufgetriebene, dreifächerige, wenigsamige Teilfrucht (Fig. 4). — Same groß, braun.

Blütezeit: Juni, Juli.

Biologisches siehe Delphinium grandiflorum.

Standort und Verbreitung. In Südeuropa, Istrien, Dalmatien. Bei uns in Gärten als Zierpflanze.

Gift und dessen Wirkung. Von den Ritterspornarten ist als wirklich giftig Delphinium staphysagria bekannt; die anderen sind es in niederem Grade; immerhin sind sie als giftverdächtig anzusehen. Die meisten Ritterspornarten sind reich an Alkaloiden, den sogenannten Delphiniumalkaloiden, die zum Teil noch sehr wenig bekannt sind. Allgemein verbreitet scheint das **Delphinin** ($C_{31}H_{47}NO_7$) zu sein, das

Läusekorn-Rittersporn. *Delphinium Staphysagria L.*

1 Blühender Sproß. 2 Die Fruchtblätter und die Staubblätter der Blüte. 3 Einzelnes Staubblatt. 4 Frucht. 2, 3, 4 vergr.

schon 1819 aufgefunden wurde; es ist ein weißgelber, harzähnlicher Körper, fast unlöslich in Wasser, löslich in Alkohol, von scharfem Geschmack. Außer diesem letzteren fanden sich in den Samen von Delphinium staphysagria: das Delphinoidin, das Delphisin und das Staphysagroin; das letztere hält man jedoch für ein Gemenge von vier weiteren Alkaloiden. Die Alkaloide sind nur im Nährgewebe des Samens vorhanden.

Die Giftwirkung des Delphinins ist derjenigen des Veratrins (siehe S. 39) sehr ähnlich, auch erregt es, wie dieses, auf die Nasenschleimhaut gebracht, heftiges Niesen.

Echter Sturmhut. Aconitum Napellus *(L.)*.†

Tafel 32. Wandtafel 6.

Fam.: Hahnenfussgewächse. Ranunculaceae.

Akóniton (gr.), bei Theophrast eine *en akónais* = auf schroffen Felsen wachsende Pflanze. Napellus Deminutivum von napus = Rübe, mit Bezug auf die rübenartige Wurzel.

Sturmhut. Eisenhut von der helmartigen Form der Blüte, ebenso Mönchskappe, Fischerkappe, Reiterkappe; in den Bezeichnungen Venuswägelchen, Taubenwägelchen, Taubenkutsche werden die zwei Blumenkronblätter mit Tauben verglichen, die in der Blüte als ihrem Wagen sitzen.

Beschreibung. Ausdauernde Pflanze mit rübenförmiger, fleischiger, brauner, unangenehm rettichartig riechender, knolliger Wurzel, die mit zahlreichen Wurzelfasern besetzt ist. — Stengel aufrecht, bis $1^1/_2$ m hoch, rund, kahl, einfach oder verästelt. — Blätter groß, tief dreiteilig; mittlerer Zipfel dreispaltig, die Seitenzipfel tief zweispaltig, zerstreut stehend, langgestielt, oben dunkelgrün, glänzend, unterseits heller; obere Blätter einfacher, kleiner, sitzend, zuletzt in einfache Deckblätter übergehend (Fig. 1). — Blütenstand eine dichtere oder lockere Traube oder Rispe, mit kurzen, weichen Haaren besetzt. — Blüten groß, veilchenblau, violett oder lila; Blütenstiel an der Spitze verdickt und mit Deckblättchen besetzt. — Kelch fünfblätterig, unregelmäßig, blumenblattartig, das obere Blatt helmförmig, die mittleren umgekehrt eiförmig (Fig. 2). — Blumenkrone zweiblätterig; jedes Blatt zu einem dütenförmigen, in einen kopfförmigen Sporn auslaufenden Honigbehälter umgewandelt, der auf langem Stiele wagerecht, nickend angebracht ist und unter der Haube verdeckt liegt (Fig. 2). — Staubblätter zahlreich; Staubfäden weiß, aufrecht, von unten bis zur Mitte verbreitert, kahl, oben fadenförmig und behaart, an der Spitze zurückgebogen; Staubbeutel am Grunde angewachsen, rundlich, zweifächerig, längsaufspringend, schwarz (Fig. 3). — Fruchtblätter drei, selten vier bis fünf, frei, länglich, kahl, mit pfriemförmigem, auf der inneren Seite gefurchtem Griffel (Fig. 4); Samenknospen in zwei Reihen (Fig. 5). — Frucht eine Teilfrucht; die einzelnen Kapseln an der Bauchnaht aufspringend (Fig. 6). — Same drei- bis sechskantig, umgekehrt pyramidenförmig, braun (Fig. 7).

Die Pflanze ändert sehr ab in der Höhe der Stengel, in der Form der Blätter und der Behaarung, im Blütenstande, der Form

 Tafel 32.

Echter Sturmhut. *Aconitum Napellus L.*

1 Blühender Sproß und Grundblatt. 2 Blüte im Längsschnitt. 3 Staubblatt. 4 Die Fruchtblätter. 5 Fruchtblatt im Querschnitt. 6 Frucht. 7 Same, nat. Größe u. vergr. 2 bis 6 vergr.

des Helmes und des Honigspornes; alle diese Formen wurden früher als besondere Arten angesehen.

Blütezeit: Juni bis August.

Biologisches. Besitzt in seinem scharfen Gifte einen Schutz gegen Angriffe seitens der Tiere; daher sein oft massenhaftes Vorkommen auf Weideplätzen. — Von den ursprünglich vorhandenen fünf Blumenkronblättern sind die zwei oberen zu kapuzenförmigen Honigbehältern umgewandelt, die drei anderen fast gänzlich zurückgebildet. Die Rolle der Blumenkronblätter haben die entsprechend umgestalteten und gefärbten Kelchblätter übernommen. Durch die seitliche Stellung der Blütenöffnung und durch die dachförmige Wölbung des oberen Kelchblattes ist das Innere gegen Nässe geschützt. In der jungen Blüte liegen Staubbeutel und Griffel eng an das dachförmige Kelchblatt angeschmiegt; beim Aufblühen reifen die Staubbeutel zuerst und stellen sich an den Eingang der Blüte; die Pflanze ist also ausgesprochen erstmännlich. Später biegen sich die Griffel nach unten, und die Narben werden belegungsfähig. So tritt regelmäßig Fremdbestäubung ein, da die Insekten zuerst die unteren (älteren) Blüten des Blütenstandes besuchen und dort den Blütenstaub der Nachbarpflanze abladen, darauf in die oberen (jüngeren) Blüten hinaufsteigen und neuen Blütenstaub aufnehmen. — Zum Anflug dienen die beiden unteren Kelchblätter. Die Befruchtung erfolgt ausschließlich durch Hummeln, von denen die Pflanze reichlich besucht wird; sie findet sich auch nur dort verbreitet, wo jenes Insekt schwärmt. — Während die Besucher den dichtbehaarten Leib zwischen den napfartigen, seitlichen Kelchblättern hindurchzuzwängen suchen, stoßen sie gegen die ihnen im Wege stehenden Staubblätter und bedecken sich am Unterleib mit Blütenstaub. Der untere Teil der Nektarien, der rinnenförmig gestaltet ist, zeigt ihnen den Weg zu den Honigbehältern. — Kurzrüsselige Hummelarten beißen ein Loch in die Blütenhülle und begehen Honigraub; die so entstand denen Öffnungen benutzen dann auch die Bienen zu gleichen Zwecken

Standort und Verbreitung. In Gebirgsgegenden Mittel- und Südeuropas, bis nach Norwegen, besonders auf steinigen, gedüngten Stellen in den deutschen und österreichischen Gebirgen, in Schlesien, Schwarzwald, Vogesen, Hessen, Westfalen, in der Eifel; in den Alpen bis zu 2300 m, seltener in der Norddeutschen Tiefebene, auf feudigen Weiden und in Gebüschen. Ferner im Himalaja und den Gebirgen Südsibiriens. In Gärten vielfach als Zierpflanze. — Die Pflanze war den Griechen und Römern schon als Giftpflanze bekannt; in Ovid Metam. wird sie mehrfach erwähnt.

Gift und dessen Wirkung. Die Pflanze enthält in allen Teilen ein schon in geringer Menge sehr heftig wirkendes, giftiges

Alkaloid: das **Akonitin** ($C_{33}H_{45}NO_{12}$), welches, rein dargestellt, kristallisiert oder ein amorphes, bitter scharf schmeckendes Pulver bildet. In den Knollen der Pflanze ist dieses Alkaloid in 0,17 bis 0,28 Proz., in den Blättern und Blüten weniger reichlich enthalten. — Es gehört zu den stark scharf narkotischen Giften. — Seine Wirkung erstreckt sich vor allem auf die Nerven des Herzens und der Atmungsorgane; es wird schnell unverändert durch den Urin und Speichel aus dem Körper ausgeschieden. — Die Blätter der Pflanze schmecken erst matt, dann scharf brennend. Die Knolle hat frisch einen dem Rettich ähnlichen Geruch und schwach süßlichen Geschmack, der aber bald äußerst scharf brennend und zusammenziehend wird. Die Vergiftungserscheinungen treten meist schon nach wenigen Minuten ein und zeigen sich an durch Kopfschmerz, Schmerz in der Schläfengegend, Ohrensausen, Ekel, Magenschmerz, Erbrechen, Kribbeln in den Zehen und den Fingern; später tritt Verlust des Gehörs und Sehvermögens, Schwindel, schwereres Atmen, Verminderung des Pulsschlages (auf 40 bis 50 Schläge in der Minute) und bedeutende Vergrößerung der Pupille ein. Nach dem Auftreten kalten Schweißes und großer Angst erfolgt zwischen einer bis acht Stunden, sehr selten noch später, der Tod nach sehr schnellen Atemzügen. Das Bewußtsein bleibt meist bis fast zum Tode erhalten. — Die höchst giftigen Eigenschaften der Aconitumarten waren schon den alten Griechen und Römern bekannt. Plinius u. a. bezeichneten die Pflanze als „vegetabilisches Arsenik“. — Bei Ovid und anderen Dichtern kommt das Wort „Aconitum“ als Kollektivname für starke Gifte vor. — In der Heilkunde wird benutzt: der rübenförmige Wurzelstock (Tuber Aconiti, Akonitknollen), zuweilen auch die Blätter (Folia Aconiti).

 Tafel 33.

Bunter Sturmhut. *Aconitum variegatum L.*

1 Blühender Sproß. 2 Blüte im Längsschnitt. 3 Honigdrüse. 4 Staubblatt. 5 Fruchtblatt. 2 bis 5 vergr.

Bunter Sturmhut. Aconitum variegatum *(L.)*.

Tafel 33.

Fam.: **Hahnenfussgewächse. Ranunculaceae.**

Aconitum siehe Aconitum Napellus; variegatus, mit mehrfarbigen Blütenblättern.

Aconitum Cammarum Jaqu.

Beschreibung. Ausdauernde Pflanze, mit knolligem, rettichartigem Wurzelstocke. — Stengel bis 1 m hoch, schwach, oft niedergebogen. — Blätter gestielt, fünf- bis siebenspaltig, die Zipfel dreizählig geteilt, mit lanzettlichen Abschnitten, dunkelgrün, glänzend; die älteren hart, lederartig (Fig. 1). — Blütenstand rispig; Blüten groß, unregelmäßig, hellblau, in der Mitte weiß; Blütenstiele lang, aufsteigend, oben mit zwei Deckblättchen. — Kelch fünfblätterig; das obere Blatt eine große, weitgewölbte, aufgeblasene Haube, mit vorgezogenem, spitzem Schnabel von den anderen Kelchblättern abstehend; die seitlichen Blätter groß, rundlich; die unteren länglich (Fig. 2). — Blumenkrone zweiblätterig; beide zu einem auf langem, starkem Stiele stehendem, aufwärts gerichtetem Honigbehälter umgewandelt, mit keulenförmigem, abwärts gekrümmtem, grüngelbem Sporn und aufsteigender bläulicher Lippe (Fig. 3). — Staubblätter zahlreich, unten breit, kahl, weiß, oben allmählich fadenförmig werdend, gekrümmt; Staubbeutel gelb (Fig. 4). — Fruchtblätter fünf, frei, zylindrisch, kahl oder fein behaart, in der Jugend aufrecht (Fig. 5). — Frucht eine fünfteilige Teilfrucht. — Samen scharf dreikantig, auf dem Rücken geflügelt.

Ändert sehr ab in der Größe der Blätter und der Blüten, die violett, blau, weiß und blauweiß-gescheckt vorkommen.

Blütezeit: August, September.

Biologisches siehe Aconitum Napellus.

Standort und Verbreitung. In Bergwäldern. In den Alpen, in Steiermark, Krain, Salzburg, Ungarn, Böhmen, Schlesien, Posen, im Erzgebirge, Thüringen, im Harz.

Gift und dessen Wirkung siehe Aconitum Napellus.

Wolfseisenhut. Aconitum Lycoctonum *(L.)*.

Tafel 34.

Fam.: **Hahnenfussgewächse. Ranunculaceae.**

Aconitum siehe Aconitum Napellus. Lycoctonum von *lykós* (gr.), Wolf, und *kteino* (gr.), töten, weil die Wurzeln schon von den Römern zu Dioskorides' Zeit zum Vergiften der Wölfe gebraucht wurden.

Wolfswurz.

Beschreibung. Ausdauernde Pflanze mit ästigem Wurzelstocke. — Stengel aufrecht, bis 1 m hoch. — Blätter groß, kreisrund, tief herzförmig, handförmig, tief drei- bis fünflappig, Lappen dreispaltig, zerschlitzt; an der Unterseite behaart (Fig. 1). — Blüten in langen, dichtblütigen Trauben, gelb. Blütenstiele kürzer als die Blüte, an ihrer Spitze zwei lineale Deckblättchen (Fig. 2). — Kelch fünfblätterig, abfallend, das obere Blatt zu einer walzen- oder keulenförmigen Haube umgewandelt. Die mittleren und unteren Blätter (Fig. 3) gleich lang, gelb. — Blumenkronblätter zu zwei in der Haube liegenden Honigbehältern umgebildet, die auf gerade aufrechtstehenden Stielen stehen. Honiggefäß schlank, Lippe wagerecht stehend, abwärts gerichtet. Sporn gekrümmt und an der Spitze spiralig eingerollt (Fig. 4). — Staubblätter zahlreich, Staubfäden am Grunde verbreitert, geflügelt, den Fruchtblättern dicht anliegend, am oberen Ende nach außen zurückgekrümmt; Staubbeutel länglich, gelb (Fig. 5). — Fruchtblätter drei, frei, zylindrisch, aufgeblasen, meist kahl. — Frucht eine aufspringende Teilfrucht mit wagerecht abstehendem Schnabel an jedem Fruchtblatt (Fig. 6). Samen zusammengedrückt, vierkantig, schwarz, geschuppt (Fig. 7).

Die Pflanze ändert in der Größe aller Teile sehr ab. Die verschiedenen Standortsformen sind früher als besondere Arten: A. pyrenaicum, A. penninum, A. grandiflorum, A. carpathicum u. a. beschrieben worden.

Blütezeit: Juli, August.

Biologisches siehe Aconitum Napellus.

Standort und Verbreitung. In den Gebirgswaldungen der Alpen und der deutschen Mittelgebirge; am Rhein, im Harz, in Thüringen und Bayern.

Gift und dessen Wirkung siehe Aconitum Napellus.

 Tafel 34.

Wolfs-Eisenhut. *Aconitum Lycoctonum L.*

1 Wurzelstock. 2 Blühender Sproß. 3 Blüte im Längsschnitt. 4 Blüte ohne Kelchblätter. 5 Staubblatt. 6 Stück eines Fruchtzweiges. 7 Same, nat. Größe u. vergr.

Gemeines Windröschen. Anemone nemorosa *(L.)*.

Tafel 35.

Fam.: **Hahnenfussgewächse. Ranunculaceae.**

Anemone von *ánemos* (gr.), Wind, weil der leiseste Wind die Blüten bewegt; nemorosa = in Laubwäldern wachsend.

Osterblume, Hain-Anemone, Kuckucksblume.

Beschreibung. Ausdauernde Pflanze mit kriechendem, dünnem, hellbraunem Wurzelstocke. An der jungen, noch nicht blühbaren Pflanze meist nur ein einzelnes langgestieltes, handförmiges, fünfteiliges, eingeschnittenes, gesägtes Blatt. — Die blühbare Pflanze treibt einen etwa 20 bis 25 cm langen Blütenstengel, an dem ein Wirtel von drei drei- bis fünfteiligen, kurzgestielten Blättern steht (Fig. 1). Stengel meist einblütig. — Blüten regelmäßig, weiß, zuweilen rötlich. — Kelch meist sechsblätterig; Kelchblätter elliptisch, beiderseits kahl, weiß, zuweilen an der Unterseite rötlich angelaufen oder ganz rot (Fig. 2), seltener bläulich. — Blumenkronblätter fehlen (Fig. 3). — Staubblätter zahlreich; Staubfäden fadenförmig, Staubbeutel elliptisch. — Fruchtblätter zahlreich, einsamig, behaart (Fig. 4). — Früchtchen eiförmig, ungeschwänzt, behaart (Fig. 5). — Ändert ab in der Behaarung des Blattstieles und der Blätter, in der Zahl der Kelchblätter.

Blütezeit: März bis Mai.

Biologisches. Die unter der Blüte stehenden dreiteiligen Blätter sind Hüllblätter der Blüte; das eigentliche Blatt (es wird nur eines gebildet), entspringt dem Wurzelstock neben dem Blütenstiel; es ist groß und zart gebaut (Schattenpflanze), und es fehlen ihm Haargebilde oder sonstige, die Verdunstung hemmende Einrichtungen; deshalb welken die abgeschnittenen Triebe sehr bald. Gegen den Sommer hin stirbt der oberirdische Sproß, dem der grüne Laubwald das Licht entzieht, bald ab. — Durch Gift ist die Pflanze vor Tierfraß geschützt, was dem frühaustreibenden Windröschen von besonderem Nutzen ist. — Die Blüten stehen auf langen Stielen, welche sich des Nachts und bei Regenwetter krümmen, so daß die offenen Blüten nach unten gerichtet werden, und das Innere der Blüte gegen die kalte

Nachtluft und gegen Tau und Regen geschützt ist. — Die Kelchblätter übernehmen an Stelle der fehlenden Blumenkronblätter das Anlocken der Insekten. — Die Blüten sind erstweiblich (proterogyn); die in der Mitte der Blüte büschelförmig zusammenstehenden Griffel dienen den Insekten als Anflugplatz. Die Blüte ist honiglos; die Insekten finden nur Blütenstaub, der ihnen aber in der ersten Frühlingszeit sehr willkommen ist.

Standort und Verbreitung. Auf Rasenplätzen, in dichten Waldungen, auf Mooren und Heiden; durch ganz Süd- und Mitteleuropa, Asien und Nordamerika, in den Gebirgen und den Ebenen überall vorkommend.

Gift und dessen Wirkung siehe Anemone Pulsatilla. Die Pflanze äußert jedoch weniger scharfe Wirkung als die vorgenannte; in Kamtschatka soll der Saft früher als Pfeilgift benutzt worden sein.

 Tafel 35.

Gemeines Windröschen. *Anemone nemorosa L.*

1 Blühende Pflanze. 2 Sproß der rotblühenden Form. 3 Blüte im Längsschnitt. 4 Einzelnes Fruchtblatt. 5 Fruchtstand. 3, 4, 5 vergr.

Kuhschelle. Anemone Pulsatilla *(L.)*.

Tafel 36.

Fam.: Hahnenfussgewächse. Ranunculaceae.

Anemone siehe Anemone nemorosa; pulsatilla von pulsare, heftig hin und her stoßen oder schlagen, weil die Blüten durch den Wind hin und her bewegt werden, einer läutenden Glocke ähnlich.

Pulsatilla vulgaris Mill.

Küchenschelle, Osterblume, Wolfspfote, Bitzblume.

Beschreibung. Ausdauernde Pflanze mit fingerdickem, braunem, kurzem Wurzelstocke, der oben dicht mit braunen Schuppen und den Überresten der Blattstiele besetzt ist. — Blätter grundständig, dreifach fiederspaltig mit linealen, spitzen Zipfeln, dicht mit seidigen Haaren bedeckt (Fig. 1). — Blüten einzeln, aufrecht, etwas vor den Blättern, auf kurzem Schaft und bedeckt von den Hüllblättern, erscheinend. Schaft zur Zeit der Blüte 20 bis 30 cm hoch; Blütenstiel je nach Standort kürzer oder länger, zottig behaart (Fig. 2). Blütenhülle aus drei sitzenden, vielfach fingerteiligen, dicht behaarten, von der Blüte entfernt stehenden Blättern bestehend. — Kelch sechsblätterig; Blätter blumenkronartig, länglich, spitz, am Grunde glockig zusammengeneigt, von der Mitte an zurückgebogen, außen seidig behaart, blauviolett (Fig. 2). — Blumenkrone fehlt. — Staubblätter zahlreich, vielreihig, halb so lang wie die Kelchblätter. Staubfäden dünn, Staubbeutel oval, gelb. Zwischen Kelchblättern und Staubblättern eine Reihe gestielter Drüsen (Fig. 2 u. 3). — Fruchtblätter zahlreich, länglich, dicht gedrängt auf dem Blütenboden stehend, behaart, Griffel lang behaart (Fig. 4). — Früchtchen mit langen, zottig behaarten Schweifen (Fig. 5).

Blütezeit: März bis Mai.

Biologisches. Durch das Gift ist die Pflanze gegen Weidetiere geschützt. — Die Verkleinerung der Blattfläche und die starke Behaarung der ganzen Pflanze gewährt Schutz gegen zu starke Ausdünstung des Wassers. Bei bedecktem Himmel und bei Regenwetter werden die Blüten nickend. Die Bestäubung erfolgt vornehmlich durch Bienen; Fremdbestäubung ist dadurch erleichtert, daß die Narben über den Staubbeuteln stehen und zuerst reifen. Die Samen besitzen eine Einrichtung zur Verbreitung durch den Wind in Gestalt des stark verlängerten, federartigen Griffels.

Standort und Verbreitung. Auf trockenen, sonnigen Grasflächen, an sonnigen Abhängen, auf Heiden, in lichten, trockenen Waldungen in Süd- und Westdeutschland, im Norden seltener; in Ostdeutschland fehlend; in Sibirien.

Gift und dessen Wirkung. Alle Anemonen besitzen frisch giftige Eigenschaften. Der scharfe Geschmack rührt von dem auf der Haut blasenziehenden **Anemonen-** oder **Pulsatillakampfer** her, der von selbst schon in der Pflanze in **Anemoninsäure** und **Anemonin** ($C_{10}H_8O_4$) einen sehr giftigen, narkotisch wirkenden, weißen, geruchlosen, in langen Nadeln kristallisierenden Stoff zerfällt, der weder zu den Alkaloiden noch zu den Glykosiden gehört, sondern als Aldehyd mit den Eigenschaften eines Säureanhydrids anzusehen ist. Das **Anemonin** wirkt zunächst auf das Rückenmark, später auf das Gehirn unter ähnlichen Vergiftungserscheinungen, wie sie beim Aconitin (siehe Acon. Nap.) und dem Nicotin (siehe Nicot. Tab.) beschrieben wurden. — Der Saft der Pflanze wurde früher als Volksmittel zur Erzeugung von Hautreiz gebraucht. Das getrocknete Kraut ist weit schwächer giftig, als das frische.

 Tafel 36.

Kuhschelle. *Anemone Pulsatilla L.*

1 Blühende Pflanze. 2 Blüte im Längsschnitt. 3 Staubblatt. 4 Fruchtblatt. 5 Frucht. 6 Same. 7 Same im Längsschnitt. 3, 4, 6, 7 vergr.

 Tafel 37.

Steife Waldrebe. *Clematis recta L.*

1 Blühender Zweig. 2 Blüte. 3 Die Fruchtblätter. 4 Same. 2, 3, 4 vergr.

Steife Waldrebe. Clematis recta *(L.)*.

Tafel 37.

Fam.: Hahnenfussgewächse. Ranunculaceae.

Clematis von *klematis (kléma* [gr.], Ranke). Griechischer Name für verschiedene Kletterpflanzen; recta, gerade, aufrecht.

Beschreibung. Ausdauernde Pflanze mit vielköpfigem Wurzelstock. — Stengel aufrecht, kahl, rötlich angelaufen, schwach gefurcht, 1 bis $1^1/_2$ m hoch, einfach oder oben wenig verzweigt, im Herbst absterbend (Fig. 1). — Blätter gegenständig gefiedert; Blättchen eiförmig, ganzrandig; in der Jugend behaart, später kahl, dreinervig, ohne Ranke (Fig. 1). — Blüten weiß, auf langem Stiel, in endständigen, rispigen Trugdolden, mit eirunden Deckblättchen am Grunde (Fig. 2). — Kelch vier- bis fünfblätterig, Blätter blumenblattartig, länglich, kahl, am Rande auswärts pflaumisch behaart, weiß (Fig. 27). — Blumenkrone fehlt. — Staubblätter zahlreich, Staubfäden fadenförmig; Staubbeutel linealisch, nach außen längsaufspringend. — Fruchtblätter zahlreich, frei; Fruchtknoten rund, grün; Griffel lang, zurückgebogen, grünlichweiß (Fig. 3 u. 4). — Frucht einsamig, nicht aufspringend, langgeschwänzt.

Blütezeit: Juni, Juli.

Biologisches. Die Blüte ist undeutlich erstmännlich (proterandrisch), honiglos und wird nur von Blütenstaub suchenden Insekten beflogen. Zuerst biegen sich die äußeren Staubblätter nach auswärts, dann nach und nach die nach innen stehenden; erst später, wenn der Blütenstaub von den Insekten größtenteils entfernt worden ist, werden die Narben empfängnisfähig, und die auf ihnen sich niederlassenden Insekten bewirken Fremdbestäubung.

Standort und Verbreitung. An Ufern, auf trockenen Wiesen, an Abhängen, an Waldrändern. In den Alpen, im Donautale, in Bayern, Oberschlesien, im Maintal, im westlichen und nördlichen Deutschland seltener.

Gift und dessen Wirkung. Die Clematisarten enthalten in ihrem auf der Haut blasenziehenden Safte scharf wirkende Gifte, die noch nicht näher untersucht sind. Die blasenziehende Eigenschaft der Säfte, früher auch in der Heilkunde (flammulae Jovis) benutzt, wird jetzt noch hier und da als Volksmittel zur Reizung der Haut in Anwendung gebracht.

Gemeine Waldrebe. Clematis vitalba *(L.)*.

Tafel 38.

Fam.: **Hahnenfussgewächse. Ranunculaceae.**

Clematis siehe Clematis recta; vitalba, weiß blühende Rebe.

Beschreibung. Wurzelstock ausdauernd, vielköpfig, Triebe in der Jugend behaart, später verholzt, glatt, gefurcht, sehr lang über Felsen hinkriechend und in Gebüschen und am Zaune emporrankend, ausdauernd (Fig. 1). — Blätter entgegengesetzt, langgestielt, gefiedert, Blättchen auf langen, starken, rankenden Stielen herz- oder eiförmig, oft lappig eingeschnitten, kahl (Fig. 1). — Blüten weiß in Trugdolden, achsel- und endständig (Fig. 1 u. 2). — Kelch vier- bis fünfblätterig, blumenkronartig, länglich, auf beiden Seiten filzig behaart (Fig. 2). — Blumenkrone fehlt. — Staubblätter zahlreich, Staubfäden gelblich (Fig. 4). Staubbeutel länglich, weiß, längsaufspringend. — Fruchtblätter zahlreich, frei, dichtstehend (Fig. 3 u. 5). — Frucht ein eiförmiges, einsamiges, nicht aufspringendes, feinbehaartes Nüßchen mit langem, federartigem, bogig gekrümmtem Schweif (Fig. 6).

Blütezeit: Juni, Juli.

Biologisches. Die Pflanze klettert mit Hilfe der Blattstiele, die sich durch Berührungsreiz krümmen und zu Ankerhaken werden; darauf werden sie fester und verholzen. — Die gehäuftstehenden Blüten machen die Pflanze weithin sichtbar und ziehen nebst ihrem Dufte Bienen und Fliegen heran. Die Blüten sind erstweiblich (proterogyn). — Die Griffel der Früchte werden zu einem langen, gewundenen Anhängsel, wodurch der Wind sie leicht entführen kann.

Standort und Verbreitung. In Gebüschen und lichten Wäldern, in Hecken und Zäunen, an Felsen und an Burgruinen, besonders auf Kalkboden; in Mittel- und Südeuropa, Griechenland. In Süddeutschland in den Alpen (bis 500 m), am Rhein, in Westdeutschland bis in die Eifel, im Teutoburger Walde, im Harz; fehlt weiter nördlich und östlich; in Schlesien selten.

Gift und dessen Wirkung siehe Clematis recta.

 Tafel 38.

Gemeine Waldrebe. *Clematis vitalba L.*

1 Blühender Sproß. 2 Blüte im Längsschnitt. 3 Fruchtblattbündel. 4 Staubblatt. 5 Einzelnes Fruchtblatt. 6 Frucht. 7 Same. 2, 3, 4, 5, 7 vergr.

 Tafel 39.

Italienische Waldrebe. *Clematis viticella L.*

1 Blühender Zweig. 2 Blumenkronblatt. 3 Die Frucht- und die Staubblätter. 4 Staubblatt. 5 Fruchtblatt. 6 Frucht. 7 Samen im Längsschnitt. 3, 4, 5 vergr.

Italienische Waldrebe. Clematis viticella *(L.)*.

Tafel 39.

Fam.: **Hahnenfussgewächse. Ranunculaceae.**

Clematis siehe Clematis recta; viticella = kleine Rebe.

Beschreibung. Die ausdauernde Wurzel treibt mehrere krautige, 3 m lange, kletternde, an einzelnen Stellen rötlich angelaufene, gefurchte Stengel (Fig. 1). — Blätter gefiedert, langgestielt, an der Ansatzstelle der Blättchen meist knieförmig gebogen (Fig. 1). Blättchen gestielt, eiförmig, ganzrandig, kahl, manchmal zwei- bis dreilappig. — Blüten rot, violett oder bläulich (Fig. 2). — Blumenkrone fehlt. — Staubblätter zahlreich, frei; Staubfäden breit, weiß, an der oberen Hälfte beiderseits herablaufend die gelben, längsaufspringenden Staubbeutel (Fig. 4). — Fruchtblätter zahlreich, frei; Fruchtknoten eirund; Griffel lang, kahl, oben bogig gekrümmt (Fig. 3 u. 5). — Frucht ein einsamiges, nicht aufspringendes, ovales, seitlich etwas zusammengedrücktes, braunes, schmalgerandetes Nüßchen mit kurzem, kahlem Schnäbelchen (Fig. 6 u. 7).

Blütezeit: Mai bis August.

Biologisches siehe Clematis vitalba.

Die Kelchblätter bilden durch ihre Größe und Färbung einen weithin sichtbaren Schauapparat für die honiglose Blüte.

Standort und Verbreitung. In Gebüschen und Zäunen in Spanien, Portugal, Italien, Istrien, Triest, Türkei, Kleinasien, Dalmatien, Montenegro. Bei uns in Gärten als rankende, schön blühende Zierpflanze vielfach angepflanzt, besonders in den vielen schönen Formen mit purpurnen, hellblauen, karmesinroten und weißen Blüten, die in der Kultur entstanden sind.

Gift und dessen Wirkung siehe Clematis recta.

Gifthahnenfuss. Ranunculus sceleratus *(L.)*.†

Tafel 40. Wandtafel 7.

Fam.: Hahnenfussgewächse. Ranunculaceae.

Ranunculus = kleiner Frosch, von rāna = Frosch, weil viele Ranunkeln am Wasser wachsen; sceleratus = verbrecherisch, wegen seiner großen Giftigkeit. Hahnenfuß wegen der Form der Blätter.

Blasenziehender Hahnenfuß; Giftranunkel; sellerieblätteriger Hahnenfuß.

Beschreibung. Einjährige Pflanze mit büschelartigem Wurzelstock. — Stengel ästig, kahl, 20 bis 75 cm hoch, je nach dem Standorte; beblättert, gefurcht, hohl (Fig. 1). — Unterste Blätter handförmig, drei- bis fünfteilig, die einzelnen Abschnitte dreilappig, stumpf, mit oberseits tief gefurchtem Stiel, glatt, hellgrün, glänzend (Fig. 2); die oberen Blätter dreispaltig mit linealen Zipfeln. — Blüten kleine, auf steifen, feingefurchten, etwas behaarten Stielen. — Kelch fünfblätterig; Blätter gelblichgrün, kahl, zurückgeschlagen (Fig. 4). — Blumenkrone fünfblätterig; Kronblätter klein, eirund, glänzend gelb, Honiggrübchen am Nagel der Blüte mit kleiner Schuppe (Fig. 4). — Staubblätter zahlreich, mit gelben, fadenförmigen Staubfäden und elliptischen Staubbeuteln (Fig. 5). — Fruchtblätter zahlreich in einem länglichen, walzenförmigen Köpfchen zusammenstehend. — Früchtchen klein, fein runzelig, unbekielt (Fig. 6).

Blütezeit: Mai bis September.

Biologisches siehe Ranunculus acer.

Standort und Verbreitung. In Sümpfen und Teichen, an Bächen und Flüssen, in Wiesen an sehr sumpfigen Stellen; überhaupt fast überall vorkommend, wo reichlich Wasser sein Fortkommen ermöglicht. Durch ganz Europa, Nord- und Mittelasien.

Gift und dessen Wirkung. Unter den zahlreichen giftigen Ranunculusarten sind als besonders gefährlich zu nennen: Ranunculus sceleratus, Ranunculus acer, Ranunculus bulbosus, Ranunculus flammula, Ranunculus Thora; weniger giftig sind: Ranunculus lingua, Ranunculus auricomus, Ranunculus ficaria, Ranunculus lanuginosus; kaum giftig: Ranunculus repens und Ranunculus polyantheus.

Der Saft des Stengels und bei Ranunculus bulbosus auch der des dicken, knolligen Wurzelstockes enthält einen beißend scharfen, die

 Tafel 40.

Gift-Hahnenfuß. *Ranunculus sceleratus L.*

1 Pflanze. 2 Grundständiges Blatt. 3 Zweig mit Früchten. 4 Blüte. 5 Blüte im Längsschnitt. 6 Same. 4, 5, 6 vergr.

Schleimhäute stark reizenden, bitteren, flüssigen Stoff, dessen chemische Zusammensetzung und Eigenschaften noch nicht näher festgesetzt wurden; man glaubt, daß er mit dem **Anemonin** der Anemonen identisch ist. — Der Saft mancher Ranunculusarten soll früher von den Bewohnern der Alpen und der Pyrenäen zum Vergiften der Pfeile benutzt worden sein. — Der Saft wirkt, auf die Haut gebracht, sehr kräftig reizend, ätzend und blasenziehend. Seine Giftwirkung ist eine vorwiegend scharfe, weniger eine narkotische. Vergiftungsfälle mit tödlichem Ausgange sind bei Menschen selten; auf Tiere (Hunde) scheinen geringere Mengen tödlich zu wirken.

Am gefährlichsten ist der Gifthahnenfuß, Ranunculus sceleratus; schon der Genuß einer einzigen Blüte ruft beim Menschen ähnliche Vergiftungserscheinungen hervor, wie die Anemone, Zeitlose und Germerarten.

Scharfer Hahnenfuss. Ranunculus acer *(L.)*.

Tafel 41.

Fam.: **Hahnenfussgewächse. Ranunculaceae.**

Ranunculus siehe Ranunculus sceleratus; acer = scharf, wegen des scharfen Geschmacks.

Butterblume.

Beschreibung. Ausdauernde Pflanze mit kurzem, abgebissenem Wurzelstock (Fig. 1). — Stengel aufrecht, bis 1 m hoch, rund, hohl, kahl, glatt, bläulich bereift, die Äste zuweilen etwas behaart. — Blätter sattgrün, glänzend, schwach behaart. Wurzelblätter langgestielt, am Grunde scheidig, handförmig, fünf- bis siebenteilig. Abschnitte lineal-zerschlitzt, in der Mitte auf der Ansatzstelle des Stieles oft schwarz-gefleckt. Stengelblätter linealisch, dreiteilig oder einfach (Fig. 1 u. 2). — Blüten gelb, auf festen, langen, runden, etwas behaarten Stielen (Fig. 1). — Kelch fünfblätterig, Blätter oval, gelblich, in der Mitte grün, außen wenig behaart, wagerecht abstehend (Fig. 2). — Blumenkrone fünfblätterig; Blätter glänzend gelb, umgekehrt eiförmig; Honiggrübchen mit Deckschuppe (Fig. 4). — Staubblätter zahlreich; Staubfäden lang, fadenförmig, gelb; Staubbeutel oval, zweifächerig, längsaufspringend (Fig. 5). — Fruchtblätter zahlreich, auf einem eiförmigen Fruchtboden, linsenförmig zusammengedrückt, gerändert (Fig. 6). — Frucht linsenförmig mit kurzhakigem Schnabel (Fig. 7, 8 und 9).

Blütezeit: Mai bis Juli.

Biologisches. Der scharfgiftige Saft schützt die Pflanze gegen Tierfraß. — Besucher der Blüten sind kurzrüsselige Bienen, Schwebfliegen und blütenstaubsammelnde Käfer; den ersteren wird Honig in einer Nektarschuppe am Grunde eines jeden Blumenblattes dargeboten. Die hochgelbe Blüte bildet einen weithin sichtbaren Schauapparat. — Die Blüten sind erstmännlich (proterandrisch), die Narbe entwickelt sich jedoch vor dem vollständigen Abblühen der Staubbeutel, so daß Eigenbestäubung möglich ist. Die

 Tafel 41.

Scharfer Hahnenfuß. *Ranunculus acer L.*

1, 2 Pflanze. 3 Blüte im Längsschnitt. 4 Blumenkronenblatt mit Nektarium. 5 Staubblatt. 6 Staubblatt im Längsschnitt. 7 Fruchtstand. 8 Same. 9 Same im Längsschnitt. 3 bis 9 vergr.

Staubbeutel öffnen sich in Kreisen von außen nach innen innerhalb mehrerer Tage. Nachts und bei Regenwetter werden die Blüten nickend.

Standort und Verbreitung. Auf Wiesen mit fruchtbarem Boden allgemein verbreitet; in ganz Europa, Nord- und Mittelasien und (eingeschleppt) in Nordamerika.

Gift und dessen Wirkung siehe Ranunculus sceleratus.

Knolliger Hahnenfuss. Ranunculus bulbosus *(L.)*.

Tafel 42.

Fam.: **Hahnenfussgewächse. Ranunculaceae.**

Ranunculus siehe Ranunculus sceleratus; bulbosus, knollentragend (bulbus, Knolle).

Beschreibung. Ausdauernde Pflanze mit am Grunde stark knollig verdicktem Stengel. — Stengel ohne Ausläufer, bis 30 cm hoch, aufrecht, wenig verästelt (Fig. 1). — Blätter gestielt, dreizählig oder doppeldreizählig, sitzend, eingeschnitten, gezähnt. Stengelblätter mit schmalen Abschnitten, die ganze Pflanze dicht behaart, daher matt graugrün aussehend. — Blüten gelb, auf langen, gefurchten Stielen. — Kelch fünfblätterig, außen grün, innen gelblich, zurückgeschlagen, außen behaart (Fig. 2). — Blumenkrone fünfblätterig, glänzend gelb; Honiggrube mit ausgerandeter Schuppe bedeckt (Fig. 3). — Staubblätter zahlreich; Staubfäden kurz, mit langen Staubbeuteln (Fig. 4). — Fruchtblätter zahlreich, frei, auf kugelförmigem Fruchtboden (Fig. 5). — Frucht linsenförmig zusammengedrückt, berandet, glatt (Fig. 5).

Blütezeit: April, Mai.

Biologisches siehe Ranunculus acer.

Standort und Verbreitung. Auf trockenen Rainen, an Waldrändern und Wegen, auf Feldern und Triften, durch ganz Mitteleuropa überall vorkommend, im Osten seltener werdend; in Nordamerika eingeschleppt.

Gift und dessen Wirkung siehe Ranunculus sceleratus.

Knolliger Hahnenfuß. *Ranunculus bulbosus L.*

1 Blühende Pflanze. 2 Blüte im Längsschnitt. 3 Kronenblatt mit Nektarium. 4 Staubblatt. 5 Fruchtblatt. 2 bis 5 vergr.

 Tafel 43.

Brennender Hahnenfuß. *Ranunculus Flamula L.*

1, 2 Blühende Pflanze. 3 Blüte im Längsschnitt. 4 Same. 3, 4 vergr.

Brennender Hahnenfuss. Ranunculus flammula *(L.)*.

Tafel 43.

Fam.: Hahnenfussgewächse. Ranunculaceae.

Ranunculus siehe Ranunculus sceleratus; flammula = kleine Flamme, wegen des brennendscharfen, blasenziehenden Saftes der Pflanze.

Beschreibung. Ausdauernde Pflanze mit faserigem Wurzelstock, zuweilen mit Ausläufern (Fig. 1). — Stengel aufsteigend, bis 30 cm hoch, oft niederliegend und an den Knoten wurzelnd, kahl, feingefurcht (Fig. 2). — Wurzelblätter langgestielt, zuweilen mit großen, weißen Scheiden, ei-lanzettlich, glatt, ganzrandig oder mit schwach sägezähnigem Rande; Stengelblätter sitzend, lineal-lanzettlich (Fig. 1). — Blüten klein, hellgelb, auf stumpfkantigen Stielen. — Kelch fünfblätterig, gelb; abstehend (Fig. 3). — Blumenkrone fünfblätterig, Blätter gelb, Honiggrube mit einer fleischigen, aufwärts gerichteten Schuppe bedeckt. — Staubblätter zahlreich, frei. — Fruchtblätter zahlreich, frei, auf kugelförmigem Fruchtboden stehend (Fig. 3). — Früchte umgekehrt eiförmig, gewölbt, glatt, nicht oder kaum merklich berandet, mit sehr kurzem Schnabel (Fig. 4).

Die Pflanze ändert, je nach Standort und äußeren Wachstumsbedingungen, außerordentlich ab in der Größe von Stengel, Blatt und Blüte; die Form mit dünnem, niederliegendem Stengel wird als Ranunculus reptans bezeichnet.

Blütezeit: Mai bis September.

Biologisches siehe Ranunculus acer.

Standort und Verbreitung. An Gräben und Teichen, an Bach- und Flußufern, auf sehr nassen Wiesen; durch ganz Europa, Asien und Nordamerika überall vorkommend.

Gift und dessen Wirkung siehe Ranunculus sceleratus.

Frühlings-Adonis. Adonis vernalis *(L.)*.

Tafel 44.

Fam.: Hahnenfussgewächse. Ranunculaceae.

Adonis, „Adonium" des Plinius; nach Adonis, dem von einem Eber getöteten mythologischen Jäger, aus dessen Blute der Sage nach Aphrodite eine Adonispflanze entstehen ließ; vernalis = im Frühjahr blühend. Teufelsauge.

Beschreibung. Ausdauernde Pflanze mit meist mehrköpfigem, schwarzbraunem, dicht befasertem Wurzelstock (Fig. 1). — Stengel aufrecht, beblättert, am Grunde mit breiten, häutigen Schuppen umgeben, zur Blütezeit bis 25 cm hoch. — Blätter sitzend, zwei- bis dreifach gefiedert, schmal, mit linealen Blättchen. — Blüten einzeln, auf kurzem Stiel an der Spitze der Triebe. — Kelch fünfblätterig, elliptisch, muschelförmig, gelblichgrün, fein behaart. — Blumenkrone 12- bis 20blätterig, ausgebreitet; Blätter länglich, an der Spitze hier und da schwach gezähnt, ohne Honiggrube, zitronengelb, vor dem Aufblühen unterseits rötlich. — Staubblätter zahlreich; Staubfäden fadenförmig, an der Spitze beiderseits einen längsaufspringenden, gelben Staubbeutel tragend. — Fruchtblätter zahlreich, ein länglichrundes Fruchtköpfchen bildend. — Früchtchen kugelig-eiförmig, netzartig gerunzelt, fein behaart, mit kurzer, hakiger Schnabelspitze.

Blütezeit: April, Mai.

Biologisches siehe Adonis aestivalis.

Standort und Verbreitung. Auf sonnigen, kalkhaltigen Hügeln, zwischen kurzem Rasen; durch ganz Süd- und Mitteleuropa und Mittelasien; in Deutschland im Elsaß, im Ober-Rheintale, in Thüringen, in Bayern; im Osten seltener.

Gift und dessen Wirkung. Die Adonisarten gelten allgemein als giftig oder doch stark giftverdächtig. — Aus dem Kraute von Adonis vernalis hat man ein in seinen Eigenschaften noch nicht näher erforschtes Glykosid: das **Adonidin,** und aus Adonis aestivalis ein anderes, das vielleicht von dem vorgenannten nicht verschieden ist: das Adonin ($C_{24}H_{40}O_9$) gefunden.

 Tafel 44.

Frühlings-Adonis. *Adonis vernalis L.*

1 Blühende Pflanze. 2 Blatt. 3 Staubblatt. 4 Frucht. 5 Same. 2 bis 5 vergr.

Sommer-Adonis. Adonis aestivalis (L.).

Tafel 45.

Fam.: Hahnenfussgewächse. Ranunculaceae.

Adonis siehe Adonis vernalis; aestivalis = im Sommer blühend.
Adonis miniata (Jacq.); Adonis flava (Schlecht.); Adonis maculata (Wallr.).

Beschreibung. Einjährige Pflanze. — Stengel bis $^1/_2$ m hoch, gefurcht, kahl, einfach oder oben wenig verästelt (Fig. 1). — Blätter dreifach gefiedert; Blättchen linealisch, stengelumfassend, an den unteren Blättern breiter und gestielt, kahl (Fig. 1). — Blüten einzeln, endständig. — Kelch fünfblätterig, rot oder gelb; Blättchen länglich, stumpf, glatt, den Blumenblättern anliegend (Fig. 2). — Blumenkrone ausgebreitet, meist achtblätterig; Blättchen doppelt so lang wie die Kelchblätter, länglich eirund, mennigrot oder gelb, am Grunde mit einem mehr oder weniger deutlichen schwarzen Fleck, der aber auch ganz fehlen kann, ohne Honiggrube (Fig. 2 u. 3). — Staubblätter zahlreich; Staubfäden kurz; Staubbeutel kugelig, braunrot. — Fruchtblätter zahlreich, in langen, lockern, spindelförmigen Köpfchen (Fig. 4). — Früchtchen etwas zusammengedrückt, schief-eiförmig, unten und oben kielig gerandet, oberer Kiel am Grunde mit einem Höcker (Fig. 5). — Die Pflanze ändert in der Blütenfarbe ab; neben rotblühenden kommen auch gelbblühende Formen vor: Adonis citrina (Hoffm.), Adonis flava (Dec.) u. a.

Blütezeit: Mai bis Juli.

Biologisches. Durch Krümmung der Blütenstiele werden die Blüten bei ungünstiger Witterung überhängend, und wird hierdurch der Blütenstaub gegen Nässe geschützt. — Bei Adonis vernalis wird der aus den 12 bis 20 hochgelben Blumenkronblättern gebildete Schauapparat durch den Farbenkontrast mit den orangegelben Staubbeuteln den Insekten noch leichter bemerkbar gemacht; bei Adonis aestivalis bilden die zahlreichen schwarzen Staubbeutel und die schwarzen Flecken im Grunde der Blumenkrone ein scharf gezeichnetes, dunkles Zentrum auf hochrotem oder hellgelbem Grunde. — Die erstweiblichen (proterogynen) Blüten sind völlig duft- und honiglos.

Standort und Verbreitung. Auf Äckern mit schwerem Kalk- und Tonboden unter dem Getreide. Durch ganz West- und Mitteleuropa; in Deutschland bis nach Westpreußen; im Westen häufiger als im Osten.

Gift und dessen Wirkung siehe Adonis vernalis.

 Tafel 45.

Sommer-Adonis. *Adonis aestivalis L.*

1 Blühender Sproß. 2 Blüte von der Seite. 3 Blüte der gelbblühenden Form. 4 Fruchtstand. 5 Früchtchen. 4, 5 vergr.

Christophskraut. Actaea spicata *(L.)*.

Tafel 46.

Fam.: **Hahnenfussgewächse. Ranunculaceae.**

Actaea, weil die Blätter Ähnlichkeit haben mit Sambucus, den die Griechen *Actáia* (von *ágnymi* = breche) nannten, wegen des brüchigen Holzes; spicata = ährig. — Die Pflanze war dem hl. Christophorus, dem Meister aller Geister, gewidmet und wurde im Mittelalter beim „Christopheln", d. h. Beschwören der bösen Geister, gebraucht.

Falsche Nieswurz, Giftschwanz.

Beschreibung. Ausdauernde Pflanze mit gelbbraunem, fingerdickem Wurzelstock (Fig. 1). — Stengel aufrecht, bis $^3/_4$ m hoch, rund, glatt und kahl, mit zwei bis drei Blättern besetzt. — Blätter doppelt dreizählig gefiedert, zusammengesetzt; Blättchen herz- oder eiförmig, dreispaltig, ungleich eingeschnitten und gesägt, zugespitzt, glänzend hellgrün (Fig. 2). — Blüten endständig, in eiförmigen, vielblätterigen Trauben. — Kelch vierblätterig, abfallend, Blättchen umgekehrt eiförmig. — Blumenkrone vier- bis sechsblätterig; Blätter spatelförmig, weiß (Fig. 3). — Staubblätter zahlreich; Staubfäden fadenförmig, weiß, ragen mit ihrer Spitze über die am oberen Ende seitlich angebrachten runden, weißen Staubbeutel hervor (Fig. 4). — Fruchtblatt eins, eiförmig, einfächerig; Griffel sehr kurz; Narbe länglich rund, schief (Fig. 4). — Frucht eine oval-runde, mehrsamige, blauschwarze Beere (Fig. 5 und 6). — Same platt, halbkreisrund (Fig. 7).

Blütezeit: Mai bis Juli.

Biologisches. Die Blüten werden dadurch augenfällig, daß die Staubfäden blendend weiß gefärbt sind; die kleinen, weißgrünlichen Blumenkronblätter kommen bei der Bildung des Schauapparates wenig zur Geltung. — Die honiglosen Blüten sind weder ausgesprochen insektenblütig, noch ausgesprochen windblütig; sie bilden den Übergang der einen Form in die andere. Von Insekten werden sie eifrig beflogen; sie bieten denselben jedoch nur Blütenstaub.

Standort und Verbreitung. An feuchten, schattigen Orten in Gebirgswäldern. Durch ganz Deutschland, im nordwestlichen Deutschland jedoch fehlend.

Gift und dessen Wirkung. Die Pflanze wurde früher gegen Asthma gebraucht; sie gilt allgemein als mindestens giftverdächtig. Nähere Untersuchungen ihrer Bestandteile liegen noch wenige vor. Es scheint jedoch festzustehen, daß sie keine Alkaloide enthält. — Der Wurzelstock ist dem von Helleborus niger sehr ähnlich und wird oft mit diesem verwechselt.

Christophskraut. *Actaea spicata L.*

1 Wurzelstock. 2 Blühender Sproß. 3 Blüte. 4 Fruchtblatt und Staubblatt. 5 Fruchttragender Sproß. 6 Beere, quer durchschnitten. 7 Same, vergr. und nat. Größe. 3, 4, 6 vergr.

Schlafmohn. Papaver somniferum *(L.)*. †

Tafel 47. Wandtafel 8.

Fam.: **Mohngewächse. Papaveraceae.**

Papaver, Name der Pflanze bei Plinius; somniferum = schlafmachend. Mohn, slawisch „Mak", altdeutsch „Mago", „Mage", im Mittelalter „Män", griech. „Mekon", weist auf orientalische Herkunft des Wortes.

Beschreibung. Einjährige Pflanze mit runder, meist einfacher Pfahlwurzel. Die Pflanze enthält in allen Teilen Milchsaftgefäße mit einer weißen Milch. — Stengel aufrecht, rund, verästelt, 1 bis $1^1/_2$ m hoch, kahl, bläulich bereift (Fig. 1). — Blätter zerstreut stehend, länglich, eingeschnitten, gezähnt, kahl, grün, die unteren gestielt, die oberen mit herzförmigem Grunde und stengelumfassend (Fig. 1). — Blüten einzeln, endständig, langgestielt, in der Knospenlage überhängend, nachher aufrecht; Stiele rund, blaugrün, borstig behaart (Fig. 1). — Kelch zweiblätterig, länglich, kahnförmig, kahl, bläulich bereift; beim Aufblühen am Grunde sich lösend und abfallend. — Blumenkrone vierblätterig, regelmäßig; Blumenkronblätter umgekehrt eirund, ganzrandig oder geschweift, abfallend, in der Knospe unregelmäßig gefaltet. — Staubblätter zahlreich, frei; Staubfäden fadenförmig, oben verbreitert; Staubbeutel zweifächerig, blaßgelb, längsaufspringend (Fig. 2). — Fruchtknoten rund, kahl, blaugrün bereift, einfächerig mit vielen Samenanlagen; aus 8 bis 15 Fruchtblättern und den Samenträgern zu einem Gehäuse verwachsen; Samenträger wandständig; Griffel fehlt (Fig. 4); Narbe breit, sitzend, strahlig, acht- bis zehnlappig (Fig. 3). — Frucht eine kugelrunde Kapsel, geschlossen bleibend oder unterhalb der Narben sich mit runden Löchern öffnend. — Samen sehr zahlreich, klein (Fig. 5), nierenförmig, weiß, bläulich oder grau, außen netzgrubig.

Ändert ab in der Größe und Farbe der Blüte, kommt auch gefüllt vor als Gartenzierpflanze.

Blütezeit: Juli, August.

Biologisches. In dem giftigen Milchsaft besitzt die Pflanze Schutz gegen Tierfraß. — Die Knospe ist bis zum Aufblühen, wo die beiden Kelchblätter abfallen, nickend. An der geöffneten

Blüte falten sich des Abends die Blumenkronblätter zusammen zum Schutze des Blütenstaubes und der Narben. — Die auf die große, weithin sichtbare, schalenförmige Blüte auffliegenden Insekten finden nur Blütenstaub, keinen Honig. Die zahlreichen Staubbeutel öffnen sich schon vor dem Aufblühen der Blüte und bedecken sich ringsum mit Blütenstaub; über ihnen stehen die Narbenlappen. Die gegen die lilafarbigen Blumenkronblätter als gelber Kreis sich abhebenden Staubgefäße zeigen auf die Mitte der Blüte als die geeignetste Auffugstelle für die Insekten, und durch die Stellung der Narben ist Fremdbestäubung gesichert. — Bestäuber sind Bienen, Hummeln und Schwebfliegen, auch kleine Käfer, die sich oft mehrere Tage in der Blüte aufhalten. — Die Frucht gleicht einer Streusandbüchse; es entstehen an ihr am oberen Rande infolge Schrumpfung der äußeren Zellwand jedem Fruchtfach entsprechende kleine Löcher, durch die der Wind beim Anstoßen der holzig und trocken gewordenen Stengel die zahlreichen Samen herausschleudert.

Standort und Verbreitung. Ist in wirklich wildwachsendem Zustande bisher noch nicht gefunden worden; in einzelnen Gegenden Südeuropas ist sie den Kulturen entronnen und hat sich verwildert hier und da angesiedelt. Man nimmt an, daß Papaver somniferum ein Abkömmling des in Europa häufig wild vorkommenden und vereinzelt auch kultivierten Papaver setigerum ist, den auch die Bewohner der Pfahlbauten gemäß aufgefundenen Kapseln schon anbauten. Da der letztgenannte Mohn in Asien nicht vorkommt, so muß, die Abstammung des Schlafmohns von ihm als richtig vorausgesetzt, der Anbau der Mohnpflanze in Südeuropa und Nordafrika seinen Ursprung haben. Die Kultur der Pflanze in Griechenland und Vorderasien geht bis in vorgeschichtliche Zeiten zurück. Homer und Theophrast kannten die Pflanze und ihre schlafmachenden Eigenschaften, zu Dioskorides' Zeit gab es schon die Abarten mit weißen Samen; zu Plinius' Zeit war der Mohn eine Kulturpflanze Ägyptens. Wann er nach Indien gekommen ist, läßt sich nicht mehr feststellen; heute nimmt die Kultur der Pflanze dort und in China zur Gewinnung des Opiums an Ausdehnung stets zu. Allgemein wird der Schlafmohn wegen des aus den Samen gewonnenen Mohnöles angebaut.

Gift und dessen Wirkung. Giftig sind alle milchsaftführenden Teile der Pflanze, Stengel, Blätter und unreife Samenkapseln, und zwar ist das Gift in dem Milchsaft enthalten, der eingetrocknet das Opium darstellt. Infolge der ausgedehnten Anwendung, die das Opium seit langer Zeit in der Heilkunde gefunden, ist der Milchsaft chemisch genau untersucht, und es sind in demselben zahlreiche Alkaloide nachgewiesen, die ihrer chemischen Zusammensetzung und physiologischen Wirkung nach sehr genau bekannt sind.

 Tafel 47.

Schlafmohn. *Papaver somniferum L.*

1 Blühender Sproß. 2 Staubblatt. 3 Fruchtknoten im Querschnitt. 4 Fruchtknoten im Längsschnitt. 5 Same. 2 bis 5 vergr.

Man kann dieselben in zwei Gruppen einteilen:

1. Die Papaveringruppe: **Papaverin** ($C_{20}H_{21}NO_4$) und **Narcotin** ($C_{22}H_{23}NO_7 + H_2O$); ersteres im Milchsaft zu 0,5 bis 1,0 Proz., letzteres zu 4 bis 8 Proz. darin vorhanden. Beide sind von geringerer physiologischer Wirkung.

2. Die Morphingruppe, welche die drei sehr giftigen Basen enthält: **Morphin** [$C_{17}H_{17}NO(OH_2)$], zu 9 bis 23 Proz., **Codeïn** [$C_{17}H_{17}NO(OH)(OCH_3)$], zu 0,2 bis 0,8 Proz., und **Thebaïn** [$C_{17}H_{15}NO(OCH_3)_2$], zu 0,2 bis 0,5 Proz. Die letztgenannte ist die giftigste der drei Alkaloide, ein Krampfgift. Die Hauptgiftwirkung wird jedoch durch das die anderen Basen an Menge weit übertreffende, betäubend wirkende Morphin hervorgebracht, und sind die Erscheinungen diejenigen, die von stark narkotischen Giftstoffen erzeugt werden. Die Hauptwirkung der Opiumalkaloide richtet sich auf das Centralnervensystem und in erster Linie auf das Gehirn.

Außer den genannten Alkaloiden findet sich im Milchsaft der vorliegenden Pflanze eine organische Säure: die Mekonsäure, an welche die genannten Alkaloide gebunden zu sein scheinen, die aber selbst nicht giftig ist. — Vergiftungen kommen weniger durch direkten Genuß von Teilen der Pflanze, als durch Mißbrauch opium- bzw. morphinhaltiger Präparate vor, sowie durch das in manchen Ländern verbreitete Opiumrauchen oder Opiumessen, das von der Türkei und Ägypten aus sich über den Orient und im Gefolge der mohammedanischen Eroberungszüge nach Indien und Ostasien ausbreitete. — In der Heilkunde werden benutzt: Die in unreifem Zustande gesammelten und getrockneten Fruchtkapseln (Fructus Papaveris), die reifen Samen (Semen Papaveris) und der durch Einschnitte in die unreife Kapsel gewonnene und eingetrocknete Milchsaft (Opium).

Schöllkraut. Chelidonium majus (L.).

Tafel 48.

Fam.: Mohngewächse. Papaveraceae.

Chelidonium, nach Dioskorides von *Chelidón* (gr.), Schwalbe, weil die Pflanze zur Zeit des Erscheinens der Schwalben austreibt und beim Wegzuge derselben abstirbt; daher wohl auch die deutsche Bezeichnung Schwalbenwurz. Schöllkraut oder Schellkraut entstanden aus Chelidonium. Goldwurz, Goldkraut von der gelben Wurzel, in der die Alchimisten den Stein der Weisen, die Kunst des Goldmachens vermuteten; sie legten dem Namen die Bedeutung coeli donum = Himmelsgabe unter. Blutkraut (Oestr.) mit Bezug auf den rotgelben Saft. Warzenkraut, weil die gelbe Milch Warzen schnell zum Verschwinden bringen soll.

Beschreibung. Ausdauernde Pflanze mit fingerdickem, walzenförmigem, gelbem Wurzelstock. — Stengel einjährig, bis 1 m hoch, aufrecht, rund oder etwas kantig, gegliedert, knotig, gabelästig, abstehend behaart, hohl, in allen Teilen orangegelbe Milch führend (Fig. 1). — Blätter unpaarig gefiedert; die unteren Blätter vielpaarig, die oberen einfacher; Fieder eilänglich, gelappt und gekerbt; die untersten Fieder gestielt, die obersten sitzend und herablaufend, oberseits grün, kahl, unterseits blaugrün, behaart (Fig. 1). — Blüten in langgestielten Dolden; Hüllblättchen am Grunde der Dolde schmal lanzettlich. Blüten regelmäßig, gestielt; Stiele behaart. — Kelch zweiblätterig; Blätter muschelförmig, am Grunde sich lösend und abfallend, behaart, grünlich. — Blumenkrone vierblätterig; Blätter umgekehrt eirund, abgerundet, flach, hochgelb (Fig. 1). — Staubblätter zahlreich (Fig. 2); Staubfäden gelb, etwas zusammengedrückt, nach oben breiter werdend; Staubbeutel eiförmig, aufrecht, zweifächerig, längsaufspringend (Fig. 3). — Fruchtblätter zwei, mit ihren Rändern an den beiden fadenförmigen Samenträgern verwachsen; Fruchtknoten stumpf, vierkantig bis walzenförmig, einfächerig, mit vielen Samenknospen; Griffel sehr kurz; Narbe undeutlich zweilappig (Fig. 4 u. 5). — Frucht eine schotenförmige, etwas zusammengedrückte Kapsel, vom Grunde nach der Spitze hin zweiklappig aufspringend; Samenträger gegenständig, fadenförmig, unten und oben durch den Griffel verbunden und daher einen Rahmen bildend, ohne Scheidewand (Fig. 6). — Samen zweireihig, zahlreich, eiförmig bis nierenförmig, glänzend schwarzbraun, Schale feinkörnig gezeichnet, mit großem, kammartigem, fleischigem, weißem Nabelwulste (Fig. 7).

 Tafel 48.

Schöllkraut. *Chelidonium majus L.*

1 Blühender Sproß. 2 Fruchtknoten und Staubblätter. 3 Staubblatt. 4 Fruchtknoten mit Narbe. 5 Fruchtknoten im Querschnitt. 6 Frucht, geöffnet. 7 Same. 2, 3, 4, 5, 7 vergr.

Die Pflanze ändert in den Blättern ab und findet sich u. a. mit fiederspaltig zerschlitzten Blättchen: Chelidonium laciniatum (Mill.).

Blütezeit: Mai bis Herbst.

Biologisches. Der giftige, gelbrote Milchsaft schützt die Pflanze gegen Tierfraß; in großer Menge findet er sich in der Wurzel und dient hier wohl in erster Linie als Nahrungsreserve. — Auf den Blättern kommen zuweilen Adventivknospen vor, welche, zur Erde gelangt, Wurzeln treiben. — Narben und Staubbeutel sind fast gleichzeitig entwickelt; die erstere überragt die letztere etwas, so daß beim Niedersetzen von Insekten auf die Blüte Fremdbestäubung möglich ist; Eigenbestäubung wird aber auch nicht selten vorkommen, dadurch, daß bei Regenwetter die Blüte länger geschlossen bleibt, und die seitlich aufspringenden Staubblätter an die Narbe angedrückt werden; auch bei offenen Blüten legen sich die Staubfäden gegen Ende der Blütezeit dem Griffel an. — Die Blütenstiele richten sich vor dem Aufblühen aufrecht, senken sich aber zur Nachtzeit und bei Regenwetter. — Die Verbreitung des Samens erfolgt häufig durch Ameisen, deren Zugstraßen man häufig ganz mit diesen Pflanzen besetzt gefunden hat. Die Tiere verzehren die kammartige Nabelschwiele und lassen die Samen liegen.

Standort und Verbreitung. Auf Schutthaufen, an Wegen und Hecken, an Mauern und Felsen, auch auf bebautem Boden, durch ganz Europa.

Gift und dessen Verbreitung. Das Schöllkraut enthält eine Reihe von Alkaloiden, die mit dem Gesamtnamen: Chelidonium-Alkaloide bezeichnet werden, und welche Träger der giftigen Eigenschaften der Pflanze sind. Jene Alkaloide sind im Milchsafte der Pflanze, der in besonderen Milchgefäßen eingeschlossen ist, enthalten. — Das **Chelidonin** ($C_{20}H_{19}NO_3 + H_2O$), rein farblose, tafelförmige, bitterschmeckende Kristalle darstellend, besonders reichlich in der Wurzel vorkommend, scheint nicht giftig zu sein; dagegen ist das **Chelerythrin** ($C_{21}H_{17}NO_4$), das, auf die Nasenschleimhaut gebracht, heftiges Niesen, in den Magen gebracht, starkes Erbrechen hervorruft, giftig. Außerdem findet sich im Safte die nicht giftige Chelidonsäure. Vergiftungen sind bekannt durch unvorsichtigen Gebrauch des Saftes der Pflanze als Volksheilmittel, als hautreizendes Mittel gegen Fieber u. dgl., sowie durch die Verwechselung der Wurzel mit der des Meerrettichs.

Gemeiner Mandelbaum. Amygdalus communis *(L.)*.†

Tafel 49.

Fam.: **Rosenblütige Gewächse. Rosaceae.**

Griech. *Amygdále*, bei den attischen Komikern schon vorkommend; Herleitung des Wortes noch nicht erwiesen; nach einigen soll das Wort semitischen, nach anderen griechischen Ursprungs sein.
Prunus Amygdalus (Stokes).

Beschreibung. Baum oder Strauch mit abstehenden, in der Jugend grünen, kahlen, später braunen Ästen. — Knospen eiförmig-rundlich mit braunen Deckschuppen. — Blätter lanzettförmig, gestielt, scharf gesägt, kahl, oberseits glänzend grün; am Blattstiel zuweilen eine oder mehrere Drüsen (Fig. 1), oftmals ganz drüsenlos. — Blüten einzeln oder zu mehreren an den vorjährigen Zweigen, vor dem Ausbruch der Blätter sich öffnend, auf kurzen, kahlen, grünen Stielen (Fig. 1). — Blütenboden glockenförmig, kahl, am Stiele grün, nach oben rötlich; innen mit honiggelber, drüsiger Scheibe und im Grunde behaart (Fig. 2). — Kelch fünfblätterig, dem oberen Rande des Blütenbodens aufsitzend; Kelchblätter eiförmig-lanzettlich, stumpf, abstehend, am Rande behaart. — Blumenkrone regelmäßig fünfblätterig; Blätter eiförmig, viermal so lang wie der Kelch, dem Rande des Blütenbodens aufsitzend, abfallend, hellrosa (Fig. 1). — Staubblätter 20 bis 40, frei, zweireihig stehend; Staubfäden unten behaart, rosenrot, in der Knospe einwärts gekrümmt; Staubbeutel auf dem Rücken angeheftet, oval, zweifächerig, längsaufspringend. — Fruchtblätter einblätterig mit zwei Samenknospen, oberständig (Fig. 2); Fruchtknoten eiförmig, zusammengedrückt, behaart, mit einer Furche; Griffel fadenförmig, unten zottig behaart; Narbe platt, seitlich ausgerandet, gelb (Fig. 3). — Frucht eiförmig, seitlich zusammengedrückt, die äußere, anfangs grünliche, später rotbraune Schale samtig grauweiß behaart, mit einer Längsfurche; an dieser bei der Reife aufspringend und sich ablösend (Fig. 4). Steinschale mit einem oder zwei Samen, beiderseits gerandet, eiförmig, seitlich zusammengedrückt, hellbraun, tief gefurcht und punktiert, hart (Fig. 5). — Same eiförmig, platt, braungelb, am Embryo das kurze Würzelchen nach oben gewendet, die beiden Keimblätter weiß, fleischig, ölhaltig (Fig. 7 u. 8).

 Tafel 49.

Bitter-Mandel. *Amygdalus communis L.*

1 Blühender Zweig. 2 Blüte im Längsschnitt. 3 Fruchtknoten mit Griffel. 4 Zweig mit Früchten. 5 Die Steinfrucht. 6 Steinfrucht im Längsschnitt. 7 Same. 8 Same im Längsschnitt. 2, 3 vergr. 5 bis 8 unb. Größe.

Als besondere Formen werden unterschieden: Amygdalus amara, die Bittermandel, mit meist drüsenlosem Blattstiele, unten behaarten Staubfäden und bitteren Samen, und Amygdalus dulcis, die süße Mandel, mit drüsigem Blattstiele, unbehaarten Staubfäden und süßen Samen.

Blütezeit: März, April.

Biologisches. Die an dem Blattstiele, also ganz außerhalb der Blüte stehenden Honigdrüsen sind sogenannte „extranuptiale Nektarien". Diese Gebilde sollen eine Besiedelung des Baumes mit Ameisen begünstigen und dadurch seine Blätter und Blüten gegen den Fraß anderer Tiere (Insekten, Raupen usw.), deren Feinde die Ameisen sind, schützen.

Standort und Verbreitung. Wild wachsend, sowohl die Form mit bittern als wie mit süßen Früchten, gefunden in Turkestan, Afghanistan, dann im oberen Zarafshantal, in den südlichen und östlichen Provinzen Transkaukasiens, in Mesopotamien und in Kurdistan. Im Altertum war die Mandel schon als Fruchtbaum bekannt; Moses erwähnt ihn für Palästina, Theophrast für Griechenland; von hier kam er früh nach Italien, wo die Früchte Avellanae graecae hießen. Schon zur Zeit Karls des Großen, der die Anpflanzung des Baumes auf seinen Gütern anbefahl, war der Mandelbaum in Deutschland bekannt. Im 15. Jahrhundert wurde der Baum schon vielfach in Süddeutschland angepflanzt. Jetzt wird derselbe im ganzen Mittelmeergebiete gezogen; in günstigen Lagen Mitteleuropas gedeiht er noch gut; er kommt auch noch im Süden von England und Norwegen fort; in Süddeutschland wächst er ohne Winterschutz, in Norddeutschland bedarf er jedoch eines solchen.

Gift und dessen Wirkung. Die Samen enthalten **Blausäure.** Vergiftungen können vorkommen durch Genuß der Samen von Bittermandeln, sowie durch die aus den Samen oder dem Bittermandelöl hergestellten Genußmittel (Liköre, Backwerke u. dgl.). Die Samen enthalten ein, rein dargestellt, in farblosen Prismen kristallisierendes, bitterschmeckendes Glykosid: das Amygdalin und ein seiner Natur nach noch nicht näher bekanntes Enzym: das Emulsin. Das letztere spaltet, wenn es auf das Glykosid einwirkt, dieses in **Blausäure,** Bittermandelöl (Benzaldehyd) und Zucker. Zusammen mit dem Amygdalin findet sich in jungen Samen das Laurocerasin, welches eine Verbindung von Amygdalin mit Amygdalinsäure ist. Weiteres über Blausäure und ihre Giftwirkung siehe Einleitung. — In der Heilkunde werden benutzt: die Samen (Amygdalae amarae).

Kirschlorbeer. Prunus laurocerasus *(Mill.)*.†

Tafel 50.

Fam.: **Rosenblütige Gewächse. Rosaceae.**

Prunus von *Prúnos* (gr.), wilder Pflaumenbaum; laurocerasus von laurus = Lorbeer, wegen der lorbeerähnlichen Blätter und cerasus = Kirsche, wegen der kirschförmigen Früchte.

Beschreibung. In der Heimat ein Baum, 8 bis 10 m hoch, bei uns nur strauchartig; Zweige rund, grün. — Blätter 8 bis 16 cm lang und 4 bis 6 cm breit, dick, lederartig, oval-länglich, kurzgestielt, am Rande zurückgebogen, ganzrandig oder entfernt gezähnt, kurz gespitzt, oberseits dunkelgrün, glänzend, unterseits hellgrün mit stark hervortretender Mittelrippe, die unten zwei bis vier Drüsen trägt (Fig. 1). — Blüten in achselständigen, 10 bis 12 cm langen Trauben (Fig. 1). Blüten kurz gestielt. Blütenboden krugförmig, außen gelblich, glatt. — Kelch fünfblätterig; Blätter klein, rundlich, dreieckig (Fig. 2). — Blumenkrone fünfblätterig; Blätter oval, weiß, am Rande des Blütenbodens stehend (Fig. 2 u. 3). — Staubblätter zahlreich, am Rande des Blütenbodens eingefügt; Staubfäden weiß; Staubbeutel gelb, oval, zweifächerig. — Fruchtblätter einblätterig, mit zwei Samenknospen; Fruchtknoten oval, einfächerig (Fig. 4); Griffel endständig, fadenförmig. — Frucht eine ovale, schwarze Steinbeere mit fleischigem Fruchtfleische und glattem Steine (Fig. 5, 6 u. 7).

Blütezeit: Mai, Juni.

Biologisches siehe Prunus Padus.

Standort und Verbreitung. Der Strauch wurde wildwachsend gefunden in Nordpersien und Transkaukasien, in den südlichen und südöstlichen Küstengebieten des Schwarzen Meeres und im südlichen Balkan; im Kaukasus in Höhen bis 2000 m. Angepflanzt als Zierstrauch in allen wärmeren Ländern Europas, hält er in Süd- und Westdeutschland bei nicht zu starker Winterkälte aus; im Norden bedarf er im Winter fast stets des Schutzes. Kam, 1546 von Belon bei Trapezunt aufgefunden, schon früh nach Europa; 1558 standen schon Exemplare in den Gärten des Fürsten Doria zu Genua; 1574 kam die erste Pflanze in die kaiserl. Gärten nach Wien; 1597 wird sie schon als Zierstrauch in England erwähnt.

 Tafel 50.

Kirschlorbeer. *Prunus Laurocerasus Mill.*

1 Blühender Zweig. 2 Blüte. 3 Blüte im Längsschnitt. 4 Fruchtknoten im Querschnitt. 5 Fruchtstand. 6 Steinkern. 7 Längsschnitt durch den Steinkern und Samen. 2, 3, 4, 7 vergr.

Gift und dessen Wirkung. Die Blätter des Kirschlorbeers sind unversehrt völlig geruchlos; zerquetscht entströmt ihnen ein starker Bittermandelgeruch. Mit Wasser destilliert liefern sie **Blausäure.** In den Blättern sind die Glykoside: Amygdalin, Laurocerasin und Prulaurosin ($C_{14}H_{17}NO_6$), sowie das Enzym: Emulsin nachgewiesen, durch deren Einwirkung aufeinander die **Blausäure** entsteht (siehe Amygdalus communis sowie Einleitung). — Der Amygdalingehalt soll im Juli, August am größten sein. Während die Glykoside im Parenchymgewebe des Blattes abgelagert sind, hat das Enzym seinen Sitz in den Stranggeweben, in der Innenrinde und dem Pericycle der Leitbündel. Weiteres über Blausäure und ihre Giftwirkung siehe Einleitung. — In der Heilkunde wurden früher benutzt: die im Juli bis August gesammelten Blätter (Folia Laurocerasi).

Traubenkirsche. Prunus Padus *(L.)*.

Tafel 51.

Fam.: **Rosenblütige Gewächse. Rosaceae.**

Prunus siehe Prunus laurocerearus; Padus von *Pádos* (gr.), des Theophrast. Padus avium (Mill.). Cerasus Padus (D. C.).
Ahlbaum, Ahlkirsche, Elfenbusch.

Beschreibung. Ein bis 8 m hoher Baum oder großer Strauch mit in der Jugend grünen, später braunen oder graubraunen Zweigen, die mit gelblichen, länglichen Rindenhöckerchen besetzt sind. — Blätter dünn, gestielt; an den oft rötlichen Stielen zwei bis vier Drüsen; Blattspreite elliptisch, scharf stachelspitzig; Rand einfach oder doppelt gesägt, oberseits lebhaft grün, kahl, unterseits blaßgrün, in den Aderwinkeln behaart (Fig. 1). — Blüten in 8 bis 12 cm langen, einfachen, hängenden Trauben, gestielt. Blütenboden glockig, kahl, oben mit fünf eiförmigen Kelchblättchen besetzt (Fig. 1). — Blumenkrone fünfblätterig. Blumenblätter verkehrt eirund, vorn gezähnt, weiß. — Staubblätter zahlreich, etwas kürzer als die Blumenkronblätter, dem Rande des Blütenbodens eingefügt (Fig. 2 u. 3). — Fruchtknoten einblätterig, rund, Griffel einfach, etwas kürzer als die Staubblätter; Narbe flach (Fig. 3). — Frucht kugelförmig, schwarz glänzend; Fruchtfleisch saftig, von bitterem, süßlichem, zusammenziehendem Geschmack; Stein oval, runzelig (Fig. 4).

Ändert sehr ab in der Form der Blätter und Zweige und der Früchte: Prunus Padus rotundifol, pendula, bracteata, commutata, cornuta, leucocarpa u. a.

Blütezeit: April, Mai.

Biologisches. Die Bedeutung der Honigdrüsen an den Blättern siehe Amygdalus communis. — Die Blüten sind erstweiblich (proterogyn); die Narbe ist beim Aufblühen vollständig entwickelt; erst nachher öffnen sich die Staubbeutel, welche aber während der ganzen Blütezeit etwas nach einwärts geneigt sind, so daß Eigenbestäubung möglich ist. — Den Blüten entströmt nur tagsüber ein zarter Honigduft. — Die in der Reife blauschwarzen Früchte sind, gegen die rotgelbe herbstliche Färbung der Blätter sich deutlich abhebend, den sie verzehrenden und so für die Verbreitung der Pflanze sorgenden Vögeln (Drosseln, Rotkehlchen usw.) weithin

 Tafel 51.

Traubenkirsche. *Prunus Padus L.*

1 Zweig mit Blütentraube. 2 Blüte. 3 Blüte im Längsschnitt. 4 Fruchtstand. 5 Same. 2 bis 5 vergr.

sichtbar. — Die Blätter haben, solange sie jung sind, eine durch Anthokyan hervorgerufene rötliche Farbe, die als Schutzmittel des Blattes gegen Einwirkung zu starken Lichtes dienen, nach anderen zur besseren Ausnutzung des Sonnenlichtes, dessen Lichtstrahlen in der rotgefärbten Zellschicht in Wärmestrahlen übergeführt und dadurch der Pflanze nutzbar gemacht würden.

Standort und Verbreitung. In Laubwäldern und an Flußufern, in ganz Europa und Nordasien, im Orient, in der Mongolei, Mandschurei, Nordchina und Japan; in Gartenanlagen als Zierstrauch häufig angepflanzt.

Gift und dessen Wirkung. Rinde, sowie besonders die Blatt- und Blütenknospen, sind **blausäurehaltig,** weniger die ausgewachsenen Blätter. Es findet sich in den genannten Teilen das Glykosid: Laurocerasin und ein Enzym. Weiteres über diese Stoffe, sowie über die Bildung der Blausäure und ihre Giftwirkung, siehe Einleitung, sowie bei Amygdalus communis und Prunus laurocerasus.

Auch in der Rinde, in den Blättern und Blüten der in Anlagen angepflanzten Prunus virginiana und Prunus serotina sind Blausäure bzw. Amygdalin und Emulsin nachgewiesen.

Goldregen. Cytisus Laburnum (*L.*).

Tafel 52. Wandtafel 9.

Fam.: **Schmetterlingsblütler. Papilionaceae.**

Cytisus von griech. *Kýtisos*, das aber nicht die vorliegende Pflanze, sondern die der mediterranen Flora angehörige Medicago arborea bezeichnete. Laburnum von alburnum (von albus, weiß), mit weißem Splint.

Laburnum vulg. (Grisebach).

Bohnenbaum, Gaisklee.

Beschreibung. Ein 5 bis 6 m hoher Strauch mit graugrünen, in der Jugend etwas hängenden Zweigen. — Blätter dreizählig, auf langen, anliegend behaarten Stielen; Blättchen kurzgestielt, mehr oder weniger elliptisch oder lanzettlich, zugespitzt, stachelspitzig, ganzrandig, oberseits dunkelgrün, unterseits heller, anliegend behaart (Fig. 1). — Blüten in hängenden Trauben, gestielt (Fig. 1). — Kelch glockig, mit zweizähniger Oberlippe und dreizähniger Unterlippe, grün, behaart. — Blumenkrone fünfblätterig; Blumenblätter genagelt, gelb; Fahne länglich, eirund, aufrechtstehend, größer als die anderen Blumenblätter, am Grunde mit zwei braunroten Streifen gezeichnet. Flügel verkehrteiförmig, faltig-runzelig. Schiffchen aus zwei an der Spitze zusammenhängenden Blättern gebildet (Fig. 2). — Staubblätter zehn, mit ihren Staubfäden fast bis an die Staubbeutel zu einer Röhre verwachsen. — Fruchtknoten länglich, seitlich zusammengedrückt, einfächerig, mit vielen Samenknospen, angedrückt behaart. Frucht eine mehrsamige, länglich-lineale, seitlich zusammengedrückte Hülse, bis 6 cm lang, in der Jugend grün, behaart, im Alter braun (Fig. 4). — Same schwarz (Fig. 5).

Der Baum ändert in verschiedenen Standformen ab, die in der Gestalt und Größe der Blätter, in der Farbe und Tracht der Zweige und, wenn auch weniger in der Form der Blumenblätter sich unterscheiden. Dazu kommen noch viele in der Kultur entstandene Gartenformen.

Blütezeit: Mai, Juni.

Biologisches. Die Pflanze ist durch das in allen Teilen enthaltene Gift gegen Tierfraß geschützt. — Die dreizähligen Blättchen werden des Abends dem Stengel der Pflanze angepreßt (Schlafbewegung der Blätter) zum Schutz gegen zu großen

 Tafel 52.

Goldregen. *Cytisus Laburnum L.*

1 Blühender Zweig. 2 Blüte im Längsschnitt. 3 Innere Teile der Blüte. 4 Unreife Hülse. 5 Same. 2, 3, 5 vergr.

Wärmeverlust während der Nacht. — An der Wurzel der Pflanze finden sich ziemlich große Knöllchen, die im Inneren Spaltpilze beherbergen. Diese Knöllchen kommen bei allen Schmetterlingsblütlern vor und begünstigen die Ernährungsverhältnisse derselben, derart, daß man von einer Lebensgemeinschaft der Schmetterlingsblütler (Papilionaceen) mit Spaltpilzen spricht. Die Keime dieser Spaltpilze, die in den meisten Bodenarten verbreitet sind, entwickeln sich nur, wenn sie mit der Wurzel der betreffenden, als Herberge dienenden Pflanze in Berührung kommen. Sie bilden einen Keimschlauch, der in die Wurzel eindringt; diese schafft ihrerseits dem Eindringling durch Ausbildung eines gallenartigen Knöllchens eine Wohnstätte, in der alsbald ganze Kolonien von Spaltpilzen sich bilden. Das freudige Wachstum der Pflanzen, wenn die Bildung der Knöllchen beginnt und die außerordentliche Vermehrung der Spaltpilze, weisen auf eine zum gegenseitigen Nutzen geschaffene Lebensgemeinschaft hin. Die Pilze entnehmen der Pflanze fertig zubereitete Kohlenhydrate, wogegen sie durch ihre Fähigkeit, den freien Stickstoff der atmosphärischen Luft aufzunehmen, ihrer Nährpflanze stickstoffhaltige Nahrung liefern. Die Schmetterlingsblütler gedeihen also ohne Zufuhr stickstoffhaltiger Substanzen aus dem Boden, deren Vorhandensein für alle anderen Pflanzen durchaus notwendig ist. In den Pilzlagern der Knöllchen findet man später übergroß gewordene Spaltpilze (Bacteroiden), die allmählich von der Pflanze ihrer reichlich Stickstoff führenden Bestandteile beraubt werden. Ein Teil der Bakterien bleibt jedoch normal und diese gelangen beim Absterben des Knöllchens als Keime in den Boden. — Die Landwirtschaft, welche viele Schmetterlingsblütler (Erbse, Bohne, Wicke, Klee usw.) als wichtige Kulturpflanzen anbaut, bezeichnet dieselben als Stickstoffsammler und benutzt sie in ausgiebigster Weise als Gründüngung.

Die Blüten sind besonders durch ihre Häufung in langen Trauben auffallend. — Solange die Blüten noch Knospen sind, steht die Spindel des Blütenstandes aufrecht; dabei steht das Schiffchen nach unten, die Fahne nach oben. Später wird der Blütenstand hängend, so daß das Schiffchen nach oben zu stehen kommt. Kurz vor dem Öffnen der Blüte dreht sich darauf der Blütenstiel so, daß die einzelnen Teile wieder ihre richtige Lage erhalten. — Das Aufladen des Blütenstaubes auf die Insekten geht so vor sich, daß das Schiffchen beim Auffliegen der Tiere heruntergedrückt wird; die Staubbeutel werden dadurch entblößt, gegen den Körper des Tieres angedrückt und der Blütenstaub an dasselbe abgestrichen. Beim Wegfliegen des Tieres tritt das Schiffchen wieder in seine frühere Lage und birgt die Staubbeutel bis zu einem neuen Besuche. Die Möglichkeit einer Übertragung von Blütenstaub auf die Narbe derselben Blüte ist dadurch ausgeschlossen, daß die Narben in den jüngeren Blüten borstige Haare tragen, die erst nach Entfernung des Blütenstaubes einschrumpfen. — Die Blüten bieten den Insekten keinen freien Honig, sondern nur im Zellgewebe eingeschlossenen Saft in einer dicken, saftreichen Anschwellung am unteren Teile der Fahne. Den Weg zu diesem Honigpolster zeigen die braunen Saftmale auf der Fahne. — Größere, kurzrüsselige Insekten, z. B. Erd- und Steinhummeln, beißen sich häufig am Grunde der Fahne von außen einen Weg zu diesem Honigpolster hin. — Die Samen bleiben während des Winters in den Hülsen und werden erst im Frühjahr durch Aufspringen und Auseinanderrollen der Hülsen ausgeschleudert.

Standort und Verbreitung. In Gebirgswäldern Osteuropas, in Italien und in der Schweiz; bei uns als Zierstrauch in Gärten allgemein verbreitet.

Gift und dessen Wirkung. In den Samen, Samenschoten, der Rinde und in den Blüten der vorliegenden Pflanzen und anderer Cytisusarten (z. B. Cytisus alpinus) findet sich (in den Samen bis 1,5 Proz.) ein giftiges, in Wasser leicht lösliches, kristallisierbares Alkaloid: das **Cytisin** ($C_{11}H_{14}N_2O$), das auf den menschlichen Organismus krampferregend, ähnlich wie Strychnin, wirkt. Vergiftungen durch den Genuß der Samen dieses Baumes, der wegen seiner schönen Blüten in den öffentlichen Anlagen mit Vorliebe angepflanzt wird, sind bei Kindern häufig vorgekommen. Die Wirkung des Giftes äußert sich in Erbrechen, Magen- und Brustschmerzen, Zittern, Krämpfen, Ohnmacht, Pulsschwäche, Pupillenerweiterung. — Das Cytisin kommt auch vor in dem in Gartenanlagen häufig angepflanzten Blasenstrauch (siehe S. 103), ferner, wenn auch in geringerer Menge, in Ulex europ. und den in Anlagen zuweilen angepflanzten Sophoraarten. — Im Besenginster findet sich in sehr geringer Menge das flüchtige, giftige, dem Cytisin sehr ähnliche Alkaloid: **Sparteïn.**

Bunte Kronwicke. Coronilla varia *(L.)*.

Tafel 53. Wandtafel 10.

Fam.: **Schmetterlingsblütler. Papilionaceae.**

Coronilla = kleine Krone (von corona), wegen der kronenförmigen Blütendolden; varia = verschiedenfarbig.

Giftwicke, Peltschen.

Beschreibung. Ausdauernde Pflanze mit krautigen, einjährigen, dünnen, bis 1 m langen, ästigen, niederliegenden Stengeln (Fig. 1). — Blätter unpaarig gefiedert; Blättchen länglich, abgestutzt, kurzgestielt. Nebenblättchen klein, lanzettförmig, frei. — Blüten in 12- bis 20blütigen Dolden, die auf langen Stielen stehen (Fig. 1). — Kelch kurz, glockig, mit fünf Zähnen, von denen die zwei oberen nahe aneinandergerückt sind und dadurch den Kelch fast zweilippig erscheinen lassen (Fig. 2). — Blumenkrone fünfblätterig; Blätter genagelt, Fahne rot, die anderen Blätter weiß, Schiffchen mit violettem Schnabel (Fig. 3). — Staubblätter zehn, zweibrüderig verwachsen. — Fruchtknoten einblätterig, einfächerig; Griffel aufwärts gebogen; Narbe kopfförmig (Fig. 3). — Frucht eine vierkantige, aufrechtstehende, an den Gliedern zusammengezogene Hülse, die reif, leicht in die einzelnen Glieder auseinanderfällt; Same länglich, braun (Fig. 5).

Blütezeit: Juni, Juli.

Biologisches. An den Fiederblättern legen sich des Nachts die Blättchen, regelmäßig sich aufwärts richtend, paarweise gegeneinander; sie gehen in Schlafstellung und sind in dieser Lage gegen zu starke Abkühlung geschützt. — Übertragung des Blütenstaubes: Die beiden seitlichen Blumenblätter (die Flügel) sind nach oben zu konvex und bilden einen über dem Schiffchen gewölbten Sattel. Mit dem Schiffchen stehen sie durch einen faltenförmigen Vorsprung, der in eine entsprechende Furche des Schiffchens paßt, in Verbindung. Eine Hummel, die sich auf jenen Sattel niederläßt, drückt diesen und auch das Schiffchen nach unten. In der Spitze des Schiffchens liegen fünf mit verdickten Enden versehene Staubfäden (die anderen Staubfäden sind zusammengeschrumpft) um die Narbe zusammengedrängt. Die Staubbeutel öffnen sich und entlassen den Blütenstaub in die Spitze des Schiffchens. Wird dieses nach unten gedrückt, so wirkt der Staubfadenkeil wie der Stempel einer Pumpe und preßt den Blütenstaub an der Spitze heraus, wo er an den Unterleib des Insektes angeheftet wird; läßt der Druck nach, so kehrt das Schiffchen in seine frühere Lage zurück. Beim folgenden Insektenbesuche kommt durch den Druck die Narbe zum Vorschein, wird an den Unterleib des Insektes angedrückt und mit dort anhaftendem Blütenstaub belegt. — Die Pflanze besitzt in der in Blättern und Stengeln enthaltenen Gerbsäure einen Schutz gegen Schneckenfraß. — Über die Wurzelknöllchen und die Aufnahme des Stickstoffs der Luft siehe Cytisus laburnum.

Standort und Verbreitung. An Zäunen, auf trockenen Wiesen und sonnigen Hügeln, zerstreut durch ganz Mittel- und Südeuropa; kommt in den Gebieten der Nord- und Ostsee nicht vor.

Gift und dessen Wirkung. Das Kraut dieser Pflanze soll früher als Volksmittel gegen Fieber, vielleicht auch in Verwechselung mit dem Kraute des Fieberklees (Menyanthes trifol.) benutzt worden sein und dann Giftwirkungen gezeigt haben. — Aus den Samen hat man ein Glykosid, das **Coronillin** $2(C_7H_{12}O)$ gewonnen, dessen physiologische Wirkung noch nicht erforscht ist. Der von einigen angegebene Cytisingehalt (siehe Cytisus laburnum) der Samen von Coronilla var. ist noch nicht als sicher vorhanden erwiesen.

 Tafel 53.

Bunte Kronwicke. *Coronilla varia L.*

1 Blühender Sproß. 2 Blüte. 3 Blüte im Längsschnitt. 4 Hülsen. 5 Same im Längsschnitt. 2, 3, 5 vergr.

Blasenstrauch. Colutea arborescens *(L.).*

Tafel 54.

Fam.: Schmetterlingsblütler. Papilionaceae.

Kolutéa, von *koilún* (gr.), höhlen, nennt Theophrast diesen Strauch wegen der aufgeblasenen Hülsen.
Colutea hirsuta Roth.

Beschreibung. Buschiger Strauch, bis über 4 m hoch werdend; Zweige in der Jugend graugrün, an der Sonnenseite rötlich, angedrückt behaart. — Blätter unpaarig gefiedert, drei- bis sechspaarig, auf langem, oberseits rinnigem Stiele; Blättchen rundlich-oval, an der Spitze abgestutzt und ausgerandet, oberseits kahl, grün, unterseits behaart und bläulichgrün; Nebenblätter sehr kurz, dreieckig, spitz (Fig. 1). — Blüten in achselständigen, zwei-, drei- bis fünfblütigen, langgestielten, lockeren Trauben; Einzelblüte gestielt, vor dem Aufblühen gestürzt (Fig. 1). — Kelch glockig, behaart, mit spitzen, dreieckigen Zähnen. — Blumenkrone fünfblätterig, hellgelb; Fahne groß, rundlich, mit braunrotem Fleck im Grunde, abstehend, an der Spitze ausgerandet, kurz genagelt, mit zwei Höckern über dem Nagel (Fig. 2); Flügel länglich, spitz, kürzer als das Schiffchen, am Grunde lappig geöhrt (Fig. 3); Schiffchen an der Spitze abgestutzt (Fig. 4). — Staubblätter zehn, zweibrüderig verwachsen. — Fruchtknoten einblätterig, gestielt, mit vielen Samenknospen; Griffel gekrümmt, an der Innenseite bärtig behaart; Narbe seitenständig, unter der Spitze des hakiggekrümmten Griffels (Fig. 5). — Frucht eine nicht aufspringende, 5 bis 7 cm lange, 2 bis 3 cm breite, länglich-eiförmige, kahle, aufgeblasene, vielsamige Hülse (Fig. 6). — Same etwas seitlich zusammengedrückt, braun (Fig. 7), mit gekrümmtem, vom Sameneiweiß eingeschlossenen Embryo (Fig. 8).

Blütezeit: Ende Mai bis September.

Biologisches. Die Blätter gehen des Abends in Schlafstellung, siehe Coronilla. — Die Blüten werden von zahlreichen Insekten beflogen, in Südeuropa unter anderen von dem kleinen Tagfalter Lycaena baetica, dessen Weibchen die Eier in die

Fruchtknoten ablegen. Die aus den Eiern entschlüpfenden Räupchen ernähren sich von einem Teil der jungen Samen.

Standort und Verbreitung. Im Gebüsch, auf Hügeln und Bergen, in Mitteleuropa, z. B. im Elsaß, in Baden, Bayern, Tirol; in Südeuropa und im Orient. Bei uns in Anlagen ein allgemein angepflanzter, beliebter Zierstrauch.

Gift und dessen Wirkung. In der Pflanze findet sich das giftige Alkaloid: **Cytisin** (siehe Cytisus laburnum).

 Tafel 54.

Blasenstrauch. *Colutea arborescens L.*

1 Blühender Zweig. 2 Blüte im Längsschnitt. 3, 4 Blüte nach Entfernung der Blumenkronblätter. 5 Griffel und Narbe. 6 Frucht. 7 Same. 8 Same im Querschnitt. 2, 5, 8 vergr.

Glyzine. Wistaria sinensis *(D. C.)*.

Tafel 55.

Fam.: **Schmetterlingsblütler. Papilionaceae.**

Wistaria, nach Wistar, Professor der Anatomie in Philadelphia, gestorben 1818, benannt. — Glyzine, von *glykýs* (gr.), süß, weil einige Glyzinearten süßlich schmeckende Knollen haben.

Wistaria polystachya (K. Koch), Glycine floribunda (Willd.), Glycine sinensis (Sims)., Dolichos polystachyos (Thunb.).

Beschreibung. Ein kletternder Strauch (Liane), mit in der Jugend grünen, weich behaarten und graubraunen älteren Zweigen. — Blätter unpaarig gefiedert, mit drei bis fünf Blattpaaren; Blattspindel oberseits rinnig, dicht behaart. Blättchen gestielt, eiförmig bis lanzettlich, zugespitzt, am Rande gewimpert, in der Jugend beiderseits anliegend behaart, später oberseits kahl; Nebenblättchen klein, pfriemlich (Fig. 1). — Blüten in 20 bis 25 cm langen, hängenden, lockeren Trauben gestielt (Fig. 1). — Kelch breit, glockig, zweilippig, mit spitzen Zähnen. — Blumenkrone fünfblätterig, blauviolett oder hellblau, wohlriechend; Fahne groß, rundlich, mit zwei spitzen Anhängseln, kurz genagelt, an der Spitze ausgerandet (Fig. 3). Flügel kürzer als die Fahne, verkehrt-eiförmig, am Grunde eckig geöhrt. Schiffchen gekrümmt, abgestumpft (Fig. 2). — Staubblätter zehn, zweibrüderig verwachsen. — Fruchtknoten einblätterig, gestielt, behaart, mit sechs bis acht Samenknospen; Griffel bis zur Mitte behaart. — Frucht eine längliche, stachelspitzige, 10 bis 12 cm lange, knotige, schwarzbraune, behaarte Hülse.

Ändert in der Kultur ab mit weißen und mit gefüllten Blüten.

Blütezeit: Mai, vor Ausbruch des Laubes; oft im August zum zweiten Male.

Biologisches. Linkswindende Schlingpflanze mit ausdauerndem, verholzendem Stamm (Liane). — Die Blätter senken sich des Abends, bis sie vertikal stehen und sich mit ihren Rückenflächen decken. — Die stark, den Alpenveilchen ähnlich, duftende Blüte wird von zahlreichen Insekten besucht.

Standort und Verbreitung. Einheimisch in China und der Mongolei; in Japan kultiviert; 1820 in Europa eingeführt; jetzt ein beliebter kletternder Strauch, der in milderen Gegenden Deutschlands, ohne zu leiden, den Winter aushält.

Gift und dessen Wirkung. Die Teile der Pflanze, besonders die Rinde, enthalten ein giftiges, kristallisierbares Glykosid: das **Wistarin**, dessen chemische Zusammensetzung noch nicht näher bekannt ist; außerdem soll darin noch ein gleichfalls giftiges Harz vorkommen.

 Tafel 55.

Glyzine. *Wistaria chinensis D. C.*

1 Blühender Zweig. 2 Blüte im Längsschnitt. 3 Oberes Kronenblatt (die Fahne der Blüte). 2, 3 vergr.

Cypressen-Wolfsmilch. Euphorbia cyparissias *(L.)*.†

Tafel 56. Wandtafel 11.

Fam.: **Wolfsmilchgewächse. Euphorbiaceae.**

Euphorbia, nach *Euphórbos* (gr.), dem Arzte des Königs Juba II. von Mauretanien benannt, wie Plinius berichtet. Cyparissias, von *Kypárissos* (gr.), Cypresse, weil die beblätterten Triebe denen der Cypresse ähneln.

Beschreibung. Ausdauernde Pflanze mit kriechendem Wurzelstocke, aus dem zahlreiche, einjährige, bis $^1/_2$ m hohe, kahle Sprosse austreiben, die teils steril bleiben, teils Blütendolden hervorbringen; in der oberen Hälfte trägt der Sproß zahlreiche Seitenzweige (Fig. 1). — Blätter linealisch, ganzrandig, stumpf, kahl, meist bläulichgrün (Fig. 1). — Blüten in gipfelständigen Trugdolden, reichblütig (Fig. 1). Die Dolden setzen sich zusammen aus zahlreichen Einzelblütenständen: „Cyathien", bestehend aus einer langgestielten, gipfelständigen Fruchtblüte und vielen diese umgebenden, auf ein einzelnes Staubblatt beschränkten Staubblüten; zwischen letzteren spreublattartige Schuppen (Fig. 2 u. 3). Das Cyathium wird von einem Kelch von fünf bauchigen Blättern umschlossen, von denen vier am oberen Rande Honigdrüsen tragen (Fig. 3). Das Cyathium wird von breitherzförmigen, gelblichgrünen Hüllblättchen gestützt, die zur Zeit der Fruchtreife oft hochrot anlaufen. — Drüsen breit, halbmondförmig, orangegelb (Fig. 2 u. 3). — Staubblüten aus einem einzelnen runden, gegliederten Staubfaden und zwei an der Spitze dieser stehenden, eiförmigen längsaufspringenden Staubbeuteln bestehend (Fig. 3). — Fruchtblüte gestielt, nach unten überhängend; Fruchtknoten dreifächerig, mit je einer Samenanlage (Fig. 4 u. 5); Griffel dreiteilig. — Frucht eine dreifächerige, elastisch aufspringende, fast kugelige, feinwarzige Kapsel; Fächer einsamig. — Same glatt, mit dicker Nabelwarze (Fig. 6).

Blütezeit: April, Mai.

Biologisches. Alle Wolfsmilcharten sind scharfe Giftpflanzen, welche von Tieren nicht angerührt werden, da der unter Druck stehende scharfe Milchsaft an den verletzten Stellen sofort in größerer Menge herausgetrieben wird und sich in den Mund des angreifenden Tieres ergießt, noch ehe es sich zurückziehen kann.

Einer Raupe (der Sphinx Euphorbiae) dient das Laub von Euphorbia cyparissias zur ausschließlichen Nahrung, und zwar wird nur solches Laub von derselben verzehrt, welches im Besitze des scharfen Milchsaftes ist. — Einhäusige Pflanze mit erstweiblichen (proterogynen) Blüten. Die Honigabsonderung erfolgt von den ovalen Drüsen am Rande der bauchigen Kelchblätter. — Besucher sind hauptsächlich Fliegen und Glasflügler (Sesien), denen der ganz freiliegende Honig leicht zugänglich ist. — Die meist hellgelb gefärbten Hüllblättchen des Cyathiums dienen als Schauapparate zur Anlockung der Insekten. — Nach der Befruchtung senkt sich der Fruchtknoten, und die einzelnen Staubblätter erheben sich nacheinander. — Das Ausschleudern der Früchte wird dadurch bewirkt, daß die von oben sich öffnenden Kapselklappen auf die Samen einen Druck ausüben.

Standort und Verbreitung. An Wegerändern, auf steinigen, sandigen, trockenen Triften; durch ganz Mittel- und Nordeuropa.

Gift und dessen Wirkung. Die Wolfsmilcharten gehören zu den scharfen Giftpflanzen; alle enthalten in dem Milchsafte giftige, höchst scharfe Stoffe, die im einzelnen noch nicht näher erforscht sind; in den meisten Euphorbiaarten ist das **Euphorbon** ($C_{27}H_{44}O$), eine kristallisierende, leicht veränderliche, bei 71° C schmelzende, im übrigen noch wenig aufgeklärte Substanz, enthalten. Schwere Vergiftungsfälle ereigneten sich bei Anwendung der Pflanze als Hausmittel, besonders als Abführmittel; die Samen von Euphorbia lathyris sind unter dem Namen Purgierkörner bekannt; von anderen (Euphorbia cyparissias, Euphorbia esula) werden die Wurzeln zu dem genannten Zwecke benutzt. Innerlich angewandt, kann diese Pflanze zu schweren Vergiftungen führen, die, beginnend mit Brennen im Munde, Anschwellen der Zunge, zu Magenschmerzen, Kälte der Haut, Schwindel, Ohnmachten und nach zwei- bis dreitägiger Dauer selbst zum Tode führen. Auch die äußerliche Anwendung des Milchsaftes (zur Vertreibung der Warzen u. dgl.) ist nicht ungefährlich; denn es können durch Verspritzen des Saftes auf der Haut Geschwüre entstehen; auf die Schleimhaut des Auges oder der Nase gebracht, erzeugt der Milchsaft schwere Entzündungen, die im ersteren Falle mit Verlust der Sehkraft enden können.

 Tafel 56.

Cypressen-Wolfsmilch. *Euphorbia cyparissias L.*

1 Blühende Pflanze. 2 Teil der Trugdolde. 3 Blütenstand, seitlich geöffnet. 4 Fruchtknoten im Längsschnitt. 5 Fruchtknoten im Querschnitt. 6 Same, nat. Größe u. vergr. 2 bis 5 vergr.

Sonnenwendige Wolfsmilch. Euphorbia helioscopia *(L.)*.†

Tafel 57.

Fam.: **Wolfsmilchgewächse. Euphorbiaceae.**

Euphorbia siehe Euphorbia cyparissias; helioscopia von *hèlios* (gr.), Sonne und *skopéin* (gr.), hinschauen, weil sich nach Plinius die Dolde der Sonne zuwenden soll.

Beschreibung. Einjährige Pflanze mit rundem, kahlem bis 30 cm hohem, dickem, einfachem, oder am Grunde zwei kleine Seitenäste tragendem Stengel. — Blätter zerstreut, umgekehrt eiförmig oder keilförmig, gestielt, vorn gesägt, nach unten zu ganzrandig (Fig. 1). — Blütendolden fünfstrahlig, zwei- und dreigabelig. — Hüllblätter der Dolde umgekehrt eiförmig, groß; Hüllblättchen kleiner; Hüllkelch des Cyathiums mit vier Zipfeln (Fig. 12). — Honigdrüsen rundlich, grün, mit den Zipfeln abwechselnd. — Staubblüten aus meist acht einzelnen, gegliederten Staubfäden bestehend; Staubbeutel kugelig (Fig. 3 u. 4). — Fruchtblüte gestielt, überhängend; Fruchtknoten dreifächerig mit je einer Samenanlage (Fig. 3 u. 5); Griffel dreiteilig. — Frucht eine glatte, dreifächerige, aufspringende Kapsel (Fig. 6). — Same braun, eiförmig netzgrubig, mit nierenförmigem Nabelwulste (Fig. 7).

Blütezeit: Juli, August.

Biologisches siehe Euphorbia cyparissias.

Standort und Verbreitung. Auf gutem Garten- und Ackerboden; in ganz Deutschland überall, oft als lästiges Unkraut vorkommend. In ganz Europa, von Lappland bis nach Italien; nach Amerika eingeschleppt.

Gift und dessen Wirkung siehe Euphorbia cyparissias.

Garten-Wolfsmilch. Euphorbia Peplus *(L.)*.†

Tafel 58.

Auf der Tafel ist die Pflanze irrtümlicherweise als Euphorbia esula bezeichnet.

Fam.: Wolfsmilchgewächse. Euphorbiaceae.

Euphorbia siehe Euphorbia cyparissias. Peplus = Name einer Wolfsmilchart bei Plinius. — Teufelsmilch, Warzenkraut.

Beschreibung. Einjährige, bis 30 cm hohe Pflanze. — Stengel rund, vom Grunde aus verzweigt (Fig. 1). — Blätter abwechselnd oder zerstreut stehend, gestielt, umgekehrt eirund, ganzrandig, kahl, abgestutzt, von unten nach oben größer werdend (Fig. 1). — Blüten in dreistrahligen, wiederholt drei- bis sechsmal gegabelten Dolden; Hüllblätter elliptisch (Fig. 2). Hüllkelch des Cyathiums bauchig. — Drüsen grün, mit zwei seitlichen, langen, parallel verlaufenden Fortsätzen (Fig. 3 u. 6). — Staubblüten mit dickem, rundem, gegliedertem Staubfaden und eiförmigen, gelben Staubbeuteln (Fig. 4 u. 5). — Fruchtblüte gestielt, überhängend. Fruchtknoten dreifächerig, mit je einer Samenanlage (Fig. 2). — Frucht eine kugelförmige, aufspringende, tief dreifurchige Kapsel, deren glatte Fächer auf dem Rücken in der Mitte eine ausgezackte Längsleiste tragen (Fig. 7). — Same glänzend, grauweiß, eiförmig-zylindrisch, an der Rückenfläche reihenweise tiefe Punkte, an der vorderen Seite zwei bogenförmige Gruben und neben diesen drei punktförmige Gruben tragend (Fig. 8).

Blütezeit: Juni bis Oktober.

Biologisches siehe Euphorbia cyparissias.

Standort und Verbreitung. Durch ganz Europa, von England und Norwegen bis nach Griechenland; in Syrien, Ägypten, Arabien; nach Nordamerika eingeschleppt. In ganz Deutschland, in Gärten ein sehr häufiges Unkraut.

Gift und dessen Wirkung siehe Euphorbia cyparissias.

Sonnenwendige Wolfsmilch. *Euphorbia helioscopia L.*

1 Blühende Pflanze. 2 Teil der Trugdolde. 3 Blütenstand, längs durchschnitten. 4 Staubblüte. 5 Fruchtknoten im Querschnitt. 6 Frucht. 7 Same, vergr. und nat. Größe. 2 bis 6 vergr.

 Tafel 58.

Gemeine Wolfsmilch. *Euphorbia Esula L.*

1 Blühende Pflanze. 2 Blütenstand im ersten (weiblichen) Zustande. 3 Blütenstand im zweiten (männlichen) Zustande. 4 Blütenstand im Längsschnitt. 5 Staubblüte. 6 Randdrüsen des Blütenstandes. 7 Fruchtstand. 8 Same. 2 bis 8 vergr.

 Tafel 59.

Garten-Wolfsmilch. *Euphorbia Peplus L.*

1 Nichtblühender Sproß. 2 Blühender Sproß. 3 Blütenstand, vergr.

Gemeine Wolfsmilch. Euphorbia esula *(L.)*.†

Tafel 59.

Auf der Tafel ist die Pflanze irrtümlicherweise als Euphorbia Peplus bezeichnet.

Fam.: Wolfsmilchgewächse. Euphorbiaceae.

Euphorbia siehe Euphorbia cyparissias; esula von esu (keltisch), scharf, wegen des scharfen Milschsaftes. — Teufelsmilch.

Beschreibung. Ausdauernde Pflanze mit kriechendem, ästigem, bleistiftdickem Wurzelstocke, welcher nicht sehr zahlreiche, bis 50 cm hohe Stengel treibt. — Stengel rund, unten meist unbeblättert (Fig. 1), in den Achseln der Blätter kurze Seitensprosse tragend. — Blätter sitzend, lineal-lanzettlich, kahl, gelbgrün (Fig. 1 u. 2). — Blüten in vielstrahliger Dolde (Fig. 2); Hüllblätter der Dolde lanzettlich, stachelspitzig. Deckblätter der Blüte breit-herzförmig, hellgrünlichgelb. Hüllkelch des Cyathiums (siehe Euphorbia cyparissias) glockig, oben vier rotgelbe, mondsichelförmige Drüsen tragend. — Staubblüten aus gegliederten, in der Mitte keulenförmig verdickten, runden Staubfäden mit eiförmigen Staubbeuteln bestehend (Fig. 3). — Fruchtblüte gestielt, überhängend; Fruchtknoten runzelig, dreifächerig (Fig. 3); Griffel dreiteilig mit je zwei Narben. — Frucht eine dreifächerige, aufspringende, tief dreifurchige, runzelige Kapsel. — Same glatt, graubraun, umgekehrt-eiförmig. Eine im Habitus sehr abändernde Pflanze, von der eine große Anzahl von Formen teils als besondere Arten beschrieben werden.

Blütezeit: Mai, Juli.

Biologisches siehe Euphorbia cyparissias.

Standort und Verbreitung. Durch ganz Europa, von Schottland bis nach Italien und Spanien; in Mittelasien. In Deutschland auf trockenen Wiesen, an Wegen, Gebüschen, aber nicht überall vorkommend; fehlt meist auf Kalkboden.

Gift und dessen Wirkung siehe Euphorbia cyparissias.

Kreuzblätterige Wolfsmilch. Euphorbia Lathyris (*L.*). †

Tafel 60.

Fam.: **Wolfsmilchgewächse. Euphorbiaceae.**

Euphorbia siehe Euphorbia cyparissias. Lathyris bei Plinius, *lathyris* (gr.) bei Dioskorides von *thuris* (gr.), ungestüm, heftig, mit der verstärkenden Vorschlagsilbe „*la*", wegen der stark purgierenden Wirkung der Pflanze, die den Ärzten des Altertums schon bekannt war. — Springkorn wegen der aufspringenden Samenkaspeln.

Beschreibung. Zweijährige Pflanze mit fingerdickem, kriechendem Wurzelstocke, der bis 1 m hohe, dicke, stielrunde, zuweilen verästelte, bläulich bereifte Sprosse treibt (Fig. 1). — Blätter sitzend, kreuzständig, eilanzettlich, linealisch, kahl, dunkelgrün mit weißer Mittelrippe (Fig. 1). — Blüten in vierstrahliger Dolde; Hüllblätter breit-eiförmig, mit breitem Grunde sitzend (Fig. 2). — Kelch des Cyathiums (siehe Euphorbia cyparissias) glockig, mit spitzen Zähnen. — Drüsen halbmondförmig, an den Spitzen kopfartig abgerundet, gelbrot (Fig. 4). — Staubblüten zahlreich, aus einzelnen Staubfäden mit Staubbeuteln bestehend. — Fruchtblüte gestielt, überhängend; Fruchtknoten dreifächerig, Griffel dreiteilig (Fig. 3 u. 5). — Frucht eine glatte, aufspringende, dreifächerige, tieffurchige Kapsel (Fig. 6). — Same eiförmig, runzelig, dunkelbraun (Fig. 7).

Blütezeit: Juni, Juli.

Biologisches siehe Euphorbia cyparissias.

Standort und Verbreitung. Auf bebautem und unbebautem Lande; in Nord- und Mittelitalien, in Tirol; in Deutschland stellenweise verwildert.

Gift und dessen Wirkung siehe Euphorbia cyparissias.

 Tafel 60.

Kreuzblättrige Wolfsmilch. *Euphorbia Lathyris L.*

1 Sproß im ersten Jahre. 2 Teil des Sprosses im zweiten Jahre mit Blüten und Früchten. 3 Blütenstand. 4 Blütenstand im Längsschnitt. 5 Fruchtknoten im Querschnitt. 6 Fruchtstand mit Samenträger. 7 Same. 3 bis 7 vergr.

Einjähriges Bingelkraut. Mercurialis annua *(L.)*

Tafel 61.

Fam.: **Wolfsmilchgewächse. Euphorbiaceae.**

Herba Mercurialis des Plinius, nach welchem Mercur die Heilkraft des Krautes entdeckt haben soll.

Beschreibung. Einjährige, krautartige Pflanze, mit vierkantigem, auf fettem Boden meist verästetem, bis 50 cm hohem, kahlem Stengel (Fig. 1 u. 2). — Blätter gestielt, eiförmig, lanzettlich, grob gesägt, kahl (Fig. 1). — Blüten zweihäusig; Staubblüten in langen Ähren, die aus den Achseln der Blätter entspringen (Fig. 1). — Kelch drei- oder vierblätterig; Blätter dreieckig, eiförmig, grünlich. — Krone fehlt. — Staubblätter 9 bis 12; Staubfäden fadenförmig. Staubbeutel zweifächerig (Fig. 3). — Fruchtblüten meist paarig, achselständig (Fig. 4). — Kelch drei- oder vierblätterig. — Blumenkrone fehlt. — Fruchtknoten eiförmig, borstig, seitlich zusammengedrückt, zweifächerig mit hängenden Samenknospen. Griffel kurz, mit zwei drüsig behaarten Narben; zuweilen befinden sich in der Fruchtblüte drei verkrümmte Staubblätter. — Frucht eine zwei- oder dreifächerige Kapsel mit einem hängenden Samen in jedem Fache (Fig. 5 u. 6). — Same umgekehrt-eiförmig mit dünner, schwacher, brauner Schale.

Blütezeit: Juli bis zum Eintritt starken Frostes.

Biologisches. Zweihäusige Pflanze; sehr selten werden Staub- und Fruchtblüten auf demselben Stocke beobachtet. Die Blüten sind klein, unscheinbar und geruchlos; erstweiblich; die Übertragung des Blütenstaubes erfolgt durch den Wind. — Die Samenanlagen nehmen oft ohne Befruchtung die Gestalt von Keimlingen an, welche äußerlich in nichts von den durch Befruchtung entstandenen Samen zu unterscheiden sind und früher als parthenogenetisch entstandene Samen angesehen wurden.

Standort und Verbreitung. In ganz Europa als Unkraut auf bebautem und unbebautem Lande; in Gärten ein sehr lästiges Unkraut.

Gift und dessen Wirkung. Stengel und Blätter der Pflanze gelten als giftig oder doch als giftverdächtig; in ihnen ist Trimethylamin nachgewiesen, welches, wie in zahlreichen anderen Fällen, vielleicht auch hier als Zersetzungsprodukt des **„Cholins“**, einer giftigen Base, auftritt. Sie sind stark abführend und brechenerregend. Seit alten Zeiten (schon von Dioscorides) wurden sie von der Arzneikunde gebraucht. Die Pflanze wird von Weidevieh nicht gefressen.

Einjähriges Bingelkraut. *Mercurialis annua L.*

1 Pflanze mit Staubblüten. 2 Pflanze mit Fruchtblüten. 3 Staubblüte. 4 Fruchtblüte. 5 Frucht im Längsschnitt. 6 Samenträger. 3 bis 6 vergr.

Gift-Sumach. Rhus toxicodendron (*L.*).†

Tafel 62.

Fam.: **Sumachgewächse. Anacardiaceae.**

Rhús (gr.) bezeichnet bei Theophrast eine Sumachart; toxicodendron = Giftbaum, von *toxikón* (gr.), Gift, und *déndron* (gr.), Baum. — „Sumach" oder „Smak" (vom arab. summak = hoch sein) ist die Bezeichnung der Araber für einige Rhusarten.

Toxicodendron pubescens Mill. Rhus pubescens Englm.

Beschreibung. Strauch, der anfangs niederliegt, später an Bäumen, mit Hilfe von Haftwurzeln emporrankt und sich über Sträuchern ausbreitet. Die schlanken Zweige anfangs grün, weich behaart, später braun. Knospen rund, gelbbraun, seidig behaart (Fig. 1). — Blätter dreizählig auf 8 bis 14 cm langem, behaartem, am Grunde rinnenförmigem Stiele. Blättchen oberseits dunkel, unterseits heller grün, zerstreut behaart, am Grunde und an der Spitze ganzrandig, sonst grob und ungleichseitig gesägt (Fig. 1). — Blüten in Rispen in den Achseln der Blätter, diözisch. Die Einzelblüte gestielt, in den Achseln kleiner, abfallender Deckblättchen. Staubblüten in längeren, ziemlich schlaffen Rispen. — Kelchblätter 3 bis 6, lanzettförmig, abfallend (Fig. 2). — Blumenblätter 3 bis 6, länglich, bei geöffneter Blüte zurückgeschlagen, weißgrün. — Staubblätter 3 bis 6; Staubfaden kurz, flach, rötlich; Staubbeutel oval, am Rücken angeheftet, zweifächerig, längsaufspringend. — In der Mitte der Blüte ein kleiner, rudimentärer Stempel. — Fruchtblüten in kürzeren, gedrängteren Rispen. — Kelchblätter 3 bis 6, lanzettlich, abfallend. — Blumenkronblätter 3 bis 6; rundlich, grünlichweiß. — Staubblätter klein, unfruchtbar. — Fruchtknoten eiförmig, grün, einfächerig mit einer Samenanlage, die bogig-gekrümmt an einem auf dem Grunde des Fruchtknotens sich erhebenden Nabelstrange hängt (Fig. 3 u. 4). Griffel dreispaltig; Narben rundlich, nach auswärts gekrümmt. — Frucht eine einsteinige, fast kugelige, trockene, gelb oder gelblichweiße, mit zehn Furchen versehene Steinbeere, deren äußere, dünne Fruchthaut sich leicht von der weißen Mittelschicht loslöst. Steinkern rund-eiförmig, etwas zusammengedrückt, braun. — Same zusammengedrückt, die Steinschale ganz ausfüllend, mit einer braunen Samenhaut bedeckt. — Eine häufig in Gärten verbreitete und auch verwilderte Form ist Rhus toxicodendron radicans, die, am Boden niederliegend, an den Gelenken Wurzeln treibt, in ausgeprägter Form auch an den ganzrandigen, unbehaarten Blättern kenntlich ist; sie geht je nach dem Standort, in die vorgenannte Form über.

Blütezeit: Mai, Juni.

Biologisches. Die Form Rhus toxicodendron. var. radicans klettert mit Hilfe von Haftwurzeln an Stämmen empor: Wurzelkletterer. — Blüten meist zweihäusig, außerdem kommen Blütenstände mit echten Zwitterblüten, mit Fruchtblüten und mit Staubblüten vor. — Die Zwitterblüten sind erstweiblich (proterogynisch). — In der Mitte der beckenförmigen Blüte ist eine fleischige Scheibe, an deren ganzer Oberfläche freiliegender Honig abgeschieden wird. — Die grüngelblichen Blüten werden gern von Fliegen besucht.

Standort und Verbreitung. Ein häufig in Gärten verbreiteter und auch verwilderter Strauch. In ganz Nordamerika, von Britisch-Columbia bis Florida, in Japan und Nordasien verbreitet; seit langer Zeit in Europa in Kultur und daher an manchen Orten (Thüringen, Böhmen) verwildert. In Gärten zuweilen zum Bedecken der Mauern und des Bodens angepflanzt.

Gift und dessen Wirkung. Die Pflanze gehört zu jenen gefährlichen Giftpflanzen, die durch bloße Berührung schon Vergiftungserscheinungen hervorbringen können. Das Auftreten einer Vergiftung ist jedoch ganz von einer individuellen Veranlagung dazu abhängig. Einzelne Personen sind ganz immun oder sehr wenig empfänglich für das Gift, andere sind so empfindlich, daß eine bloße Berührung der Pflanze Geschwulst der Hand und des Armes, Blasenbildung, heftige Schmerzen und ausgeprägte Blutvergiftung hervorruft, an denen sie oft wochenlang zu leiden haben. In Amerika ist der Baum seiner Giftigkeit wegen sehr gefürchtet. Auch bei uns sind Fälle bekannt geworden, wo Gartenarbeiter, die an dem Baume einen Ast absägten, erblindeten, und andere, die mit ihren schwieligen Händen Zweige oder Blätter abpflückten, entzündliche, eiternde Geschwülste an Händen und Armen davontrugen. Selbst das lange Verweilen unter oder in der Nähe des Strauches, besonders abends und in der Nacht soll gefährlich sein und Hautentzündungen herbeiführen können. Bei der Anpflanzung in Gärten ist daher die größte Vorsicht in der Wahl des Standortes walten zu lassen.

Das Gift ist in den Milchsaftgefäßen der Pflanze enthalten. Die feinen Haare auf der Oberfläche von Stengeln und Blättern stehen mit jenen Schläuchen in Verbindung; bei der Berührung entleeren sie ihren Inhalt. Über den Giftstoff selbst ist noch wenig bekannt; es soll eine phenolartige Substanz: **Toxicodendrol** sein.

 Tafel 62.

Gift-Sumach. *Rhus toxicodendron L.*

1 Blühender Zweig. 2 Blüte. 3 Blüte im Längsschnitt. 4 Fruchtknoten. 5 Fruchtstand. 2, 3, 4 vergr.

Europäisches Pfaffenhütchen. Evonymus europaeus (*L.*).

Tafel 63.

Fam.: **Baumwürgergewächse. Celastraceae.**

Euónymos (gr.) von *eu* (gr.), wohl, und *ónoma* (gr.), Name (in ironischer Bedeutung), wurde von den Griechen ein dort einheimischer Strauch genannt; nach einigen Evonymus latifol., nach anderen der Oleander.

Pfaffenhütchen, weil die Fruchtkapseln den viereckigen Hütchen der Geistlichen ähnlich sehen; Spindelbaum, weil das Holz sich besonders zur Anfertigung von Spindeln eignet.

Evonymus vulgaris Mill.

Beschreibung. Baumartiger, 3 bis 6 m hoher Strauch mit vierkantigen, grünen, braungrauen, geflügelten Ästen und grünen, vierkantigen Zweigen (Fig. 1 u. 2). — Blätter gegenständig, mit oberseits rinnigen Stielen, eiförmig bis eilanzettlich oder oval, spitz, ungleich gesägt; oberseits dunkelgrün, kahl, unterseits heller grün, kahl oder an den Nerven behaart. — Blüten in achselständigen, aufrechten Scheindolden, zwitterig. — Kelch vierblätterig, abstehend; Blättchen rundlich (Fig. 3). — Blumenkrone vierblätterig; Blätter länglich spitz, gelblichweiß (Fig. 3). — Staubblätter 4, auf einer polsterförmigen Scheibe stehend; Staubfäden rund, fest; Staubbeutel gelb (Fig. 3). — Fruchtknoten ganz in die Scheibe eingesenkt, drei- bis vierfächerig; Griffel kurz mit drei- bis vierlappiger Narbe (Fig. 4). — Frucht eine lederartige, an der Spitze eingedrückte, außen abgerundete oder stumpfkantige, drei- bis vierfächerige, später klappig aufspringende, rosa-karminrote Kapsel (Fig. 2 u. 5). — Same von einem orangegelben Samenmantel umgeben, weiß (Fig. 6 u. 7).

Der Strauch ändert ab, besonders in den Blättern, in die Formen: ovata mit eirunden Blättern; latifolia mit besonders breiten Blättern und angustifolia mit besonders schmalen Blättern; variegata mit weißgelb gefleckten Blättern; ferner gibt es Arten mit roten und mit weißen Fruchtkapseln.

Blütezeit: Mai, Juni.

Biologisches. Die trübgelben Blüten werden vorzüglich von Dipteren (Fliegen und anderen) besucht; diese laufen unregelmäßig über die Blüten umher, saugen den flachliegenden Honig und bringen ihren Körper mit den Staubgefäßen, in anderen Blüten mit der Narbe in Berührung. Der Honig liegt frei auf einer den Griffel umgebenden fleischigen Scheibe. Die Blüte ist erstmännlich (proterandrisch). Die vier Staubgefäße stehen auf steifen Stielen von der Narbe entfernt und springen nach außen auf zu einer Zeit, wo die Narbe noch nicht entwickelt ist; erst später breiten sich die Lappen der Narbe auseinander, um sich nach erfolgter Bestäubung wieder zu schließen. Fremdbestäubung ist bei dieser Pflanze also die Regel und Eigenbestäubung fast ganz ausgeschlossen. — Die Samen sind von dem hochrot gefärbten, fleischigen Samenmantel umgeben, der zur Zeit der Reife aufspringt; die lebhaft rot gefärbten Samen hängen an Fäden aus dem Samenmantel heraus, werden von Vögeln verzehrt und so wird die Pflanze verbreitet.

Standort und Verbreitung. In Europa und den gemäßigten Gegenden Asiens; in lichten Waldungen, an den Rändern der Gebüsche, an Hecken.

Gift und dessen Wirkung. Die grünen Teile der Pflanze riechen widerlich. Das Holz soll bei der Verarbeitung (zu Drechslerarbeiten) Schwindel und Übelkeit verursachen. Man zählt die Pflanze zu den stark giftverdächtigen, scharf wirkenden Gewächsen. In der Rinde der Evonymusarten wurde ein chemisch nicht näher erforschtes Glykosid: das **Evonymin,** gefunden, dessen physiologische Wirkungen aber auch noch nicht festgestellt wurden.

 Tafel 63.

Europäisches Pfaffenhütchen. *Evonymus europaeus L.*

1 Zweig mit Blüten. 2 Zweig mit Früchten. 3 Blüte. 4 Blüten im Längsschnitt. 5 Frucht im Querschnitt. 6 Same. 7 Same im Längsschnitt. 3 bis 7 vergr.

Seidelbast. Daphne Mezereum *(L.)*. †

Tafel 64. Wandtafel 12.

Fam.: **Seidelbastgewächse. Thymelaeaceae.**

Dáphne (gr.) Bezeichnung für den Lorbeer; Mezereum soll von dem italienischen ammazzare, nach anderen von persischen ähnlich lautenden Namen der Pflanze herkommen. *Thymláia* (gr.) [von *Thýmos* (gr.), Thymian, wegen des Geruches, und *elaía* (gr.), Ölbaum, wegen der Früchte] war bei den Alten der südeuropäische Seidelbast (D. cnidium), eine geschätzte Arzneipflanze. — Seidelbast: nach Grimm war die Pflanze dem alten Gott Ziu heilig. — Kellerhals: vom althochdeutschen chelten = quälen, was beim Genusse den Hals quält. — Deutscher Pfeffer, Bergpfeffer, Beißbeere, wegen der beißend schmeckenden Früchte. — Thymelaea Mezereum Scop.

Beschreibung. Kleiner, bis 1,20 m hoher, verzweigter Strauch mit rutenförmigen, graubraunen Ästen. — Blätter zerstreut stehend, verkehrt-eiförmig, in den kurzen Stiel verschmälert, ganzrandig, hellgrün, beiderseits kahl, mit deutlichen Nerven (Fig. 2). — Blüten im Anfang des Frühjahres (Ende Februar, März), seitenständig an den vorjährigen Zweigen erscheinend (Fig. 1), zu zwei bis drei dicht gebüschelt stehend. — Zwitterblüten. — Blütenhülle rot, rötlichviolett, zuweilen weiß, röhrig, mit regelmäßigem, vierteiligem Saume; Röhre außen behaart (Fig. 3). — Staubblätter 8, in zwei Reihen stehend, 4 im Schlunde der Röhre, 4 am oberen Rande derselben. Staubfäden unten mit der Blütenhülle verwachsen, oben frei; Staubbeutel länglich-oval, orangegelb, zweifächerig, längsaufspringend (Fig. 3). — Fruchtknoten aus einem Fruchtblatte gebildet, eiförmig, einfächerig, mit einer hängenden Samenanlage; Griffel sehr kurz; Narbe flach, kreisrund, dicht mit Papillen besetzt (Fig. 4). — Frucht im August, September reifend, eine eiförmige, rote, einsamige, saftige Beere (Fig. 2 u. 5). — Same eiförmig, mit einer krustenartigen, zerbrechlichen äußeren und einer dünnen, häutigen, inneren Samenhaut (Fig. 6).

Blütezeit: Februar, März, April.

Biologisches. Die ganze Pflanze ist durch den brennend scharfen Saft auch im schärfsten Winter vor Tierfraß geschützt. Die Blüten erscheinen vor den Blättern und sind dadurch, sowie infolge ihrer Häufung am Stamm und durch ihre leuchtende Farbe weithin sichtbar. Hierdurch und durch den angenehmen

Mandelduft werden Bienen und Schmetterlinge, weniger die kurzrüsseligen Fliegen angelockt. Der Honig wird am Grunde des Fruchtknotens abgeschieden; bei dessen Entnahme muß der Rüssel des Insektes in der engen Blumenkronröhre an den in zwei Reihen angeordneten Staubbeuteln vorbeigleiten und sich dabei mit Blütenstaub bedecken; der beim Besuch der folgenden Blüte auf die breite Narbe abgelagert wird. — Die roten, leuchtenden Früchte werden trotz ihres Giftes von Bachstelzen, Drosseln, Hänflingen und Rotkehlchen gern gefressen und dabei werden die Samen verschleppt.

Standort und Verbreitung. In Europa, im Orient, in Nordasien; in schattigen, feuchten Bergwäldern allgemein verbreitet, aber immer nur vereinzelt oder in wenigen Exemplaren zusammen vorkommend.

Gift und dessen Wirkung. Die Daphnearten enthalten besonders in der Rinde, dem Rindenparenchym und in den Samen beißend scharfe Stoffe. Bei Kindern kamen wiederholt schwere, sogar tödliche Vergiftungsfälle durch den Genuß der roten Beere vor. Die Samen wurden gefährlich bei der Benutzung als Purgiermittel. Die Pflanze gehört zu den scharfen Giften. In leichten Fällen äußert sich die Wirkung nur in heftigem Brennen in der Mundhöhle und Rachenentzündung; in schwereren Fällen treten narkotische Nebenwirkungen mit Krämpfen auf.

Die Giftwirkung schreibt man dem in den genannten Teilen der Pflanzen vorkommenden giftigen **Daphnin** ($C_{15}H_{16}O_9$), dem Glykosid des **Daphnetins** zu. — In der Heilkunde wurden früher benutzt: die im Frühjahre vom Stamme und den mehrjährigen Ästen gesammelte Rinde (Cortex Mezerei).

 Tafel 64.

Seidelbast. *Daphne Mezereum L.*

1 Blühender Zweig. 2 Zweig mit Früchten. 3 Blüte im Längsschnitt. 4 Fruchtknoten mit Narbe. 5 Frucht im Längsschnitt. 6 Same. 3, 4, 5 vergr.

 Tafel 65.

Lorbeerblättriger Kellerhals. *Daphne Laureola L.*

1 Blütenzweig. 2 Blüte. 3 Blüte im Längsschnitt. 4 Zweig mit Früchten. 5 Frucht. 6 Frucht im Längsschnitt. 7 Same. 2, 3 u. 5, 6, 7 vergr.

Lorbeerblätteriger Kellerhals. Daphne Laureola (*L.*).

Tafel 65.

Fam.: **Seidelbastgewächse. Thymelaeaceae.**

Daphne siehe Daphne Mezereum. Laureola, weil ein Zweig der Pflanze einem kleinen Lorbeerzweige ähnlich sieht.

Daphne major Lam.; Thymelaea Laureola Scop.

Beschreibung. Kleiner, bis $^3/_4$ m hoher, wenig verästelter Strauch mit bräunlich-grünen Zweigen (Fig. 4). — Blätter ausdauernd, abwechselnd stehend, an der Spitze der Zweige, verkehrtlanzettförmig bis keilförmig, in den kurzen Stiel verschmälert, kahl, oberseits dunkelgrün, glänzend; unterseits heller. — Blüten achselständig, in vier- bis zehnblütigen Büscheln, im März, April an den vorjährigen oder diesjährigen Zweigen (Fig. 1); zwitterig; Blüte kurz gestielt mit häutigen, abfallenden Deckblättchen. — Blütenhülle mit langer, walzenförmiger Röhre; Saum mit vier eiförmigen, spitzen Zipfeln, gelb (Fig. 2). — Staubblätter 8, in zwei Reihen stehend: 4 in der Mitte der Röhre und 4 am oberen Ende derselben; Staubfäden mit der Röhre verwachsen. Staubbeutel zweifächerig, längsaufspringend. — Fruchtknoten aus einem Fruchtblatte gebildet, länglich, kahl; Griffel kurz; Narbe knopfförmig (Fig. 3). — Frucht eine fleischige, blauschwarze Beere (Fig. 5 u. 6). — Same eiförmig mit doppelter Samenhaut, einer inneren dünnen und einer äußeren kräftigen (Fig. 7).

Blütezeit: März, April.

Biologisches siehe Daphne Mezereum. Die in den Blattachseln stehenden Blüten ziehen jedoch weniger durch ihre Farbe als durch ihren Duft die Insekten an.

Standort und Verbreitung. In gebirgigen Gegenden von Süd- und Mitteleuropa und Kleinasien. In Deutschland nur hier und da verwildert; in Gärten zuweilen als kleiner, immergrüner Strauch angepflanzt.

Gift und dessen Wirkung siehe Daphne Mezereum.

Wohlriechender Seidelbast. Daphne Cneorum (*L.*).

Tafel 66.

Fam.: **Seidelbastgewächse. Thymelaeaceae.**

Daphne siehe Daphne Mezereum. Cneorum von *knéoron* (gr.), wie bei den Griechen einige Seidelbastarten genannt wurden.

Daphne odorata Lam. Thymelaea Cneorum Scop.

Beschreibung. Kleines, 25 bis 30 cm hohes, viel verzweigtes Sträuchlein, ausdauernd. — Blätter lederartig, ausdauernd, fast sitzend, lineal-lanzettlich, abwechselnd und dicht gedrängt stehend, oberseits dunkelgrün, glänzend; unterseits hellgraugrün (Fig. 1). — Blüten in endständigen, vielblütigen Köpfchen, fast sitzend. — Blütenhülle mit schmaler, walzenförmiger Röhre; Saum mit vier eiförmigen, abstehenden Zipfeln, heller oder dunkler rot, außen behaart, wohlriechend (Fig. 2 u. 3). — Staubblätter 8; 4 in der Mitte der Röhre, 4 am oberen Ende, etwas über dieselbe hinausragend (Fig. 4); Staubfäden mit der Röhre verwachsen. — Fruchtknoten weich behaart, aus einem Fruchtblatte gebildet, mit einer hängenden Samenanlage; Griffel sehr kurz; Narbe breit, knopfförmig (Fig. 4). — Frucht eine länglich-eirunde, rotgelbe, trockene Beere. — Same schwarz, glänzend.

Blütezeit: Mai bis Juli.

Biologisches siehe Daphne Mezereum.

Standort und Verbreitung. In den Gebirgen Europas, in der Schweiz, in Tirol, in Istrien, in Bayern, im Schwarzwald, in der Rheinpfalz und an anderen Orten.

Gift und dessen Wirkung siehe Daphne Mezereum.

 Tafel 66.

Wohlriechender Kellerhals. *Daphne Cneorum L.*

1 Blühende Pflanze. 2 Blüte geschlossen. 3 Blüte geöffnet. 4 Blüte im Längsschnitt. 2, 3, 4 vergr.

Grosse Sterndolde. Astrantia major *(L.)*.

Tafel 67.

Fam.: **Doldengewächse. Umbelliferae.**

Astrantia von *ástron* (gr.), Stern, und *ántios* (gr.), gleichend, ähnlich. Strenze; Meisterwurz.

Beschreibung. Ausdauernde Pflanze mit schwarzbraunem Wurzelstocke. Stengel aufrecht, bis 1 m hoch, der Länge nach mit feinen Riefen versehen, hohl (Fig. 1). — Blätter: Grundblätter langgestielt, handförmig, fünfspaltig, ungleichmäßig eingeschnitten und scharf gesägt (Fig. 1). Die Zähne mit feiner Stachelspitze (Fig. 1). Stengelblätter an scheidigen Stielen sitzend, in der Blütenregion kleiner und einfacher ausgebildet (Fig. 1). — Blüten (Fig. 2) in vielblütigen Dolden mit Staubblüten und Zwitterblüten. Dolde von drei- bis vierblätteriger Hülle umgeben; Döldchen mit sternförmig ausgebreiteter Hülle, deren 15 bis 20 lineallanzettliche, an der Spitze grüne, weiße oder rötliche Blättchen wenig länger sind, als die äußeren Blüten der Dolde. — Staubblüten (Fig. 2) langgestielt; Stiel rot. — Kelch fünfblätterig, so lang wie die Blumenkronblätter. — Blumenkronblätter aufrecht stehend, nach innen umgebogen, weiß oder rosa. — Staubblätter vor dem Aufblühen einwärts gebogen; Staubfäden pfriemlich, weiß; Staubbeutel länglich-eiförmig, weiß. — Zwitterblüten (Fig. 3): Kelch, Blumenkron- und Staubblätter wie in den Staubblüten. — Fruchtknoten mit zehn hohlen, gezähnten Riefen, zweifächerig, in jedem Fache eine hängende Samenanlage (Fig. 4). Griffel lang, fadenförmig, oben auseinandergehend; Narbe klein, abgestumpft. — Frucht oval zusammengedrückt, an der Spitze noch Teile des Kelches und die Griffel führend. Teilfrüchte ohne Striemen, mit fünf hohlen, aufgeblasenen, gezähnten Riefen.

Die Pflanze ändert in der Blüte ab und kommt vor mit sehr langen Hüllblättchen (var. involucrata L., Astrantia carinthiaca Hoppe) und mit blassen, anstatt mit roten Blütenstielen und Blütenblättern.

Blütezeit: Juni bis August.

Biologisches. Die weiße oder rötliche Hülle der in Dolden angehäuften Blüten erhöht deren Sichtbarkeit. — In jeder Dolde finden sich neben echten Zwitterblüten auch reine Staubblüten.

Die Zwitterblüten entfalten sich zuerst und sind erstweiblich (proterogyn); so wird bei Insektenbesuch zuerst fremder Blütenstaub auf die Narbe gebracht werden; später wird auch solcher aus den benachbarten Staubblüten Verwendung finden. Die Blütenstiele biegen sich auf mechanischen Reiz hin, z. B. durch dem Regen vorhergehende Windstöße, nach unten und bleiben einige Zeit in dieser Lage, wodurch das Innere der Blüte gegen das Eindringen des Regens geschützt ist. — Allgemeines über die Blütenbiologie der Doldengewächse siehe bei Oenanthe aquatica (S. 131).

Standort und Verbreitung. Auf Bergwiesen und in der Ebene durch ganz Mitteleuropa. Sehr häufig in den Alpen, in Böhmen, Schlesien, Thüringen, im Harz, in Brandenburg. In Gärten oft als Zierstaude angepflanzt.

Gift und dessen Wirkung. Alle Teile der Pflanze, besonders der schwarzbraune Wurzelstock, werden als giftig genannt; sie haben stark purgierende Eigenschaften. Die wirksamen Bestandteile sind noch nicht festgestellt.

 Tafel 67.

Große Sterndolde. *Astrantia major L.*

1 Blühender oberer Teil der Pflanze und Grundblatt. 2 Staubblüte. 3 Zwitterblüte. 4 Zwitterblüte im Längsschnitt. 2, 3, 4 vergr.

Giftiger Schierling. Cicuta virosa *(L.)*. †

Tafel 68. Wandtafel 13.

Fam.: **Doldengewächse. Umbelliferae.**

Cicuta nennt Plinius den gefleckten Schierling (Conium maculatum).
Giftiger Wüterich.

Beschreibung. Ausdauernde Pflanze mit dickem, rundem, fleischigem, querfläching-hohlem Wurzelstocke und einem 1 bis $1^1/_4$ m hohem, ziemlich dickem, hohlem, kahlem und rötlich angelaufenem Stengel (Fig. 1), der sich nach oben hin vielfach verästelt. — Blätter: Wurzelblätter zwei- bis dreifach gefiedert; Blättchen lineal-lanzettlich. spitz, gesägt, mit runden, hohlen Blattstielen; Stengelblätter kleiner, nach oben zu einfacher gefiedert, mit drei-, zwei- oder einzähligen Blättchen und kurzen, unten scheidigen Stielen (Fig. 2). — Blüten in zusammengesetzten Dolden, mit Zwitterblüten und Staubblüten; Hülle fehlt; Hüllchen vielblätterig (Fig. 2). — Zwitterblüten (Fig. 3); Kelchrand mit fünf Zähnen. — Blumenkrone fünfblätterig, mit abgerundeten, fast herz-eiförmigen, kurzgenagelten, weißen, an der Spitze einwärts gebogenen Blumenkronblättern. — Staubblätter 5, länger als die Blumenkronblätter; Staubfäden pfriemlich; Staubbeutel rund. — Fruchtknoten halbkugelig, zweifächerig, mit je einer Samenknospe; Griffel 2, fadenförmig, zuerst aufrechtstehend, genähert, später nach außen gebogen, abstehend; Narbe undeutlich-kugelig. — Fruchtträger dick, nach dem Rande hin etwas verdünnt, ausgeschweift (Fig. 4). — Frucht eine fast kugelförmige oder eiförmige, seitlich zusammengedrückte Spaltfrucht; Fruchtträger zweiteilig; Teilfrüchtchen mit fünf flachen Rippen; die Furchen mit je einer etwas vorspringenden Ölstrieme; Fuge flach, mit zwei Ölstriemen (Fig. 5). — Staubblüten, in der Hauptdolde selten, in den Nebendolden zuweilen in der Mitte vorkommend, unterscheiden sich von den Zwitterblüten nur durch unvollkommene Ausbildung oder gänzliches Fehlen von Fruchtknoten und Griffel.

Eine niedrige Form mit dünnem Wurzelstocke und kleinen linealischen Blättchen wird als Cicuta tenuifolia Froel. oder Cicuta angustifolia Koch unterschieden.

Blütezeit: Juli, August.

Biologisches. Ein starkes Gift schützt die saftige Pflanze gegen Vernichtung durch Weidetiere. — Die Blütenbiologie der Doldengewächse siehe bei Oenanthe aquatica (S. 131).

Standort und Verbreitung. In langsam fließenden Gewässern, Sümpfen, Gräben, Teichen, durch ganz Europa und Nordasien.

Gift und dessen Wirkung. Der Wasserschierling ist das giftigste unserer einheimischen Doldengewächse. Je nach der Jahreszeit und den klimatischen Verhältnissen ist seine Wirksamkeit jedoch eine verschiedene; am giftigsten ist der Wurzelstock im Frühjahre. — Am meisten zu Vergiftungen führt die Verwechselung des großen Wurzelstockes mit demjenigen von Sellerie oder mit Petersilienwurzeln; für Kinder ist der Wurzelstock besonders gefährlich, weil er süßlich schmeckt. — Sehr gefährlich ist die Pflanze auch für die Weidetiere, wenn sie die fleischigen Stengel und Wurzelstöcke verzehren, oder wenn Teile der Pflanze in das Heu kommen; das Gift wird durch das Trocknen nämlich nicht zerstört. In der Wurzel wurde ein nicht näher erforschtes Alkaloid: **Cicutin,** und als Träger der Giftwirkungen das **Cicutoxin** aufgefunden, eine amorphe, zähflüssige, in heißem Wasser lösliche Substanz, die in der trockenen Wurzel zu 3,5 Proz. enthalten ist. — Das **Cicutoxin** hat scharf narkotische Wirkungen mit schnell eintretendem, tödlichem Ausgange. Die Vergiftungserscheinungen, die mit Schluckbeschwerden, Steifheit der Zunge und Speichelfluß beginnen und mit Verlust des Bewußtseins und heftigen Krämpfen enden, treten meist nicht sofort nach dem Genusse, sondern erst nach einer Stunde ein.

 Tafel 68.

Giftiger Schierling. *Cicuta virosa L.*

1 Wurzelstock (seitlich aufgeschnitten) und grundständiges Blatt. 2 Sproß mit Blüten und Früchten. 3 Blüte. 4 Fruchtknoten mit Griffeln im Längsschnitt. 5 Samenträger mit Samen. 3, 4, 5 vergr.

Breitblätteriger Merk. Sium latifolium *(L.)*.

Tafel 69.

Fam.: **Doldengewächse. Umbelliferae.**

Soll *Síon* (gr.) des Dioskorides sein.
Coriandrum latifol. (Crantz).
Sumpf-Merk; Wasserpastinake.

Beschreibung. Ausdauernde Pflanze mit kriechendem Wurzelstocke und $^1/_2$ m hohen, aufrechten, dicken, hohlen, kantig-gefurchten, verästelten Stengeln. — Blätter gefiedert mit lanzettförmigen Spitzen, am Grunde ungleich scharf gesägten Blättchen und hohlen Blattstielen; die Stengelblätter kürzer gestielt oder sitzend (Fig. 1); die untergetauchten Blätter vielfach zerschlitzt. — Blüten in meist endständigen, zusammengesetzten Dolden. Hülle und Hüllchen vielblätterig. — Zwitterblüten und reine Staubblüten. — Kelch undeutlich oder fünfzähnig (Fig. 1). — Blumenkronblätter 5, eiförmig, an der Spitze einwärts gebogen, mit kurzem Nagel, weiß (Fig. 2). — Staubblätter 5, länger als die Blumenkronblätter; Staubfäden pfriemlich; Staubbeutel rundlich-eiförmig. — Fruchtknoten oval oder rundlich, mit zehn Riefen, zweifächerig mit je einer hängenden Samenanlage; Griffel 2, fadenförmig, bald kurz, bald lang; Griffelpolster mehr oder weniger gewölbt (Fig. 3). — Frucht länglich-oval, seitlich zusammengedrückt, Teilfrüchtchen dem Fruchtträger teilweise angewachsen, mit fünf gleichen, schmäleren oder breiteren, dicken Rippen. Die Furchen mit je drei Ölstriemen (Fig. 4, 5, 6).

Blütezeit: Juli, August.

Biologisches. Die ersten Dolden bestehen vorherrschend aus echten Zwitterblüten, zwischen denen ganz vereinzelt Staubblüten stehen; die später aufblühenden Dolden führen ausschließlich Staubblüten. — Die Zwitterblüten sind unvollkommen-erstmännlich (proterandrisch). Die Staubfäden legen sich einer nach dem anderen so, daß die Staubbeutel in der Mitte der Blüte stehen; dort wird einen Tag lang von jedem Staubblatte Blütenstaub ausgeboten. Nachher werden die Narben belegungsfähig; werden diese nun in den nächsten Tagen nicht durch Insekten mit Blütenstaub anderer Stöcke bestäubt, so erfolgt die Bestäubung durch die

Dolden mit reinen Staubblüten, die unterdessen an den jüngeren Trieben gebildet wurden. Diese Dolden sind über die älteren Dolden emporgewachsen, und zuweilen lösen sich an ihnen die Staubbeutel und fallen auf die Narben der Zwitterblüten herab. — Allgemeines über die Blütenbiologie der Doldengewächse siehe Oenanthe aquatica (S. 131).

Standort und Verbreitung. In Gräben und Sümpfen, auf nassen Wiesen, zerstreut durch ganz Europa; in manchen Gegenden Deutschlands selten oder ganz fehlend.

Gift und dessen Wirkung. Blätter und besonders die Wurzel gelten als giftig. Über die giftigen Eigenschaften und das Gift selbst ist Näheres nicht bekannt.

Breitblättriger Merk. *Sium latifolium L.*

1 Sproß mit Blüten und Früchten. 2 Blüte. 3 Blüte im Längsschnitt. 4 Früchtchen, vom Rücken gesehen. 5 Früchtchen, von der Seite gesehen. 6 Frucht im Querschnitt. 2 bis 6 vergr.

 Tafel 70.

Berte. *Berula angustifolia Koch.*

1 Pflanze mit Blüten und Früchten. 2 Blüte. 3 Frucht. 4 Frucht, quer durchschnitten. 2, 3, 4 vergr.

Berle. Berula angustifolia *(Koch)*.

Tafel 70.

Fam.: **Doldengewächse. Umbelliferae.**

Herkunft des für die Pflanze im Mittelalter gebräuchlichen Namens Berula ist unbekannt.

Sium angustifolium (L.), Sium erectum (Huds.).

Beschreibung. Ausdauernde Pflanze, die aus dem dichtfaserigen Wurzelstocke lange, runde, an den Knoten wurzelnde Ausläufer treibt (Fig. 1). — Stengel $^1/_4$ bis $^3/_4$ m hoch, hohl, kahl, sehr verästelt. — Blätter gefiedert, mit eiförmigen, ungleich-grob gesägten, sitzenden Blättchen, kahl, dunkelgrün, glänzend; Blattstiel am Grunde scheidig. — Blüte in gipfelständigen oder blattgegenständigen Dolden. — Hülle aus fünf großen, ungleichen, dreifach-fiederspaltigen Blättern; Hüllchen aus fünf ganzrandigen oder zwei- oder dreiteiligen kleineren Blättchen bestehend. — Zwitterblüten. — Kelch fünfzähnig, klein. — Blumenkronblätter 5, eiförmig, an der Spitze eingekerbt und nach innen umgebogen, weiß. — Staubblätter 5, mit pfriemlichen, nach außen gebogenen Staubfäden und ovalen, rötlichen Staubbeuteln (Fig. 2). — Fruchtknoten eiförmig, zweifächerig, mit je zwei hängenden Samenanlagen; Griffel fadenförmig; Griffelpolster kurz-kegelförmig, von einem breiten Raude umgeben. — Frucht rund; Fruchtträger mit den Teilfrüchtchen verwachsen, zweiteilig; Teilfrüchtchen mit fünf gleichen, fadenförmigen Rippen und vielen Ölstriemen, die von einer dicken, rindenartigen Fruchthülle überdeckt sind (Fig. 3 u. 4).

Blütezeit: Juli, August.

Biologisches. Die Vorgänge bei der Bestäubung sind dieselben wie bei Sium latifolium. Allgemeines über die Blütenbiologie der Doldengewächse siehe bei Oenanthe aquatica (S. 131).

Standort und Verbreitung. In Gräben und Bächen, an Teichrändern; durch ganz Europa bis zum Kaukasus; in manchen wasserreichen Gegenden Deutschlands häufig, in höheren Gebirgen seltener, in den Alpen bis 720 m vorkommend.

Gift und dessen Wirkung. Die Pflanze wird allgemein zu den als giftig verdächtigen gerechnet; über ihre Eigenschaften und Inhaltsstoffe ist wenig bekannt.

Wasserfenchel. Oenanthe aquatica *(Lam.)*.

Tafel 71.

Fam.: **Doldengewächse. Umbelliferae.**

Oinánthe (gr.) von *oína* (gr.), Weinstock, und *ánthos* (gr.), Blume, wurde bei den Griechen eine nach Weinblüten duftende Oenanthe genannt (Oenanthe pimpinellifol.).

Phellandrium aquaticum (L.); Oenanthe Phellandrium (Lam.).

Phellándrion (gr.) von *phéllos* (gr.), Kork, und *ándrion* (gr.), Männchen, bezeichnete bei den Griechen eine uns unbekannte Pflanze.

Roßkümmel; Pferdesamen; Wasserkerbel.

Beschreibung. Zweijährige Pflanze, mit verdickter Wurzel, an der unter dem Wasserspiegel quirlförmig haar- und fadenförmige Wurzeln entspringen (Fig. 1). — Stengel sehr dick, rund, aufrecht, bis $1^1/_2$ m hoch. Der untere im Wasser stehende Teil ist geringelt, mit kurzen Gliedern, an denen Wurzeln hervorbrechen; der obere Teil des Stengels ist hin und her gebogen, abstehend verästelt, kahl, mit Längsriefen; innen mit großem, meist hohlem Mark (Fig. 2). — Blätter zerstreut stehend, langgestielt; Stiel am Grunde scheidig, kantig, oberseits rinnig; Blattspreite zurückgebogen, drei- bis mehrfach fiederteilig; Fiederblättchen eiförmig, eingeschnitten-gesägt; Zipfel spitz mit Stachelspitze. — Blüten in endständigen oder blattgegenständigen, vielstrahligen Dolden. — Hülle fehlt; Hüllchen vielblätterig, aus kleinen pfriemlichen Blättchen bestehend (Fig. 2). — Zwitterblüten. — Kelch fünfzähnig, bleibend. — Blumenkrone fünfblätterig, weiß; Blättchen eiförmig, an der Spitze eingekerbt und nach innen umgebogen. — Staubblätter 5; Staubfäden pfriemlich, länger als die Blumenkronblätter; Staubbeutel rundlich, am Rücken angeheftet, zweifächerig, rötlich (Fig. 3). — Fruchtknoten umgekehrt-eiförmig, seitlich etwas zusammengedrückt, zweifächerig, mit je einer hängenden Samenknospe; Griffel 2, auseinander gebreitet; Griffelpolster kegelförmig (Fig. 4). — Frucht länglich, fast rund; Teilfrüchte zusammenhängend, dem Fruchtträger angewachsen, mit fünf wenig hervortretenden stumpfen Rippen; in den Furchen je eine Ölstrieme (Fig. 5 und 6).

Blütezeit: Juli, August.

 Tafel 71.

Wasserfenchel. *Oenanthe aquatica Lam.*

1 Wurzelstock und Hauptstengel. 2 Blühender Sproß. 3 Blüte. 4 Fruchtknoten mit Narbe. 5 Frucht im Längsschnitt. 6 Frucht im Querschnitt. 3 bis 6 vergr.

Biologisches. Verbreitung der Samen durch Wasservögel, an deren Gefieder die schwimmenden Samen hängen bleiben.

Die Bestäubungsverhältnisse sind bei dem größten Teile der Doldengewächse (Umbelliferen) dieselben.

Die sehr kleinen aber sehr zahlreichen Blüten werden erst in ihrer Gesamtheit, zu einer Dolde vereinigt, auffallend. Meist fällt den am Umfang der Dolde stehenden Blüten und auch diesen nur durch Vergrößerung ihrer nach außen stehenden Blumenblätter, die Aufgabe zu, die Dolde noch weiter sichtbar zu machen. — Durch den Aufbau der Blüte auf einer wenig vertieften Scheibe und durch den offen dargebotenen Honig, der von einem, den Fruchtknoten umgebenden Polster abgeschieden wird, sind die anfliegenden Käfer, Fliegen, Wespen und Bienen in den Stand gesetzt, viele Blüten bei einmaligem Besuche zu bestäuben. Die Blüten der Dolden blühen von außen nach innen auf; neben echten Zwitterblüten finden sich außen scheinzwitterige Fruchtblüten und in der Mitte reine Pollenblüten; auch treten ganze Dolden auf, die nur Fruchtblüten enthalten. — Die Zwitterblüten sind bei den meisten Gattungen erstmännlich (proterandrisch); bei der Reife der Staubbeutel, die sich nach außen öffnen, neigen sich die Staubfäden einzeln und der Reihe nach über die Mitte der Blüte, um sich nach Abnahme des Blütenstaubes wieder nach außen zu krümmen. Erst wenn die Staubblätter fast sämtlich verblüht sind, werden die Narben belegungsfähig. So ist bei den Blüten der meisten Doldengewächse durch zeitliche und räumliche Trennung von Staubbeuteln und Narben der Eigenbestäubung möglichst vorgebeugt. — Nach der Befruchtung neigen sich bei den meisten Doldengewächsen die Blütenstiele nach innen zusammen und verhindern dadurch, daß die noch jungen Früchte zu früh von der Mutterpflanze abgetrennt werden. — Reif sind die Früchte bei den meisten Doldengewächsen mit widerhakigen Borsten versehen, zum Anheften an Haare und Federn der Tiere, wodurch die Verbreitung der Pflanze auf weite Strecken ermöglicht wird.

Standort und Verbreitung. In Gräben, Teichen, nassen Wiesen, an Flußniederungen, meist an etwas beschatteten Stellen; durch ganz Europa und Nordasien.

Gift und dessen Wirkung. Der Wasserfenchel schmeckt und riecht unangenehm scharf aromatisch. Von einigen wird die Pflanze, besonders die Früchte und die Wurzeln als giftig angesehen; andere halten diese Pflanze jedoch für nicht giftig; wahrscheinlich wird der verschiedenartige Standort seinen Einfluß auf den Giftgehalt der Pflanze ausüben. Jedenfalls muß sie als sehr giftverdächtig angesehen werden.

— Als Träger der giftigen Eigenschaften wurde das „Phellandrin“ bezeichnet; außerdem enthält die Pflanze (besonders die Samen) ein ätherisches Öl von durchdringendem Geruch, dessen Hauptbestandteil auch Phellandrin ist; dieses soll aber keineswegs der Träger des Giftes sein. — Das giftige „Oenanthotoxin“, welches von einigen als im Kraute der Pflanze vorkommend angegeben wurde, ist bis jetzt in ihr mit Sicherheit noch nicht nachgewiesen (s. Oenanthe fistulosa). — In der Heilkunde werden benutzt: die im August gesammelten reifen Früchte (Fructus Phellandrii).

Röhrige Pferdesaat. *Oenanthe fistulosa L.*

1 Blühender Sproß. 2 Fruchttragender Sproß. 3 Blüte von der Seite. 4 Blüte von oben. 5 Frucht. 3, 4, 5 vergr.

Röhrige Pferdesaat. Oenanthe fistulosa *(L.)*.

Tafel 72.

Fam.: **Doldengewächse. Umbelliferae.**

Oenanthe siehe Oenanthe aquatica.

Beschreibung. Ausdauernde Pflanze (Fig. 1) mit gegliedertem, ästigem, im Boden wagerecht wachsendem Wurzelstocke und büschelig stehenden Wurzeln, mit rübenförmig verdickten Fasern. — Stengel $^1/_2$ bis 1 m hoch, aufrecht, röhrig, glatt, Ausläufer treibend. — Blätter mit röhrigen, am Grunde scheidigen Stielen. Spreite der Grundblätter meist doppelt gefiedert, dreilappig oder einfach, die der Stengelblätter einfach, lineal-lanzettlich, ganzrandig. — Blüten in zusammengesetzten Dolden. Hauptdolde meist dreistrahlig, fruchtbar; die Nebendolden drei- bis siebenstrahlig, unfruchtbar. Dolde ohne, Döldchen mit lanzettlichen Hüllblättchen. — Zwitterblüten weiß. — Kelch fünfzähnig, bleibend. — Blumenkronblätter 5, weiß oder rötlich angelaufen, eiförmig, an der Spitze eingekerbt und nach innen gebogen; diejenigen der Randblüten strahlend (Fig. 3 und 4). — Staubblätter 5, vor dem Aufblühen einwärts gebogen, mit fadenförmigen Staubfäden und gelben, eiförmigen Staubbeuteln (Fig. 3). — Fruchtknoten zylindrisch, zweifächerig, mit zwei langen Griffeln; Griffelpolster kegelförmig (Fig. 5). — Frucht kreiselförmig, an der Spitze die langen Griffel tragend; Teilfrüchte zusammenhängend; an undeutlich erkennbarem Fruchtträger, mit fünf stumpfen Rippen; Furchen durch die nahe aneinander gerückten Rippen verdeckt, mit je einer Ölstrieme.

Blütezeit: Juni bis August.

Biologisches siehe Oenanthe aquatica.

Standort und Verbreitung. In Sümpfen und auf überschwemmten Wiesen, durch ganz Europa zerstreut vorkommend.

Gift und dessen Wirkung. Die Pflanze wird überall als stark giftverdächtig angegeben. Es sind einige Fälle bekannt, wo Vergiftungen mit tödlichem Ausgange durch Genuß von Teilen der Pflanze vorgekommen sind. In dem Safte der Pflanze ist das **Oenanthotoxin** nachgewiesen, ein Gift, welches dem Coniin an heftiger Wirkung gleichkommt, und welches in besonders hohem Maße in Oenanthe crocata, einer Pflanze des westlichen und südlichen Europa (England, Frankreich, Südnorwegen) vorkommt.

Hundspetersilie. Aethusa cynapium (*L.*).

Tafel 73.

Fam.: Doldengewächse. Umbelliferae.

Aethusa von *áitho* (gr.), brennen, glänzen; cynapium von *kýon* (gr.), Hund und *ápion* (gr.), Petersilie.

Glanzpetersilie, Gleiße.

Beschreibung. Einjährige Pflanze mit einfacher, dünner, spindelförmiger Wurzel (Fig. 1). — Stengel 10 cm bis 1 m hoch, rund, hohl, fein gestreift, bereift, gabelig verästelt, kahl (Fig. 2). — Blätter gestielt; Stiel ganz eine offene Scheide bildend; Blattspreite der jungen Pflanze einfach, dreiteilig, der älteren Pflanze dreifach gefiedert (Fig. 1). Blättchen fiederspaltig eingeschnitten, mit feiner Haarspitze, kahl, oberseits dunkelgrün, unterseits heller und stark glänzend, beim Zerreiben stark und unangenehm riechend. — Blüten in langgestielten, dem Blatte gegenüberstehenden Dolden. Dolden flach, vielstrahlig, ohne Hülle. Döldchen vielblütig, mit ungleich langen Blütenstielchen, mit einem Hüllchen, das aus drei linealischen, nach außen gerichteten und schräg abwärts gekehrten Blättchen besteht. — Zwitterblüten. — Kelch fünfblätterig, verwachsen, mit undeutlichem Rande. — Blumenkrone fünfblätterig, weiß, Kronblätter eiförmig, an der Spitze eingekerbt und eingebogen, die äußeren etwas strahlend (Fig. 3). — Staubblätter 5, etwas länger als die Blumenkronblätter; Staubfäden pfriemlich, an der Spitze etwas einwärts gebogen. Staubbeutel eiförmig. — Fruchtknoten eiförmig, zweifächerig, mit je einer Samenanlage (Fig. 5). — Frucht (Fig. 4 u. 5) kugelig-eiförmig; Fruchtträger zweiteilig, Teilfrucht mit fünf dicken, hohen, scharf gekielten Rippen; in den Furchen je eine Ölstrieme (Fig. 6). — Same halbkugelig. — Die Pflanze ändert ab und findet sich auf Äckern in Zwergform, kaum fingerlang: Aethusa pygmaea (Koch), als hochwachsende, bis 1,20 m hohe Form mit kurzen Hüllblättchen: Aethusa elata (Friedl.) und in anderen Formen.

Die Hundspetersilie unterscheidet sich von der echten Petersilie durch den unangenehmen, nicht gewürzhaften Geruch, durch die nach außen stehenden, aus drei Blättchen bestehenden, abwärts gewandten Hüllchen der Döldchen, die bei der echten Petersilie

Hundspetersilie. *Aethusa cynapium L.*

1 Junge Pflanze. 2 Sproß mit Blüten und Früchten. 3 Blüte. 4 Frucht. 5 Frucht im Längsschnitt. 6 Frucht im Querschnitt. 3 bis 6 vergr.

aus sechs bis acht kurzen, pfriemlichen Deckblättern besteht, durch die glänzenden Blätter und durch ihr schnelleres Wachstum, wodurch sie, mit Petersilie gemischt wachsend, diese schnell überragt. Wählt man zur Aussaat im Garten Samen der krausblätterigen Petersilie, so kann beim Pflücken der Blätter eine Verwechselung mit etwa wild aufgewachsener Hundspetersilie nicht vorkommen, da diese keine krausblätterige Abart hat.

Blütezeit: Juni bis Herbst.

Biologisches. Die Blüten sind im Gegensatz zu denen der meisten Doldengewächse erstweiblich (proterogyn); beim Öffnen der Blüte sind die Narben schon befruchtungsfähig, die Staubbeutel aber noch geschlossen und die Staubfäden wie eine Uhrfeder unter den Blumenkronblättern zusammengerollt. — Die Blütenbiologie der Doldengewächse siehe Oenanthe aquatica (S. 131).

Standort und Verbreitung. Als Unkraut in Gärten und Feldern überall, auf bebautem Lande und auf Schutthaufen durch ganz Europa.

Gift und dessen Wirkung. Die Ansichten über die Giftigkeit der Pflanze gehen sehr auseinander; während einzelne dieselbe für harmlos halten, gilt sie bei anderen als starke Giftpflanze. Es sind eine ganze Reihe von Vergiftungsfällen, sogar solche mit tödlichem Ausgange, bekannt. Es ist noch nicht ermittelt, welcher Stoff als Träger der giftigen Eigenschaften anzusehen ist. Alkaloide fehlen in der Pflanze; das Vorhandensein eines von einigen angegebenen flüssigen Alkaloides ist nicht bestätigt worden; ebensowenig dasjenige des Cynapins.

Taumelkerbel. Chaerophyllum temulum *(L.)*.

Tafel 74.

Fam.: **Doldengewächse. Umbelliferae.**

Chaerophyllum: die Angaben zur Ableitung dieses Wortes sind sehr verschieden und unsicher; temulum betäubend.

Myrrhis temula (All.). Scandix temula (Roth).

Kälberkropf.

Beschreibung. Zweijährige Pflanze mit spindelförmiger, rötlichgelber Wurzel (Fig. 1). — Stengel aufrecht, 40 bis 80 cm hoch, rund, fein gerieft, hohl, unter den Gelenken verdickt, in seiner ganzen Länge purpurrot gefleckt, in den unteren Teilen durch steife Haare rauh, oben anliegend behaart (Fig. 1 u. 2). — Blätter unten doppelt, oben dreifach fiederschnittig, mit fiederteiligen Abschnitten und ungleich gekerbten Lappen. Blattstiele der Stengelblätter scheidig, oberseits rinnenförmig, mit kurzen Haaren besetzt. — Blüten in end- und blattgegenständigen sechs- bis zwölfstrahligen, flachen Dolden, meistens ohne Hülle; Döldchen mit sechs- bis achtblätterigen Hüllchen, deren zurückgeschlagene, lanzettförmige Blättchen mit feiner Spitze. — Zwitterblüten. — Kelch mit undeutlichem Rande. — Blumenkronblätter 5, weiß, eiförmig, an der Spitze eingekerbt und einwärts gebogen (Fig. 3 u. 4); die äußeren Blätter größer. — Staubblätter 5, etwas länger als die Blumenkrone; Staubfäden und Staubbeutel weiß. — Fruchtknoten länglich, seitlich zusammengedrückt, zweifächerig. Griffel kurz zurückgekrümmt, so lang wie das Griffelpolster (Fig. 5). — Frucht länglich, seitlich zusammengedrückt; Fruchtträger zweiteilig, frei. Teilfrüchtchen mit fünf gleichen, flachen Rippen, in den Furchen je eine Ölstrieme.

Blütezeit: Mai, Juni.

Biologisches. Durch ein, wenn auch nur schwaches Gift ist die Pflanze, die sich außerdem gern im Schutze der Dornhecke ansiedelt, gegen Tierfraß geschützt. — Allgemeines über die Blütenbiologie der Doldengewächse siehe bei Oenanthe aquatica (S. 131.) — Die Blütenstiele krümmen sich des Nachts und bei Regenwetter zum Schutze der Blüten herab.

Standort und Verbreitung. An Zäunen, in Hecken und Gebüschen durch ganz Europa.

Gift und dessen Wirkung. Die Pflanze wird allgemein für giftig erklärt, obschon bestimmt nachgewiesene Fälle von Vergiftungen nicht verzeichnet sind. Jedenfalls wird man sie zu den als giftig verdächtigen Pflanzen stellen dürfen.

 Tafel 74.

Taumelkerbel. *Chaerophyllum temulum L.*

1 Wurzel mit Grundblatt. 2 Blühender Sproß. 3 Blüte. 4 Blumenkronblatt. 5 Frucht. 3, 4, 5 vergr.

Gefleckter Schierling. Conium maculatum *(L.).*†

Tafel 75.

Fam.: Doldengewächse. Umbelliferae.

Kóneion (gr.) bei Theophrast ist unsere Cicuta virosa.
Cicuta maculata (Lam.). Coriandrum maculatum (Roth).
Erdschierling; Wüterich; Teufelspeterlein.

Beschreibung. Zweijährige Pflanze mit weißer, spindelförmiger Wurzel. — Stengel bis 2 m und darüber hoch, aufrecht, rund, hohl, an den Knoten geschlossen, undeutlich gefurcht, bläulich bereift, am unteren Ende unregelmäßig purpurrot gefleckt (Fig. 1); vielfach verästelt; Äste blattwinkelständig, gabelteilig rot gefleckt (Fig. 2). — Blätter gestielt; Stiel mit scheidigem, rinnenförmigem Grunde. Blattspreite der unteren Blätter sehr groß, etwa $1^{1}/_{2}$ m lang, nach oben kleiner werdend, bis zu 5 cm, dreifach gefiedert; Blättchen länglich, fiederspaltig oder tiefgezähnt, etwas stachelspitzig. — Blüten in flachen, 12- bis 20strahligen Dolden (Fig. 2); Hülle fünfblätterig, zurückgeschlagen, mit lanzettförmlichen, spitzen Blättchen. — Hüllchen drei- bis vierblätterig, einseitig nach außen gerichtet, Blättchen eiförmig, am Grunde verwachsen, am Rande häutig (Fig. 3). — Zwitterblüten. — Kelch ohne Randzähne. — Blumenkronblätter 5, weiß oder gelblichweiß, umgekehrt-herzförmig, an der Spitze gekerbt und mit kurzer, einwärts gebogener Spitze, gar nicht oder in den Randblüten kaum strahlig. — Staubblätter 5, in der Knospe einwärts gebogen; Staubfäden weiß, Staubbeutel rundlich, am Rücken angeheftet (Fig. 4). — Fruchtknoten zweifächerig; Griffel kurz und aufrecht oder länger und zurückgebogen; Narbe stumpf; Griffelpolster zweilappig, grünlichweiß, gewölbt, am Rande gekerbt. — Frucht (Fig. 5, 6 u. 7) eiförmig, grünlichbraun, seitlich zusammengedrückt. Fruchtträger an der Spitze zweispaltig; Teilfrüchtchen eiförmig mit fünf gleichen, wellenförmig gekerbten Rippen; Furche ohne Ölstriemen, an der Fugenseite gewölbt und mit Längsfurche.

Blütezeit: Juli, August.

Biologisches. Stengel und Blätter enthalten Gift und besitzen einen widerlichen, mäuseartigen Geruch, beides Schutzmittel gegen Tierfraß. Allgemeines über die Blütenbiologie der Doldengewächse siehe Oenanthe aquatica (S. 131). — Die honigduftenden Blüten sind erstmännlich (proterandrisch). — Die Staubfäden liegen anfangs horizontal zwischen den Blütenblättern. Sobald die nach oben sich öffnenden Staubbeutel reif werden, heben sich die Staubfäden nacheinander über die noch unentwickelten Griffel und kehren nach Entlassung des Blütenstaubes wieder in die frühere Lage zurück. Erst nachdem die Staubblätter abgefallen sind, richten sich die Griffel mit den knopfförmigen Narben auf. — Durch den Honigduft der Blüte werden Bienen, Fliegen und Käfer angelockt.

Standort und Verbreitung. An feuchten, schattigen Stellen von Mauern und Hecken, auf Schutt; durch ganz Europa, mit Ausnahme des hohen Nordens; ferner in Nord-, Mittel- und Westasien, überall zerstreut; in einzelnen Teilen des Gebietes (z. B. in der Schweiz) fehlt die Pflanze gänzlich, in anderen (z. B. in Ungarn) findet sie sich massenhaft.

Gift und dessen Wirkung. Alle Teile der Pflanze sind mehr oder weniger giftig, am meisten die Früchte, am wenigsten die Wurzel, die letztere nur im Frühjahre; das Kraut besonders im Sommer bis Juni. In allen Teilen der Pflanze sind giftige Alkaloide nachgewiesen, unter denen das **Coniin** ($C_8H_{17}N$) die Hauptbase ist; außer diesem findet sich noch als Begleitalkaloid das viel giftigere **Conicein** ($C_8H_{15}N$), ferner das **Methylconiin** ($C_9H_{19}N$), das gleichfalls giftige **Conhydrin** ($C_8H_{17}NO$), das **Pseudoconhydrin** und andere. Das **Coniin** ist in reinem Zustande eine ölige, farblose, leicht flüchtige Flüssigkeit, die sich an der Luft schnell unter Braunfärbung zersetzt, und welche den der ganzen Pflanze eigentümlichen, mäuseartigen Geruch besitzt. — In den Früchten ist dieses Alkaloid nur in den inneren Schichten der Schale zu 0,8 bis 1,3 Proz. enthalten. Das Coniin wirkt sehr giftig, besonders auf das Rückenmark und die Nerven des Herzens und der Atmungsorgane. Schwindel, Lahmheit in den unteren Gliedmaßen, Atmungsstörungen, Sinken des Pulses treten im Beginne der Giftwirkung auf, die nach einer bis drei Stunden unter Krämpfen und allgemeiner Lähmung, meist ohne Schmerzen zum Tode führt. Vergiftungen können vorkommen durch Verwechselung der Samen mit denen anderer im Haushalte des Menschen benutzter Doldenfrüchte (z. B. Anis) und durch Verwechselung der Wurzeln mit denen der Petersilie oder der Pastinake. Im Altertum sollen die Gifttränke, mit denen auch Sokrates, Phaion und andere ihr Leben endeten, als Hauptbestandteil den Saft von Conium maculatum enthalten haben. — In der Heilkunde werden benutzt: die Blätter und die blühenden Spitzen der Pflanze (Herba Conii), früher auch die Früchte (Fructus Conii).

 Tafel 75.

Gefleckter Schierling. *Conium maculatum L.*

1 Stück des Stengels. 2 Blühender Sproß. 3 Döldchen, von unten gesehen. 4 Blüte. 5 Frucht. 6 Frucht im Längsschnitt. 7 Frucht im Querschnitt. 3 bis 7 vergr.

Efeu. Hedera Helix *(L.)*.

Tafel 76.

Fam.: **Efeugewächse. Araliaceae.**

Hedera, nach einigen Autoren von *hédra* (gr.), Sitz, weil die Pflanze sich auf der Unterlage festklammert, nach anderen vom keltischen hedea = Strick, mit der Wurzel „hed", greifen. Helix von *hélix* (gr.) = Windung, wegen der windenden Stengel.

Efeu = Ewig Heu; in alten Schriften Ive, Iben, Eifen.

Beschreibung. Kletternder, immergrüner Strauch, der sich entweder am Boden ausbreitet oder mit Haftwurzeln an Bäumen und Mauern emporklettert. — Stamm in warmen Gegenden armdick werdend. Die im Alter erscheinenden fruchtbaren Äste ragen, nicht an der Unterlage durch Haftwurzeln befestigt, frei in die Luft und bilden im Laufe der Zeit eine größere oder kleinere runde Krone. — Blätter abwechselnd, lederartig, bleibend, kahl, oberseits dunkelgrün, unterseits hellgrün, auf langen, unbehaarten Stielen; an den unfruchtbaren Zweigen (Fig. 1) mehr oder weniger fünflappig, am Grunde herzförmig; an den fruchtbaren Zweigen (Fig. 2) ungeteilt, breit-eiförmig oder elliptisch oder undeutlich dreilappig, am Grunde abgerundet. — Blüten in endständigen, langgestielten, einzeln stehenden oder zu einer Rispe vereinigten, behaarten Dolden. — Zwitterblüten. — Kelchblätter 5, mit dem Fruchtknoten verwachsene, mit fünf kleinen, bleibenden Zähnen. — Blumenkronblätter 5, länglich-eiförmig, spitz, gelbgrün, mit breitem Grunde, dem Fruchtknoten aufsitzend (Fig. 3), auf der Oberseite mit hervortretender Mittelrippe. — Staubblätter 5, frei; Staubfäden pfriemlich, weiß; Staubbeutel am Rücken angeheftet (Fig. 4). — Fruchtblätter 5, in einem fünffächerigen, oben kegelförmigen Fruchtknoten verwachsen (Fig. 5). Griffel kurz, zylindrisch, mit fünf wenig hervortretenden Narben. — Frucht eine erbsengroße, kugelige, schwarze, glänzende, fünffächerige Steinbeere mit meist zwei bis drei Samen (Fig. 6). — Same verhältnismäßig groß, weiß, mit dünnwandiger Schale (Fig. 5). — Der Efeu kommt sowohl wild als auch in Kultur in vielen Abarten vor, von denen die bekanntesten sind: Hedera hibernica, schottischer Efeu mit größeren Blättern; Hedera canariensis, auf den Kanarischen Inseln mit sehr großen Blättern; Hedera chrysocarpa, gelbfrüchtiger Efeu, in Italien und Südfrankreich vorkommend, mit goldgelben Schuppen an den Blüten und Früchten. Hedera arborea ist nur eine in der Kultur aus Stecklingen von Blütenzweigen erzeugte Form, die in Wuchs und Blattbildung nicht zur Jugendform zurückkehrt, sondern die Tracht des fruchtbaren Zweiges dauernd beibehält.

Blütezeit: Ende August und September; Fruchtreife im folgenden Frühjahre.

Biologisches. Die Pflanze hat zweierlei Sprosse: 1. solche, die an der Erde und der Borke alter Baumstämme hinkriechen: Schattentriebe und 2. solche, die an der äußersten Spitze alter Efeustöcke entspringen: Lichttriebe. Die ersteren entwickeln Haftwurzeln und tragen mattes, weiß geadertes, gelapptes Laub, das infolge seiner mosaikartigen Lagerung auf dem Untergrunde des Waldes das Licht möglichst auszunutzen sucht, die letzteren bilden keine Haftwurzeln, und ihr glänzendes, nicht geadertes Laub ist herzförmig. Alle Blätter sind durch eine starke Oberhaut gegen zu starke Verdunstung und durch einen bitteren Giftstoff gegen Tierfraß geschützt. Sie sind lederartig, immergrün, so daß sie auch im Winter, wenn die über ihnen stehenden Waldbäume entlaubt sind, das Licht zur Assimilation ausnutzen können. — Nur die Lichttriebe tragen Blütendolden. Die stark faulig duftenden, unscheinbaren Blüten sind erstmännlich; sie bieten den Honig offen dar und werden durch Fliegen befruchtet. — Die Samen werden von Vögeln (Drosseln, Grasmücken) verzehrt und verschleppt.

Standort und Verbreitung. In ganz Europa und Nordafrika, im Orient, im Himalaja, in Mittelasien bis nach Nordostasien, auf den Azoren und den Kanarischen Inseln; auf dem Boden kriechend oder an Bäumen und Mauern emporkletternd.

Gift und dessen Wirkung. Die Blätter und Beeren schmecken bitter; die ganze Pflanze, besonders die schwarzen Beeren enthalten einen Stoff, der eine stark brechenerregende und heftig purgierende Wirkung ausübt. Ob und inwieweit dabei das in den Blättern und Samen gefundene Hederaglykosid: **Hederin** ($C_{64}H_{104}O_{19}$ [?]) oder das in der Pflanze enthaltene Harz, welches im Süden aus den älteren Stämmen ausfließt („Gummi hederae“) beteiligt ist, bleibt noch nachzuweisen.

 Tafel 76.

Efeu. *Hedera Helix L.*

1 Kriechender Sproß. 2 Aufrechter, blühender Sproß. 3 Blüte. 4 Blüte im Längsschnitt. 5 Fruchtknoten mit Griffel. 6 Fruchtstand. 7 Same, nat. Größe u. vergr. 3, 4, 5 vergr.

Europäische Haselwurz. Asarum europaeum *(L.)*.

Tafel 77.

Fam.: **Osterluzeigewächse. Aristolochiaceae.**

Asarum von *Ásaron* (gr.), zweiglos, *a*-privativum und *sáron* (gr.) Zweig. Haselwurz, weil die Pflanze gern unter Haselsträuchern wächst.

Beschreibung. Ausdauernde, krautartige Pflanze (Fig. 1), mit bleistiftdickem, über den Boden kriechendem, behaartem, deutlich gegliedertem Wurzelstocke, der an den einjährigen Trieben mit gelblich-grünen Schuppenblättern besetzt ist und der an den Knoten nach unten dünne Wurzeln treibt. — Blätter (Fig. 1) langgestielt, behaart, nierenförmig, an der Spitze abgestutzt oder eingekerbt, fleischig, ausdauernd, oberseits glänzend. — Blüte (Fig. 1 u. 2), an der Spitze der Triebe entstehend, überhängend, kurzgestielt. — Zwitterblüte ohne Kelch und Blumenkrone, die durch eine glockenförmige, unten verwachsene, oben in drei zurückgeschlagene Zipfel auslaufende Hülle ersetzt werden. — Staubblätter 12, frei (Fig. 3), auf dem Fruchtknoten um den Griffel stehend; Staubfäden (Fig. 4), frei, über die Staubbeutel in einen pfriemlichen Fortsatz verlängert; Staubbeutel zweifächerig, Fächer nach außen längsaufspringend. — Fruchtknoten (Fig. 3), mit dem unteren Teile der Hülle verwachsen, sechsfächerig (Fig. 6), mit vielen Samenanlagen; Griffel eine kurz säulenförmige Griffelsäule bildend (Fig. 5); Narbe groß, sechsteilig. — Frucht (Fig. 7) eine sechsfächerige, unregelmäßig aufspringende Kapsel, die noch von der Blütenhülle bedeckt ist. — Same (Fig. 8) eiförmig, mit häutiger Schale und großer, fleischiger, längslaufender Keimwarze.

Blütezeit: März bis Mai, in höheren Lagen auch noch später.

Biologisches. Die großen, flachen, zum Auffangen von möglichst vielen Lichtstrahlen eingerichteten Blätter kennzeichnen die Pflanze als Schattengewächs. — Die Farbe und der aasartige Duft der Blüten ziehen zahlreiche kleine Fliegen solcher Arten an, die gewöhnlich auf Tierkadavern sich aufhalten. — Die Blüten sind erstweiblich (proterogyn). Die Blütenhülle bildet einen Hohlkegel. Sie öffnet sich zuerst durch drei enge Spalten nur soweit, daß sich zwischen den drei Perigonzipfeln drei enge Eingangspforten für kleine Insekten ausbilden. Dicht hinter diesen Spalten stehen die Narben; Fliegen, die von einer älteren Blüte mit Blütenstaub beladen ankommen, müssen notwendig einen Teil desselben auf der Narbe zurücklassen. Erst später, wenn die Narbe belegt ist, öffnet sich die Blüte vollständig. — Die Früchte besitzen eine seitliche Nabelschwiele, die von den Ameisen gern abgefressen wird; diese Tiere schleppen die Samen zu ihren Nestern oder lassen sie, nachdem die Nabelschwiele abgefressen ist, auf dem Wege dorthin liegen und sorgen so für die Verbreitung der Pflanze.

Standort und Verbreitung. In schattigen Laubwäldern, unter Gebüsch, besonders in Gebirgsgegenden; in ganz Europa und Nordasien; in Deutschland in den östlichen Gegenden mehr als in den westlichen.

Gift und dessen Wirkung. Die Pflanze, besonders die Wurzel derselben, wirkt brennend und stark brechenerregend und muß, wie Versuche an Tieren erwiesen haben, den scharf wirkenden Giftpflanzen zugezählt werden, wenn auch über Vergiftungsfälle bei Menschen keine Mitteilungen vorliegen. Ob das in ihr enthaltene zu den Benzolderivaten gehörige: **Asaron** ($C_{12}H_{16}O_3$) giftig ist, oder welchem Inhaltsstoffe der Pflanze die Giftwirkung zukommt, bleibt noch nachzuweisen. — In der Heilkunde wurde früher benutzt: der Wurzelstock (Radix Asari).

 Tafel 77.

Europäische Haselwurz. *Asarum europaeum L.*

1 Blühende Pflanze. 2 Blüte. 3 Blüte im Längsschnitt. 4 Lage der Fruchtblätter und Staubblätter in der Blütenknospe. 5 Die Griffelsäule. 6 Fruchtknoten im Querschnitt. 7 Frucht. 8 Same. 2 bis 8 vergr.

Mistel. Viscum album *(L.)*.

Tafel 78.

Fam.: **Mistelgewächse. Loranthaceae.**

Viscum von Viscus, Vogelleim; Mistel vom althochdeutschen „Mistil".

Beschreibung. Ein kleiner, als Schmarotzer auf Laub- und Nadelhölzern wachsender, gabelästiger Strauch, mit kurzem, dickem Stamm (Fig. 1). Jedes Glied der Gabel endet in einer meist blütentragenden Spitze. Unter dieser entspringen in den Achseln zweier Blätter zwei neue Äste. Zweige an den Stengelgliedern leicht abbrechend, mit dicker, grüner Rinde. — Blätter breit-zungenförmig, lederig, fast zwei Jahre bleibend, zu zwei gegenständig an der Spitze der Sprosse, von zwei bis drei derben Längsnarben durchzogen. — Blüten (Fig. 1), auf kurzen Sprossen am Ende der Zweige, in den Achseln kleiner Hochblätter entstehend. — Blüten dioecisch. — Staubblüten (Fig. 2). — Kelch fehlt. — Blütenhülle fleischig, gelb, unten verwachsen, oben vier-, zuweilen dreiteilig, mit aufrechten, dreieckigen oder elliptischen Zipfeln. — Staubblätter 4, ohne Staubfäden, Staubbeutel den Zipfeln der Blütenhülle angewachsen. — Fruchtblüten (Fig. 3 u. 4) ohne Kelch; Blütenhülle gelb, fleischig, unten verwachsen, oben mit vier freien Zipfeln. — Fruchtknoten eiförmig, unterständig, einfächerig, mit einer Samenanlage; Griffel fehlt; Narbe sitzend. — Frucht (Fig. 1 u. 5) eine einsamige, zuerst grüne, nachher weiße, saftige Beere. — Samen (Fig. 6) dreieckig, weiß, am Grunde genabelt, in der Beere mitten in einer weißlichen, klebrigen Substanz liegend.

Blütezeit: März, April.

Biologisches. Die Mistel ist eine grüne, selbst assimilierende Schmarotzerpflanze, die ihrem Wirte nur Wasser und in diesem gelöste unorganische Nährsalze entnimmt. Bei der Keimung der durch Vögel an die Äste angehefteten Samen biegt sich das grün gefärbte hypocotyle Glied des Keimlings der Unterlage zu, und verbreitert sich zu einer Haftscheibe, aus deren Mitte sich die erste „Senkerwurzel" entwickelt. Diese dringt durch die Rinde senkrecht bis zur Astachse vor. Im folgenden, dem zweiten Jahre, entspringen senkrecht zu ihr mehrere grüne Wurzelstränge, die parallel mit der Astachse unter der Rinde verlaufen. Von diesen „Rindenwurzeln" zweigen sich nun alljährlich im rechten Winkel, also wieder senkrecht zur Astachse, Senkerwurzeln zweiten Grades ab, die, Bast und Cambium durchbrechend, jedesmal bis zum Holzkörper vor-, aber nicht in denselben eindringen. Beim Dickenwachstum des Baumes werden die Senkerwurzeln von dem Holzkörper umwachsen und eingeschlossen, aber nicht von der Rindenwurzel abgeschnürt, da sie in der Gegend des Astcambiums jahrzehntelang wachstumsfähig bleiben und sich dort in dem Maße verlängern, wie der Ast sich verdickt. — Die lederartigen, fleischigen Blätter schützen die Pflanze im Winter vor zu starkem Wasserverlust. — Zweihäusige Pflanze mit unscheinbaren, früh sich öffnenden Blüten. Die Stöcke mit Fruchtblüten und diejenigen mit Staubblüten kommen meist auf demselben Baume dicht nebeneinander vor. Die Blüten enthalten Honigdrüsen und locken die Insekten auch durch ihren süßlichen Duft an. — Bestäuber sind meist Fliegen. — Die im Mai angelegten Fruchtknoten sind erst im Herbst voll entwickelt und werden im März oder April des folgenden Jahres bestäubt. Die Beeren entwickeln sich nun langsam, und die Samenreife tritt erst Ende des Jahres (gegen Weihnachten) ein. — Die Verbreitung der weißen Lockbeeren, deren Samen von einer klebrigen Hülle (Vogelleim) umgeben sind, erfolgt durch die Vögel, vor allem durch die Drosseln.

Standort und Verbreitung. In Europa, Nordasien und Japan. In Nordeuropa seltener, jedoch noch im mittleren Schweden und im südlichen Norwegen. Die Pflanze kommt allgemein auf Laub- und Nadelhölzern vor. Es sind jedoch deutlich im Wuchs der Pflanze und in Form der Beere unterscheidbare Abarten vorhanden und unterscheidet man:

1. die Laubholzmistel, nur auf Laubhölzern vorkommend, z. B. auf Pappeln, Weiden, Nußbäumen, Birken, Kastanien, Apfel- und Birnbäumen, Pflaumen- und Kirschbäumen, Mandeln, Robinien, Ahorn, Linden usw.;
2. die Tannenmistel, nur auf Tannen; wächst nicht auf Laubhölzern und auf Kiefern;
3. die Kiefernmistel, wächst nur auf Kiefern, sehr selten auf Fichten.

Seit den ältesten Zeiten spielt die Mistel eine Rolle in den Sagen und im Aberglauben der Völker, besonders jener der nördlichen Gegenden. In ihrem zur Winterszeit kahlem Walde kam ihnen das immergrüne Sträuchlein als von den Göttern hingesät vor.

Gift und dessen Wirkung. Blätter und Zweige waren früher als Mittel gegen Epilepsie gebräuchlich. — Die grünen Teile der Pflanze, sowie auch die Beeren werden in vielen Büchern als giftig bzw. als giftverdächtig bezeichnet. Untersuchungen über den Inhalt der Pflanzensäfte scheinen noch nicht angestellt zu sein.

 Tafel 78.

Mistel. *Viscum album L.*

1 Teile der Pflanze mit Blüten und Früchten. 2 Staubblüten. 3 Fruchtblüten. 4 Längsschnitt durch eine Fruchtblüte. 5 Längsschnitt durch die Beere. 6 Same. 2 bis 6 vergr.

Poleiblätterige Gränke. Andromeda polifolia (*L.*).

Tafel 79.

Fam.: **Heidekrautgewächse. Ericaceae.**

Von Linné nach Andromeda, der schönen Tochter des äthiopischen Königs Cepheus benannt; polifolia, die Blüten sind der Polei (Teucrium polium) ähnlich.
Rhododendron polifolium (Scop.).
Rosmarinheide, Lavendelheide.

Beschreibung. Ein 30 bis 50 cm hohes Sträuchlein mit grauen, kahlen, aufsteigenden Ästen und Zweigen (Fig. 1). — Blätter (Fig. 1) sitzend oder kurzgestielt, lederartig, immergrün, länglich-lanzettlich oder linealisch, mit stechender Spitze und ganzem, zurückgerolltem Rande; oberseits dunkelgrün, unterseits blaugrün bis bläulichweiß, kahl. — Blüten auf schlanken, kahlen, rötlichen, von schuppenförmigen Deckblättern gestützten Stielen, an der Spitze der Zweige zu vier bis acht in einer Dolde vereinigt (Fig. 1). — Zwitterblüten. — Kelch fünfblätterig; Blättchen am Grunde etwas verwachsen, bleibend. — Blumenkronblätter 5, verwachsen. Blumenkrone kugelförmig bis krugförmig, abfallend, weiß oder rötlich (Fig. 1 u. 2). — Staubblätter 10, unterständig; Staubfäden am Grunde verbreitert, behaart. Staubbeutel (Fig. 2) nach innen gewandt, zweifächerig, unten abgerundet, an der Spitze mit runder Öffnung aufspringend und über dieser in eine nach außen gebogene, grannenähnliche Spitze auslaufend. — Fruchtknoten (Fig. 2 u. 4) fünffächerig, kugelförmig, am Grunde einer drüsigen Scheibe aufsitzend, mit zahlreichen Samenanlagen; Griffel säulenförmig, mit abgestutzter, undeutlich fünflappiger Narbe. — Frucht (Fig. 5) eine rundliche, fünffächerige, fünfklappig aufspringende Kapsel, unten den Kelch und an der Spitze den Griffel führend. — Same zusammengedrückt, mit glatter oder grubiger, lederartiger Haut.

Blütezeit: Mai, Juni.

Biologisches. Pflanze mit immergrünen Rollblättern (siehe Rhododendron hirsutum). Diese sind auf der unteren, die Spaltöffnungen führenden Seite, mit Wachs überzogen. Eine Benetzung dieser Seite und ein dadurch etwa hervorgebrachter Verschluß der

Luftwege wird so verhindert. An der Wurzel Lebensgemeinschaft mit einem Pilz: **Pilzwurzel** siehe Rhododendron hirsutum (S. 150).

Standort und Verbreitung. In Sümpfen und Mooren Nord- und Mitteleuropas, Nordasiens und Nordamerikas.

Gift und dessen Wirkung. Die Blätter und Blüten enthalten ein giftiges Glykosid: das **Andromedotoxin** oder **Asebotoxin** ($C_{31}H_{51}O_{10}$), das noch nicht näher chemisch untersucht ist. Der Genuß der Pflanzenteile erzeugt Schwindel, Erbrechen und Krämpfe.

 Tafel 79.

Poleiblättrige Gränke. *Andromeda polifolia L.*

1 Blühende Pflanze. 2 Blüte im Längsschnitt. 3 Staubblatt. 4 Fruchtknoten im Querschnitt. 5 Früchte. 2, 3, 4 vergr.

Sumpfporst. Ledum palustre *(L.)*.

Tafel 80.

Fam.: **Heidekrautgewächse. Ericaceae.**

Ledon bei Plinius, *lédon* (gr.), bei Dioskorides von *lédos* (gr.), Kleid, Wollstoff, wegen der unterseits sehr filzigen Blätter, bezeichnete nicht die vorliegende Pflanze, sondern den in Griechenland wachsenden Cistus creticus. Linné leitete das Wort von laedere, verletzen, ab, wegen des starken Geruches der Blätter.

Mottenkraut, Wanzenkraut, wilder Rosmarin.

Beschreibung. Ein 30 bis 60 cm hohes, locker-verästeltes, aufrechtes Sträuchlein, mit rostfarbigen, filzig behaarten Zweigen (Fig. 1). — Blätter kurzgestielt, schmal linealisch, am Grunde abgerundet, lederartig, ganzrandig, mit stark zurückgerolltem Rande; oberseits glänzend, dunkelgrün, runzelig; unterseits filzig, in der Jugend weißlich, im Alter rostfarbig behaart (Fig. 1). — Blüten auf schlanken Stielen, am Ende der Zweige, in vielblütigen Doldentrauben. — Zwitterblüten. — Kelch klein, fünfzähnig, bleibend. — Blumenkrone fünfblätterig, flach ausgebreitet, weiß. — Staubblätter 10, länger als die Blumenkronblätter; Staubfaden fadenförmig, weiß; Staubbeutel gelb, an der Spitze mit runden Löchern sich öffnend (Fig. 2). — Fruchtknoten fünffächerig, mit vielen Samenanlagen; Griffel fadenförmig, mit kleiner, fünflappiger Narbe (Fig. 2 u. 3). — Frucht eine längliche, fünffächerige, vom Grunde zur Spitze hin aufspringende, vom bleibenden Griffel gekrönte Kapsel (Fig. 4). — Same linealisch, an beiden Seiten mit häutigem Flügel.

Blütezeit: Mai, Juni.

Biologisches. Die Blätter sind nach unten hin zusammengerollt und auf der Unterseite mit einem feinen Filze von rötlichbraunen Haaren bekleidet. Die letzteren verhindern die Benetzung der Blattunterseite und den Verschluß der Spaltöffnungen durch etwa eindringendes Wasser. — An der Wurzel Lebensgemeinschaft mit einem Pilze: **Pilzwurzel** siehe Rhododendron hirsutum (S. 150).

Standort und Verbreitung. In Sümpfen und torfigen Gegenden in Europa, Nordasien und Nordamerika. In Deutschland häufiger im Norden als im Süden, hier in Sachsen und Böhmen; fehlt im Westen, mit Ausnahme einiger Stellen, z. B. im Schwarzwald.

Gift und dessen Wirkung. Blätter und Zweige werden vielfach gegen Motten, Wanzen und sonstiges Ungeziefer gebraucht, das durch den starken Geruch vertrieben werden soll. Bei der Bierbereitung sollen die Blätter, die einen scharf bitteren Geschmack enthalten, mißbräuchlich benutzt werden. — Die genannten Pflanzenteile enthalten ein flüssiges, stark riechendes Öl und in diesem ein narkotisch-erregend wirkendes, starkes Nervengift: den Ledumkampfer: **Ledol** ($C_{15}H_{26}O$). Näheres über diesen Stoff ist nicht bekannt.

 Tafel 80.

Sumpfporst. *Ledum palustre L.*

1 Blühender Zweig. 2 Blüte im Längsschnitt. 3 Fruchtknoten im Querschnitt.
4 Aufgesprungene Frucht. 2, 3, 4 vergr.

Rauhhaarige Alpenrose. Rhododendron hirsutum (*L.*).

Tafel 81.

Fam.: Heidekrautgewächse. Ericaceae.

Rhododendron von *rhódon* (gr.), Rose, und *déndron* (gr.), Baum, Rosenbaum, wegen der roten Blüten; im Altertum bezeichnete Rhododendron den Oleander.

Beschreibung. Ein bis 1 m hoher, aufrechter, verästelter Strauch, mit braunen, in der Jugend behaarten Zweigen (Fig. 1). — Blätter kurzgestielt, oval-elliptisch, nach dem Grunde zu verschmälert, spitz oder stumpf, dünn, lederartig, ganzrandig, am Rande gewimpert; oberseits dunkelgrün, kahl; unterseits hellgrün und drüsig punktiert. — Blüten am Ende der Zweige in vielblütiger Doldentraube. Blütenstiele lang behaart und mit weißen Schüppchen. — Kelch mit lanzettlichen Blättern, fünfzähnig, mit Wimperhaaren und Schüppchen besetzt, bleibend (Fig. 2). — Blumenkrone fünfblätterig, verwachsen, trichterförmig, außen mit gelblichweißen Schüppchen besetzt und mit fünf zurückgebogenen, etwas ungleichen Zipfeln (Fig. 2). — Staubblätter 10 (Fig. 3); Staubfäden pfriemlich, am Grunde behaart; Staubbeutel am Rücken angeheftet, zweifächerig, an der Spitze mit zwei Löchern sich öffnend. Pollen durch Viscinfäden zusammengehalten. — Fruchtknoten (Fig. 4 u. 5) fünffächerig, verwachsen, länglich-kegelförmig mit vielen Samenanlagen; Griffel lang; Narbe abgestutzt, fünflappig. — Frucht (Fig. 6) eine fünffächerige, aufspringende Kapsel.

Blütezeit: Mai, Juni.

Biologisches. Die Unterseite des Blattes ist mit zahlreichen scheibenförmigen Drüsen besetzt, die auf den Blattnerven, d. h. den Endigungen des Gefäßsystems der Pflanze stehen und quellbare, schleimige Stoffe enthalten. Auf die Blattoberseite auffallende Regen- oder Tautropfen gleiten am Rande herab zur Unterseite; das Wasser wird dort von den sogenannten Drüsen aufgenommen und an die wasserleitenden Gefäße abgegeben. Bei trockenem Wetter treten die harzig-schleimigen Stoffe aus den Drüsen aus, überziehen als braune, krümelige Kruste die Blattunterseite und schützen diese vor zu starkem Wasserverlust. — Die Pflanze lebt an der Wurzel in

Lebensgemeinschaft mit einem Pilze; sie besitzt eine sogenannte **Pilzwurzel** (Mykorhiza), siehe Juniperus Sabina (S. 18). Die Rhododendronarten und andere Moorpflanzen beherbergen aber die Pilze nicht nur an der Oberfläche, sondern auch im Innern der weiten Oberhautzellen der Wurzel; letzteres, ohne daß das Protoplasma der betreffenden Zellen geschädigt wird. Die Anwesenheit des Pilzes scheint im Gegenteil der Pflanze Vorteil zu gewähren; zunächst dadurch, daß die Pilzfäden, die Wurzelhaare der Pflanze ersetzend, die Aufnahme des Wassers und der Nährsalze des Bodens, sowie die Zersetzung der Humussubstanzen des letzteren besorgen; ferner scheint der Pflanze aus dieser Lebensgemeinschaft ein Gewinn an fertig gebildeten Eiweißstoffen zu erwachsen, dadurch, daß die im Innern der Zelle vorhandenen Pilzballen auf dem Höhepunkte ihrer Entwickelung vom Protoplasma der Nährpflanze erdrückt und ihrer organischen Stoffe beraubt werden. — Die hochrote Blumenkrone bildet einen wirksamen Schauapparat zur Anlockung der Insekten. — Die Blumenstaubkörner sind durch dünne Fäden einer klebrigen, zähen Masse: „Viscin“, zusammengehalten. Insekten, welche die Blüten besuchen, nehmen dadurch meist gleich den ganzen Inhalt eines Staubbeutels mit fort. — Die Blüten sind erstmännlich (proterandrisch). Die Honigabscheidung findet im Grunde der Blüte an der Blumenkrone statt. — Besucher der Blume sind Bienen und Hummeln. — Als Schutzmittel des Honigs gegen Entnahme durch unberufene Gäste (kleine, anfliegende oder ankriechende Insekten) dient ein Haarbesatz des unteren Teiles der Blumenkrone und der Staubfäden.

Standort und Verbreitung. Durch die ganze Alpenkette verbreitet, meist auf Kalkboden.

Gift und dessen Wirkung siehe Rhododendron ferrugineum.

 Tafel 81.

Rauhhaarige Alpenrose. *Rhododendron hirsutum L.*

1 Blühender Zweig. 2 Blüte im Längsschnitt. 3 Staubblatt. 4 Längsschnitt und 5 Querschnitt durch den Fruchtknoten. 6 Aufgesprungene Frucht. 2 bis 6 vergr.

Rostblätterige Alpenrose. Rhododendron ferrugineum *(L.)*.

Tafel 82.

Fam.: **Heidekrautgewächse. Ericaceae.**

Rhododendron siehe Rhododendron hirsutum.

Beschreibung. Ein 1 m hoher, vielfach verästelter Strauch, mit graubraunen Zweigen. — Blätter (Fig. 1) kurzgestielt, länglich- oder breit-elliptisch, dick-lederartig, mit etwas zurückgerolltem Rande, ganzrandig oder an der Spitze seicht gekerbt; oberseits glänzend dunkelgrün; unterseits dicht mit rostfarbenen Schüppchen besetzt. — Blüten in Doldentrauben am Ende des Zweiges auf langen, mit Schüppchen bedeckten Stielen (Fig. 1). — Kelch fünfblätterig, mit kurzen, eirundlichen Abschnitten. — Blumenkrone (Fig. 1 u. 2) heller oder dunkler karminrot, selten weiß, trichterförmig, Saum mit länglichen Zipfeln, dicht mit Schüppchen besetzt. — Staubblätter 10, Staubfäden pfriemlich, am Grunde behaart; Staubbeutel zweifächerig, an der Spitze mit zwei Löchern aufspringend. Blütenstaub durch Viscinfäden zusammengehalten. — Fruchtknoten fünffächerig, mit vielen Samenanlagen; Griffel lang; Narbe abgestutzt, fünfteilig. — Frucht eine fünffächerige, längsaufspringende Kapsel.

Blütezeit: Juli, August.

Biologisches siehe Rhododendron hirsutum.

Standort und Verbreitung. Vorzugsweise auf Granit- und Schieferboden, sehr selten im Kalkgebirge; durch die ganze Alpenkette, in den Pyrenäen und Karpathen. Bildet in den granitischen Alpen die Grenze der Holzregion; steigt selten in die Täler hinab.

Gift und dessen Wirkung. Blätter und Blüten der Rhododendronarten, selbst der Honig in den Blüten, wirken narkotisch erregend. In den genannten Pflanzenteilen ist das giftige Glykosid: **Andromedotoxin** (s. Andromeda polifolia) enthalten; außerdem sind in denselben noch zwei weitere Glykoside: das **Rhododendrin** ($C_{16}H_{22}O$), welches das kampferartige **Rhododendrol** liefert, und das **Ericolin** ($C_{34}H_{56}O_{21}$) nachgewiesen. Ob den letzteren auch eine Giftwirkung zuzusprechen ist, steht in Frage; vorläufig wird man dem erstgenannten diese Eigenschaft zuzuweisen haben. Auch im Honig der verschiedenen Alpenrosen ist das Andromedotoxin nachgewiesen worden, und man nimmt an, daß die Vergiftungserscheinungen, die sich bei einem Teile der auf dem Rückzug aus Asien befindlichen 10000 Griechen nach dem Genusse von Honig einstellten (worüber uns Xenephon berichtet), durch Honig erfolgten, den die Bienen von den Blüten der in jenen Gegenden zahlreich vorkommenden Rhododendronarten gesammelt hatten.

 Tafel 82.

Rostblättrige Alpenrose. *Rhododendron ferrugineum L.*

1 Blühender Zweig. 2 Blüte, längs durchschnitten.

Pontische Alpenrose. *Rhododendron ponticum L.*

Blühender Zweig.

Pontische Alpenrose. Rhododendron ponticum *(L.)*.

Tafel 83.

Fam.: **Heidekrautgewächse. Ericaceae.**

Rhododendron siehe Rhododendron hirsutum; ponticum = am Schwarzen Meere (Pontus euxinus) wachsend.

Rhododendron lancifol. (Mönch); Rhododendron speciosum (Salisb.).

Beschreibung. Ein verästelter, buschiger, 1 bis 2 m hoher Strauch. — Blätter immergrün, meist zwei Jahre dauernd, dick-lederartig, deutlich gestielt, länglich-lanzettförmig oder elliptisch, nach dem Grunde verschmälert, spitz, flach, ganzrandig, 8 bis 12 cm lang; oberseits glänzend dunkelgrün; unterseits heller. — Blüten in vielblütigen Doldentrauben am Ende der Zweige, auf langen, behaarten Stielen, die von länglichen, abfallenden Deckblättchen gestützt sind; hellpurpurfarben oder violett, auf dem oberen Blumenkronblatt mit bräunlichen Flecken. — Kelch fünfblätterig, klein, mit breitrundlichen Zähnen. — Blumenkrone glockenförmig, 5 bis 6 cm im Durchmesser, fünfklappig, mit länglichen, spitzen, oft etwas ausgerandeten Abschnitten. — Staubblätter 10, Staubfäden fadenförmig, abwärts geneigt, an der Spitze gekrümmt; Staubbeutel am Rücken befestigt, nach innen gewandt, an der Spitze sich mit zwei Löchern öffnend. — Fruchtknoten fünffächerig, Griffel lang, an der Spitze aufwärts gebogen, mit dicker, kopfförmiger, fünflappiger Narbe. — Frucht eine fünffächerige, vielsamige, aufspringende Kapsel.

Blütezeit: Mai, Juni.

Biologisches siehe Rhododendron hirsutum.

Standort und Verbreitung. Einheimisch in Kleinasien, Armenien, den Pyrenäen. — Ein in Gärten vielfach angepflanzter Strauch, der in der Kultur eine große Anzahl von Formen gebildet hat. Besonders in der Farbe der Blüten zeigt sich eine große Mannigfaltigkeit von Dunkelpurpur, Lilafarbe, Rosenrot, Rötlichweiß bis Reinweiß. Der Strauch hält in niederen Gegenden Deutschlands im Winter gut aus, in rauheren Gegenden bedarf er einer leichten Winterdecke.

Gift und dessen Wirkung siehe Rhododendron ferrugineum.

Pontischer Felsenstrauch. Rhododendron flavum *(G. Don.)*.

Tafel 84.

Fam.: **Heidekrautgewächse. Ericaceae.**

Rhododendron siehe Rhododendron hirsutum; flavum wegen der gelben Blüten.

Azalea pontica (L.).

Beschreibung. Ein bis 1 m hoher, verästelter Strauch mit behaarten Zweigen. — Blätter (Fig. 1) kurzgestielt, länglich-lanzettförmig oder verkehrt-eiförmig, spitz, beiderseits, besonders an den Nerven, im Frühjahr dicht behaart, abfallend, oberseits lichtgrün; unterseits hell- oder graugrün, am Rande gewimpert, bis 10 cm lang. — Blüten (Fig. 1 u. 2) am Ende der vorjährigen Zweige in lockeren Doldentrauben, auf langen, behaarten Stielen, die durch abfallende, lanzettförmige Blätter gestützt sind. — Zwitterblüten. — Kelch mit fünf kurzen Zähnen. — Blumenkrone trichterig-glockig mit drüsig behaarter Röhre und fünf gleichen, länglichen, welligen Abschnitten; 5 bis 6 cm breit, gelb, wohlriechend, nach Nelken duftend. — Staubblätter 5 (Fig. 2 u. 3); Staubfäden kahl, gelblichweiß, aus der Blüte hervorragend; Staubbeutel orangefarben, am Rücken angeheftet, mit zwei Löchern an der Spitze sich öffnend. Pollen durch Viscinfäden zusammengehalten. — Fruchtknoten kegelförmig, fünffächerig; Griffel lang, weiß, unbehaart, aus der Blüte weit hervorragend; Narbe knopfförmig, grün. — Frucht eine fünffächerige, aufspringende Kapsel.

Blütezeit: Mai.

Biologisches siehe Rhododendron hirsutum.

Standort und Verbreitung. Im Orient, Kaukasus und Pontus. In Gärten, wo er nur in rauhen Gegenden Deutschlands des Winterschutzes bedarf, häufig als Zierstrauch, aber nur selten in der reinen Art. Meist sind es in der Kultur entstandene oder durch Bastardierung mit anderen, besonders mit amerikanischen und chinesischen Felsenstraucharten erzeugte Formen, die vor allem in der Blüte mannigfach abwechseln von Orange-Goldgelb, Hellgelb bis zu Rot.

Gift und dessen Wirkung siehe Rhododendron ferrugineum.

 Tafel 84.

Pontischer Felsenstrauch. *Rhododendron flavum (G. Don.)*

1 Blühender Zweig. 2 Blüte im Längsschnitt. 3 Staubblatt (vergr.).

Europäisches Alpenveilchen. Cyclamen europaeum *(L.)*.

Tafel 85.

Fam.: **Primelgewächse. Primulaceae.**

Cyclamen von *kýklos* (gr.), Kreis, wegen des kreisförmigen Wurzelstockes, verstümmelt aus *Kykláminos* (gr.), wie Hippokrates zwei in Griechenland vorkommende Cyclamenarten (Cyclamen graecum Lk. und Cyclamen persicum Mill.) benannte.

Erdscheibe, Saubrot.

Beschreibung. Ausdauernde Pflanze mit knolligem, rundem, von oben etwas zusammengedrücktem Wurzelstocke (Fig. 1). — Blätter (Fig. 1) aus der Vegetationsspitze, die in einer Einsenkung oben auf der Knolle liegt, sich entwickelnd, langgestielt; Stiel kahl, rötlich; Blattspreite rundlich oder eirund, am Grunde tief herzförmig, kahl, lederig, oberseits glänzend grün mit weißlichen Flecken, unterseits rötlich; Nerven auf der Unterseite stark hervortretend, Rand klein gekerbt. — Blüten (Fig. 1) einzeln, auf langem, rötlichem Stiele. — Zwitterblüten nickend. — Kelch fünfteilig, regelmäßig, bleibend. — Blumenkrone fünfblätterig (Fig. 2 u. 3) mit kurzer, glockenförmiger Röhre und fünfteiligem Rande, mit zugespitzten Zipfeln, rot. — Staubblätter 5, am Grunde der Blumenkrone angewachsen (Fig. 3), aufrecht, zusammengeneigt; Staubfäden (Fig. 4) sehr kurz; Staubbeutel pfeilförmig, zweifächerig, nach dem Inneren der Blüte mit Längsspalt aufspringend. — Fruchtknoten (Fig. 5) eiförmig, einfächerig, mit vielen Samenanlagen an zentralem Samenträger; Griffel gerade, fadenförmig, die Staubblätter etwas überragend. Narbe spitz. — Frucht eine kugel- oder eiförmige, fünffächerige, vielsamige Kapsel, zur Zeit der Reife an dem spiralig gedrehten Stiele dem Erdboden aufliegend. — Same oben abgeflacht, unten zusammengepreßt, kantig.

Blütezeit: August bis Oktober.

Biologisches. Die Blätter sind an der vom Lichte abgewandten Unterseite durch Anthokyangehalt der Zellen rot gefärbt; vielleicht werden in dieser Schicht die von den blattgrünhaltigen Geweben nicht aufgenommenen Lichtstrahlen aufgefangen und in Wärmestrahlen umgewandelt. — Die Blüten sind zuerst an Bestäubung durch Insekten angepaßt, zuletzt sind sie „windblütig". Berührt man eine frisch aufgegangene Blüte an der Spitze des Staubblattkegels, so quillt der Blütenstaub in dicken, gelben Klumpen heraus, ohne zu verstäuben; berührt man hingegen eine ältere Blüte, so fliegt aus ihr ein Wölkchen von weißlichem Blütenstaub heraus. Die gelbe Farbe und das Zusammenkleben des Blütenstaubes der jungen Blüten wird durch ein dem Blütenstaub anhaftendes Öl bewirkt, nach dessen Verdunstung der Blütenstaub weißlich und stäubend wird. — Der Honig wird im Grunde der Blüte abgeschieden und ist durch die zu einem Kegel zusammengestellten Staubblätter gegen Entnahme durch unberufene Gäste geschützt. — Anlockung der Insekten (Hummeln) durch die Blütenfarbe und den Duft.

Standort und Verbreitung. An schattigen, feuchten Orten; durch die ganze Alpenkette, vom Jura bis nach Österreich, in Salzburg, in Böhmen und Mähren, im bayerischen Hochlande.

Gift und dessen Wirkung. Die Knollen der Pflanze sind den scharf wirkenden Giftpflanzen, deren Genuß zunächst Entzündung des Schlundes und Magens, dann schwerere Störungen des Allgemeinbefindens hervorruft, zuzuzählen. — Die Knolle enthält ein in seinen sonstigen Eigenschaften und Wirkungen weniger bekanntes amorphes, weißes, geruchloses, scharf schmeckendes Glykosid: das **Cyclamin** ($C_{25}H_{42}O_{12}$) (bei seiner Auffindung durch Saladin „Arthamitin" genannt). — In Sizilien werden die Knollen der Pflanze zum Betäuben der Fische benutzt.

 Tafel 85.

Europäisches Alpenveilchen. *Cyclamen europaeum L.*

1 Blühende Pflanze. 2 Blüte im Längsschnitt. 3 Blumenkrone ausgebreitet. 4 Einzelnes Staubblatt. 5 Fruchtknoten im Längsschnitt. 2 bis 5 vergr.

Oleander. Nerium Oleander *(L.)*.

Tafel 86.

Fam.: **Hundsgiftgewächse. Apocynaceae.**

Nerium des Plinius; *nérion* (gr.) des Dioskorides von *néros* (gr.), wasserliebend, weil er an Flußufern wächst; bei Dioskorides auch *rhododéndron* (gr.), Rosenbaum, genannt. Oleander, vielleicht verstümmelt aus Rhododendron oder aus *eldia* (gr.), Ölbaum, und *déndron* (gr.), Baum, wilder Ölbaum, weil die Blätter denen des Ölbaumes ähnlich sind.

Beschreibung. Baum oder Strauch mit runden, in der Jugend hellgrünen Zweigen. — Blätter (Fig. 1) gestielt, lederartig, lanzettlich, ganzrandig, spitz, am Grunde in den Stiel verschmälert, ausdauernd; Mittelnerv beiderseits deutlich hervortretend. — Blüten (Fig. 1) in endständigen, trugdoldigen Rispen, an den Verzweigungen dieser kleine, abfallende Deckblättchen. — Zwitterblüten. — Kelch fünflappig, an der inneren Seite drüsig behaart, bleibend. — Blumenkrone (Fig. 3) präsentiertellerförmig mit trichterförmiger Röhre und fünfteiligem Saume mit ungleichen Abschnitten; im Schlunde bekrönt mit kleinen zerspaltenen Läppchen; rosenrot, wohlriechend. — Staubblätter 5 (Fig. 4), in der Mitte der Blumenkronröhre eingefügt; Staubfäden aufrecht, kurz, das Mittelband derselben über den Staubbeuteln in einen langen, seidig behaarten, spiralig gedrehten Schwanz auslaufend. — Fruchtknoten zweifächerig, mit vielen Samenanlagen; Griffel aufrecht, zylindrisch, an der Spitze keilförmig, unter derselben ein häutiger Ring (Fig. 5). — Frucht säulenförmig, aus zwei verwachsenen Balgkapseln bestehend, zweifächerig, vielsamig, aufspringend. — Same seidig und schopfig behaart.

Blütezeit: Juli bis September.

Biologisches. Die großen, trichterförmigen Blüten besitzen auf den hochroten Blumenkronblättern eine fünfteilige, rosenrote, geschlitztblätterige Nebenkrone. Jedes Blättchen der letzteren führt als „Saftmahl" einen dunkelroten Längsstreifen. — Der Honig wird am Grunde der Blumenkronröhre abgesondert. — Die fünf oberen fuchsschwanzartigen Fortsätze der Staubblätter sind zusammengewunden und bilden einen Pfropf, der den Eingang in die Blüte soweit verschließt, daß nur an einzelnen Stellen dünne Insektenrüssel durchdringen können. Die

Staubblätter selbst sind zu einem Kegel zusammengerückt, der mit dem Rande des Narbenkopfes verwachsen ist; in dem hierdurch gebildeten oberen Hohlraum sammelt sich der klebrige Blütenstaub an. — Bestäuber: Langrüsselige Nachtfalter, z. B. der Oleanderschwärmer (Sphinx nerii). — Die Blüte duftet des Abends.

Standort und Verbreitung. Im Gebiete des Mittelländischen Meeres, an Bächen häufig. Bei uns als beliebte Zierpflanze in Töpfen und Kübeln, auch mit weißen und gelben Blüten und gefüllt-blühend vorkommend (Fig. 2).

Gift und dessen Wirkung. Giftig sind besonders die bitter und scharf schmeckenden Blätter der Pflanze. Heftiges Erbrechen, Ohnmachten, Krämpfe, allgemeine Schwäche und Lähmungen sind die nach einer Vergiftung mit vorliegender Pflanze auftretenden Erscheinungen; der Tod tritt manchmal schnell, manchmal nach acht bis neun Tagen ein. Die Pflanze war schon Plinius und Galenus als giftig bekannt. Über Vergiftungen mit derselben liegen viele Berichte vor. — Die Giftwirkung wird man wohl einem der Glykoside, die in der Pflanze vorkommen, zuzuschreiben haben, von denen als Hauptglykosid das **Oleandrin** anzusehen ist; begleitet wird dieses von dem digitaleïnartigen **Neriin** und dem **Neriantin.** Näheres über die chemische Zusammensetzung und physiologische Wirkung dieser Stoffe liegt noch nicht vor.

 Tafel 86.

Oleander. *Nerium Oleander L.*

1 Blühender Zweig. 2 Blüte der gefüllt blühenden Form. 3 Blüte im Längsschnitt. 4 Staubblatt. 5 Griffel. 4, 5 vergr.

Seidenpflanze. Asclepias Cornuti *(D. C.)*.

Tafel 87.

Fam.: **Seidenpflanzen. Asclepiadaceae.**

Asclepias nach Asclepios oder Äsculap, dem Gotte der Heilkunde. — Cornuti, ein französischer Arzt, der Canada bereiste und dessen Flora beschrieb; gestorben 1651 zu Paris.

Asclepias syriaca (L.) von Linné so genannt, weil ihm diese Pflanze, von Südosteuropa her zuerst bekannt wurde.

Seidenpflanze, die in den Samenkapseln enthaltenen langen Samenhaare besitzen einen starken seidigen Glanz. — Schwalbenkraut, weil man in den aufplatzenden Samenkapseln Ähnlichkeit mit einer fliegenden Schwalbe sah.

Beschreibung. Ausdauernde Pflanze mit krautigem, verästeltem, $1^1/_2$ m hohem, milchsaftführendem Stengel. — Blätter eiförmig-elliptisch mit kurzer Spitze; unterseits grausamtig behaart; oberseits kahl, mit hervortretenden Rippen, kurzgestielt (Fig. 1). — Blüten in vielblütigen, gestielten, end- oder seitenständigen Dolden (Fig. 1). Blütenstielchen behaart. — Regelmäßig gebaute Zwitterblüte. — Kelch bleibend, fünfblätterig; Blätter eiförmig. — Blumenkrone fünfblätterig; Blätter eiförmig, mit zurückgebogenen braunroten Zipfeln (Fig. 3). — Staubblätter 5 (Fig. 4); Staubfäden verbreitert, um den Fruchtknoten zu einer Röhre verwachsen; Staubbeutel aufrecht, nach innen stehend, zweifächerig, längsaufspringend. Das Mittelband derselben an der Spitze zu einer häutigen, der Narbe eng anliegenden Platte verbreitert. Auf dem Rücken der Staubfadenröhre eine fünfteilige Nebenkrone (Fig. 3 u. 4), mit mützenförmigen, zurückgebogenen, rot gefärbten Blättchen. Die Blütenstaubkörner eines jeden Faches sind zu oben spitz zulaufenden Pollenmassen (Pollinarien) verklebt, die zu zwei mit den oben spitz zulaufenden Enden an einer der Narbe seitlich aufsitzenden Klebdrüse hängend, angeheftet sind (Fig. 5). — Fruchtblätter 2, in den Fruchtknoten und Griffeln voneinander getrennt in der fünfteiligen, fast schildförmigen Narbe verwachsen. — Frucht (Fig. 2) eine längsaufspringende, zweifächerige, vielsamige, dichtfilzig behaarte und mit weichen Stacheln besetzte Balgkapsel. — Same flach, mit häutigem Rande, an der Spitze mit einem Schopfe langer, weißer, seidenglänzender Haare.

Blütezeit: Juli bis September.

Biologisches. Die Übertragung des Blütenstaubes ist bei den Asclepiaden in hohem Grade an die sie besuchenden Insekten angepaßt, und der Bau der komplizierten Blüte ist nur verständlich als ungemein vollkommene Anpassung an die Insekten: Die Säule, welche den Fruchtknoten umschließt, trägt am oberen Ende fünf Staubblätter und fünf Honigblätter; die ersteren liegen dicht um einen fleischigen Narbenkopf. Jedes Staubblatt beherbergt in zwei Taschen, die nach dem Kopfe zu offen liegen, zwei Staubkölbchen. Der häutige Lappen auf der Oberfläche des Narbenkopfes breitet sich nach beiden Seiten zu einer von der Säule abstehenden blattartigen Fläche aus, die sich an die entsprechende Fläche des nebenstehenden Staubgefäßes so dicht anlegt, daß nur ein schmaler Schlitz zwischen beiden bleibt; hinter diesem liegt die zur Aufnahme des Blütenstaubes empfängliche Narbe. Die Staubmassen zweier benachbarter Staubgefäße sind mittels zwei Schenkel an einem schwarzen Klemmkörper befestigt. Außerhalb der Staubgefäße liegen am oberen Ende der Staubfadensäule fünf Honig absondernde Blätter. — Insekten, die, durch den Duft der Blüte angelockt, auf derselben sich niederlassen, geraten bei dem Versuche, sich festzuhalten, mit den Krallen des Fußes in den Schlitz bis zu dem genannten Klemmkörper, der sich an den Fuß festklemmt. Beim Herausziehen des letzteren wird der Klemmkörper mit den Staubkölbchen herausgezogen und von dem Insekte am Fuße fortgetragen. Die beiden anfangs auseinandergespreizten Kölbchen rücken beim Fluge des Tieres infolge des Austrocknens der beiden Schenkel zusammen, legen sich parallel aneinander und werden beim Niederlassen auf eine andere Blüte durch den Schlitz eingeführt und in der Narbenkammer auf die Narbe aufgedrückt; hierbei reißen die Staubkölbchen ab, während die Klemmkörper am Fuße des Tieres haften bleiben.

Standort und Verbreitung. Nordamerika. Schon 1629 nach Europa eingeführt. Seit langer Zeit in Gärten als Zierpflanze vielfach angepflanzt, findet sich jetzt häufig verwildert.

Gift und dessen Wirkung. Die Pflanze ist wegen ihrer scharfgiftigen Wirkung bekannt. — In Stengel und Blättern ist das Glykosid: **Asclepiadin** und im Milchsafte der Pflanze, besonders am Wurzelstocke, das **Asklepion** enthalten, welches man als ein Spaltungsprodukt des erstgenannten zu betrachten geneigt ist. Außerdem soll in der Pflanze noch das giftige Glykosid: **Vincetoxin** vorkommen. Welchem von diesen vornehmlich die Giftwirkungen zuzuschreiben sind, ist nicht näher bekannt. Im Milchsafte der Pflanze ist außerdem bis 1,61 Proz. Kautschuk vorhanden.

 Tafel 87.

Seidenpflanze. *Asclepias Cornuti Dec.*

1 Blühender Sproß. 2 Sproß mit Frucht und verwelkten Blüten. 3 Blüte. 4 Blüte im Längsschnitt. 5 Staubblatt. 3 bis 5 vergr.

Gemeine Schwalbenwurz. Vincetoxicum officinale *(Moench).*

Tafel 88.

Fam.: **Seidenpflanzen. Asclepiadaceae.**

Vincetoxicum von vincere, besiegen, und *tóxikon* (gr.), Gift, also Giftbesieger, weil sie als Gegengift angesehen wurde.

Schwalbenwurz oder Schwalbenkraut siehe Asclepias Cornuti.

Asclepias vincetoxicum (L.), Cynanchum vincetoxicum (L.).

Hundswürger. Cynanchum von *kýon* (gr.), Hund, und *áncho* (gr.), würgen, weil nach Ansicht der Alten die Pflanze Hund und Wolf töten könne.

Beschreibung. Ausdauernde Pflanze mit aufrechtem, krautigem, 30 bis 60 cm hohem, Milchsaft führendem Stengel (Fig. 1). — Blätter gegenständig, kurzgestielt, herzförmig oder herz-eiförmig; die oberen lineal-lanzettlich, zugespitzt, kahl, am Rande und an den Nerven flaumig behaart. — Blüten in blattwinkelständigen, gestielten Trugdolden (Fig. 2). — Zwitterblüten. — Kelch (Fig. 3) fünfblätterig, Blättchen lanzettlich. — Blumenkrone trichterförmig mit fünf Lappen, eiförmig, zugespitzt, gelblichweiß (Fig. 3). — Staubblätter 5, dem Grunde der Blumenkronblätter aufsitzend; Staubfäden am Grunde zu einer Röhre verwachsen (Fig. 4); Staubbeutel aufrecht, zweifächerig, nach innen aufspringend; auf dem Rücken der Staubfadenröhre eine fünfteilige Nebenkrone (Fig. 3) mit eiförmigen, fleischigen, gelben Lappen, die durch feine, durchscheinende Häutchen verbunden sind. Blütenstaubkörner eines jeden Faches zu Pollenmassen (Pollinarien) verklebt, die zu zwei, mit den nach oben spitz zulaufenden Enden, einer der breiten Narbe seitlich aufsitzenden Klebdrüse angeheftet sind (Fig. 5). — Fruchtblätter 2, in dem Fruchtknoten und den Griffeln völlig getrennt, mit gemeinsamer, fünfteiliger, flacher Narbe. — Frucht (Fig. 6) eine eilanzettliche, walzenförmige, aufspringende, vielsamige Kapsel. — Same (Fig. 7 u. 8) eiförmig, schwarzbraun, mit einem Schopf seidenartiger, weißer Haare.

Blütezeit: Juni, Juli.

Biologisches. Die Blüteneinrichtung zeigt im wesentlichen dieselben Vorrichtungen wie die von Asclepias syriaca; nur wird die Übertragung des Staubkölbchens nicht wie dort durch die

Beine der Insekten, sondern durch den Rüssel derselben vollzogen. — Verbreitung der Samen durch den Wind.

Standort und Verbreitung. Durch ganz Europa, an trockenen Felsen, an trockenen Stellen in Wäldern.

Gift und dessen Wirkung. Die Pflanze wird allgemein als giftig oder doch als stark giftverdächtig angegeben. Aus früherer Zeit, wo die Pflanze als Volksheilmittel gebraucht wurde (die Wurzel ist brechenerregend und schweißtreibend), sind einige Vergiftungsfälle selbst mit tödlichem Ausgange bekannt. — In der Pflanze ist das Glykosid: **Vincetoxin** (siehe Asclepias Cornuti) nachgewiesen.

Gemeine Schwalbenwurz. *Vincetoxicum officinale Moench.*

1, 2 Pflanze. 3 Blüte im Längsschnitt. 4 Fruchtknoten mit Staubfadenröhre. 5 Staubblatt und Pollinarien mit Klebdrüse. 6 Frucht, geschlossen und aufgesprungen. 7, 8 Same. 3, 4, 5, 7, 8 vergr.

Gemeiner Stechapfel. Datura Stramonium *(L.)*.†

Tafel 89. Wandtafel 14.

Fam.: Nachtschattengewächse. Solanaceae.

Das Wort Datura soll indischen Ursprungs sein, von „Datiro“, nach anderen vom arabischen „Tatôrah“ herkommen und ursprünglich verschiedene andere Stechapfelarten bedeuten. — Stramonium, wahrscheinlich entstellt aus *strýchnos manikós* (gr.), rasend machendes Strychnos, das aber nicht die Datura gewesen zu sein scheint.

Beschreibung. Einjährige Pflanze mit kahlem, aufrechtem, grünem, krautartigem, unten einfachem und rundem, oben gabelästig verzweigtem und kantigem, hohlem Stengel. — Blätter (Fig. 1) gestielt, eiförmig, ungleichbuchtig gezähnt, spitz, oben dunkelgrün, unten heller; Blattstiel oberseits mit einer Furche. — Blüten (Fig. 1) einzeln in den Gabeln der Äste, gestielt. — Zwitterblüten. — Kelch (Fig. 1) fünfkantig, fünfzähnig, meist kurzbehaart; nach dem Verblühen im oberen Teile abfallend, im unteren, derberen Teile bleibend (Fig. 3). — Blumenkrone (Fig. 2) trichterförmig, mit weitem, offenem, gefaltetem, fünfzähnigem Saume, weiß, abfallend. — Staubblätter 5, Staubfäden der Blumenkrone bis zur Hälfte angewachsen, oben frei, unten fein behaart; Staubbeutel am Grunde angeheftet, länglich, zweifächerig, gelblich, längsaufspringend. — Fruchtknoten (Fig. 3 u. 4) eiförmig, mit kurzen, weichen Stacheln besetzt; unten vier-, oben zweifächerig mit zahlreichen Samenanlagen; Griffel fadenförmig, lang; Narbe hufeisenförmig, zweilappig. — Frucht (Fig. 5) eine eiförmige, vierseitige Kapsel mit dicken, spitzen Dornen besetzt, vierklappig aufspringend. — Same (Fig. 6 u. 7) platt, nierenförmig, fein punktiert oder grubig, schwarz. Als Abart dieser wird von manchen die bläulich blühende Datura tatula angesehen.

Blütezeit: Juli bis September.

Biologisches. Diese Giftpflanze mit unangenehm riechendem Laube wird von Tieren nicht angegriffen. — Die Blüten öffnen sich abends zwischen 7 bis 8 Uhr und verbreiten einen starken Duft; die weiße Farbe macht sie auch des Nachts sichtbar: Nachtfalterblüte. Die Bestäubung wird hauptsächlich durch Nachtschwärmer vollzogen; nur diese können mit ihren langen Rüsseln

11*

den Honig erreichen, der tief in der Blüte, in den Rinnen der leistenförmig vorspringenden Staubfäden aufgespeichert ist. — Die Samenkapseln sind mit Stacheln besetzt zum Schutze gegen Angriffe seitens der Tiere. Beim Eintrocknen der Kapselwände springt die Kapsel auf, und die Samen werden frei; sie werden teils vom Winde verstreut, teils aber auch, trotz ihres Giftes, von Vögeln, besonders Meisen, gefressen und verschleppt.

Standort und Verbreitung. Ob die Pflanze den Alten bekannt gewesen ist, läßt sich nicht mehr nachweisen. Ihre Heimat sind wahrscheinlich die Gegenden um das Schwarze Meer. Heute ist sie fast über die ganze Erde verbreitet. In Europa reift sie noch ihre Samen in Skandinavien bei 70° nördlicher Breite. Sie bevorzugt Schutthaufen, wüste Stellen in Gärten und an Feldern. Die Verbreitung des Stechapfels schreibt man den Zigeunern zu, die Kraut und Samen der Pflanze zur Bereitung ihrer Hexensalben benutzten.

Gift und dessen Wirkung. Alle Teile der Pflanze sind giftig, besonders die Samen. Dieselben enthalten größere Mengen **Hyoscyamin** (siehe Hyoscyamus niger), sowie etwas **Atropin** (siehe Atropa belladonna) und **Skopolamin,** drei sehr giftige Alkaloide, die in einer Gesamtmenge von 0,48 bis 3,33 Proz. in den Blättern, 0,43 Proz. in den Blüten und 0,1 Proz. in der Wurzel vorkommen. Datura Stramonium enthält vorwiegend Hyoscyamin. Die Giftwirkung der Pflanze gleicht sehr derjenigen der Tollkirsche und des Bilsenkrautes; jedoch ist die Wirkung eine schnellere und intensivere. — In der Heilkunde wurden früher benutzt: die zur Zeit der Blüte gesammelten Blätter (Folia Stramonii) und die reifen Samen (Semen Stramonii).

 Tafel 89.

Stechapfel. *Datura Stramonium L.*

1 Blühender Sproß. 2 Blüte im Längsschnitt. 3 Fruchtknoten. 4 Fruchtknoten im Querschnitt. 5 Frucht, aufgesprungen. 6 Same, nat. Größe u. vergr. 7 Same im Längsschnitt. 3, 4, 5, 7 vergr.

Virginischer Tabak. Nicotiana tabacum *(L.)*.

Tafel 90.

Fam.: **Nachtschattengewächse. Solanaceae.**

Nicotiana zu Ehren Jean Nicots, des französischen Gesandten am portugiesischen Hofe, der 1560 zuerst Samen dieser Pflanze nach Paris brachte; tabacum von „Tabak", womit die Eingeborenen St. Domingos die Pfeife bezeichneten, deren sie sich zum Rauchen der Blätter bedienten.

Beschreibung. Einjährige, bis 2 m hohe Pflanze mit einfachem, wenig verästeltem, krautigem, rundem, drüsig-behaartem Stengel. — Blätter zerstreut; Wurzelblätter länglich-elliptisch, in den Blattstiel verschmälert; untere Stengelblätter (Fig. 1) länglich, sitzend, oft etwas stengelumfassend, zugespitzt; die oberen Blätter allmählich kleiner werdend bis zu lanzettförmigen Deckblättchen. Alle Blätter drüsig-behaart, klebrig. — Blüten (Fig. 1) in endständiger, fast doldentraubiger, klebrig-behaarter Rispe; Blütenstielchen rund. — Zwitterblüten. — Kelch (Fig. 1) glockenförmig, bleibend, fünfspaltig; Zipfel zugespitzt. — Blumenkrone (Fig. 1 u. 2) trichterförmig; Röhre lang, walzenförmig; Saum fünfspaltig, ausgebreitet; Lappen zugespitzt, unten grünlich, oben rot, außen behaart. — Staubblätter 5 (Fig. 2), vier längere und ein kürzeres, fast zur Hälfte der Blumenkronröhre angewachsen, oben frei; Staubfäden pfriemlich, unten behaart; Staubbeutel eiförmig, am Rücken befestigt, zweifächerig, längsaufspringend. — Fruchtknoten (Fig. 2) oberständig, eiförmig, kahl, beiderseits mit einer Furche, zweifächerig (Fig. 3) mit zahlreichen Samenanlagen; Griffel fadenförmig, lang; Narbe kopfförmig abgeplattet, schwachzweilappig, grün. — Frucht (Fig. 4) eine eiförmige, vom Kelch umhüllte, zweiklappige Kapsel mit vielen Samen. — Same (Fig. 5) klein, braun, eiförmig oder nierenförmig, an der Oberfläche fein netzgrubig; Embryo bogenförmig, rund, keulenförmig (Fig. 6). Die Pflanze ändert ab in Blättern und Blüten; besonders sind bei den in Kultur genommenen Pflanzen viele Formen entstanden.

Blütezeit: September, Oktober.

Biologisches. Die Blüten sind in der Heimat der Pflanze an die Bestäubung durch langrüsselige Tagfalter und durch kleine, langschnäbelige Vögel (Kolibri und Honigvögel) angepaßt. — Die Staubbeutel stehen im Anfang unterhalb der Narbe, erheben sich aber im Verlaufe des Blühens mit der Streckung der Blumenkrone, erreichen die Narbe und bringen Eigenbestäubung zuwege, falls Fremdbestäubung nicht erfolgte.

Standort und Verbreitung. Das Vaterland ist wahrscheinlich Südamerika. Die Pflanze war zur Zeit der Entdeckung jenes Erdteiles schon ein dort allgemein angebautes Gewächs, dessen Blätter in besonderen Pfeifen geraucht wurden. Romano Pane, ein Reisegefährte des Kolumbus, sandte 1518 zuerst Samen der Pflanze an Karl V.; heute ist sie in vielen Teilen der Erde eine wichtige Kulturpflanze. Als Zierpflanze findet sie sich häufig in Gärten.

Gift und dessen Wirkung. Alle Tabakarten sind starke Giftpflanzen; weniger die frischen Pflanzenteile, als die zum Rauchen, Kauen, Schnupfen verwendeten getrockneten Blätter geben Veranlassung zu Vergiftungen. Mit Ausnahme der Samen, die kein Alkaloid enthalten, findet sich in allen Teilen der Tabakpflanze das sehr giftige Alkaloid: **Nicotin** ($C_{10}H_{14}N_2$), in reinem Zustande eine farblose Flüssigkeit, die an der Luft schnell gelb und braun wird, von brennend scharfem Geschmack und tabakartigem Geruch. Diese Base findet sich in den Blättern von 0,6 bis 0,8 Proz. und zwar an Apfelsäure oder Zitronensäure gebunden; außer ihr sind in geringer Menge als Begleitalkaloide in den Tabaksblättern gefunden worden: das gleichfalls giftige, flüssige **Nicoteïn** ($C_{10}H_{12}N_2$), das flüssige **Nicotimin** ($C_{10}H_{14}N_2$), isomer mit Nicotinin, und das feste, kristallinische **Nicotellin** ($C_{10}H_8N_2$). Der Alkaloidgehalt des Tabaks ist sehr verschieden, je nach den Bodenverhältnissen und der Kultur der Pflanze. — Die Wirkung des Nicotins ist eine äußerst rasche und kommt derjenigen der Blausäure und des Coniins an Schnelligkeit gleich. Das Gift wirkt in allen Fällen, gleichviel, auf welche Weise es in den Körper gebracht wird. — In der Heilkunde werden benutzt: Die an der Luft getrockneten Blätter (Folia Nicotianae).

 Tafel 90.

Virginischer Tabak. *Nicotiana tabacum L.*

1 Blühender Sproß. 2 Blüte im Längsschnitt. 3 Fruchtknoten im Querschnitt. 4 Fruchtkapsel. 5 Same. 6 Same im Längsschnitt. 3, 5, 6 vergr.

 Tafel 91.

Bauern-Tabak. *Nicotiana rustica L.*

1 Blühender Sproß. 2 Blüte im Längsschnitt. 3 Kelch mit Stempel. 4 Fruchtknoten mit Griffel. 5 Frucht im Querschnitt. 6 Frucht (Samenkapsel). 7 Same, nat. Größe u. vergr. 2 bis 6 vergr.

Bauern-Tabak. Nicotiana rustica *(L.)*.

Tafel 91.

Fam.: **Nachtschattengewächse. Solanaceae.**

Nicotiana siehe Nicotiana tabacum; rustica, weil als geringe Sorte von den Bauern (rusticus) gebraucht.

Beschreibung. Einjährige Pflanze mit stielrundem, krautigem, verästeltem, drüsig-behaartem, bis $1^1/_2$ m hohem Stengel. — Blätter (Fig. 1) zerstreut, gestielt, eiförmig, stumpf, am Rande wellenförmig, dunkelgrün, klebrig-behaart, nach oben zu kleiner werdend. Blattstiel rinnig. — Blüte (Fig. 1) in dicht gedrängter, endständiger, klebriger Rispe. — Kelch glockenförmig, dunkelgrün, fünflappig; Lappen ungleich; bleibend (Fig. 3). — Blumenkrone (Fig. 2) tellerförmig, mit walzenförmiger, am Schlunde aufgeblasener Röhre. Saum fünflappig, ausgebreitet, Lappen stumpf-eiförmig, gelblichgrün. — Staubblätter 5 (Fig. 2), am Grunde mit der Blumenkrone verwachsen; Staubfäden pfriemlich, unten behaart; Staubbeutel länglich-eiförmig, am Rücken befestigt, zweifächerig, längsaufspringend. — Fruchtknoten (Fig. 4 u. 5) oberständig, rund-eiförmig, seitlich etwas zusammengedrückt, beiderseits mit einer Furche, zweifächerig, mit zahlreichen Samenanlagen; Griffel fadenförmig, lang, abfallend. Narbe kopfförmig, abgeplattet, zweilappig, grün. — Frucht (Fig. 6) eine rundlich-eiförmige Kapsel, länger als der bleibende Kelch. — Same (Fig. 4) sehr klein, bräunlich, eiförmig, an der Oberfläche fein netzgrubig.

Blütezeit: August bis Oktober.

Biologisches siehe Nicotiana tabacum.

Standort und Verbreitung. Stammt aus Mexiko und dem nördlichen Teile von Mittelamerika. War wahrscheinlich jene Tabakpflanze, mit welcher die Spanier 1492 auf Kuba zuerst bekannt wurden. Heute wird sie besonders in Südeuropa, Westasien und Afrika angebaut.

Gift und dessen Wirkung siehe Nicotiana tabacum.

Schwarzes Bilsenkraut. Hyoscyamus niger *(L.)*. †

Tafel 92. Wandtafel 15.

Fam.: **Nachtschattengewächse. Solanaceae.**

Hyoscyamus von *hýs* (gr.), Schwein, und *kýamos* (gr.), Bohne = Schweinsbohne, Saubohne, weil, gemäß dem Berichte von Aelian, nach Ansicht der Alten, die Schweine das Kraut ohne Nachteil fressen können. *Niger* = schwarz.

Bilsenkraut vom althochdeutschen „belisa“, mit der Wurzel, „bal“, töten, also todbringendes Kraut; „Belinuntia“ hieß es nach Plinius bei den Galliern; Dullkraut, weil sein Genuß Schwindel erzeugt; Zigeunerkorn, weil es von den Zigeunern zur Herstellung der Hexensalbe verwendet wurde.

Beschreibung. Einjährige, zuweilen zweijährige Pflanze mit einfachem oder verästeltem, bis $^1/_2$ m hohem, undeutlich fünfkantigem, zottig-behaartem, hohlem Stengel und einfacher oder rübenförmiger Wurzel. — Blätter (Fig. 1) zerstreut stehend, eilänglich, buchtig-gezähnt; die unteren gestielt; die oberen halbstengelumfassend; dicht mit Drüsenhaaren besetzt. — Blüten (Fig. 1) einzeln, achselständig, fast sitzend, einseitswendig, an der Spitze des schneckenförmig gebogenen Stengels eine einseitswendige Ähre bildend. — Zwitterblüten. — Kelch becherförmig, fünfzähnig, drüsig-behaart, bleibend und später die Frucht als grüner Becher umschließend. — Blumenkrone (Fig. 2) unregelmäßig, trichterförmig; Röhre becherförmig, dunkelviolett, weich behaart; Saum gelblichviolett geadert, ungleich; Oberlippe kürzer, zweilappig; Unterlippe dreilappig; Lappen abgerundet. — Staubblätter 5 (Fig. 2), drei längere und zwei kürzere, auf der Blumenkrone stehend; Staubfäden pfriemlich, fein behaart, weiß; Staubbeutel länglich, violett, zweifächerig, nach innen längsaufspringend. — Fruchtknoten (Fig. 2) oberständig, eilänglich, kahl, seitlich etwas zusammengedrückt, zweifächerig, mit zahlreichen Samenanlagen; Griffel fadenförmig, violett, fein behaart, oben kahl; Narbe kopfförmig, platt gedrückt. — Frucht (Fig. 4 u. 5) eine eiförmige, vom Kelch umschlossene, zweifächerige, mit einem Deckel sich öffnende Kapsel. — Same (Fig. 6) klein, graubraun, nierenförmig, netzgrubig.

Ändert in der Blüte ab: Hyoscyamus pallidus (Dun.), mit einfarbigen, gelblichen Blüten; Hyoscyamus agrestis (Nees), einjährige Pflanze mit wenigen Blüten.

 Tafel 92.

Schwarzes Bilsenkraut. *Hyoscyamus niger L.*

1 Blühender Sproß. 2 Blüte im Längsschnitt. 3 Frucht im Kelch. 4 Frucht mit aufgesprungenem Deckel. 5 Frucht im Längsschnitt. 6 Same, vergr. u. nat. Größe.

Blütezeit: Juni, Juli.

Biologisches. Die Pflanze ist durch den unangenehmen Geruch der grünen Teile und durch das Gift vor tierischen Angriffen geschützt. — Die violetten Striche auf dem Blütensaume werden als „Saftmale“ gedeutet. — Der im Grunde der Blumenkronröhre abgeschiedene Honig ist durch die dichte Behaarung des unteren Teiles der Staubfäden gegen Raub durch kleine Insekten geschützt. — Staubbeutel und Narben sind zu gleicher Zeit reif. Platzwechsel zwischen der Narbe und den Staubbeuteln: In der jungen Blüte steht die Narbe in der Mitte, während die Staubbeutel an die Wand der Blumenkrone angelehnt sind; in der älteren Blüte haben dieselben ihren Platz gewechselt: die Staubbeutel stehen jetzt in der Mitte, und der Griffel hat sich der Blumenkrone zu gebogen. Die Insekten beladen sich also in der älteren Blüte mit Blütenstaub und übertragen denselben auf die in der jungen Blüte an der Eingangspforte stehende empfängnisreiche Narbe. Die Bestäubung wird vornehmlich durch Hummeln vollzogen.

Standort und Verbreitung. Wächst mit Ausnahme der tropischen Gegenden und des äußersten Nordens auf der ganzen nördlichen Erdhälfte der Alten Welt, mehr oder weniger häufig; auf Schutthaufen, an Hecken, Zäunen und Wegen.

Gift und dessen Wirkung. Die Pflanze ist in allen Teilen giftig und äußert eine stark narkotische Wirkung, die derjenigen der Tollkirsche ähnlich ist. — Die Giftwirkung wird dem in allen Teilen der Pflanze, besonders in den Wurzeln enthaltenen Alkaloid: **Hyoscyamin** ($C_{17}H_{23}NO_3$) zugeschrieben, das in seinen Eigenschaften dem Atropin (siehe Atropa belladonna) sehr ähnlich ist und auch leicht in dieses übergeht. — Dioskorides und Plinius führen die Pflanze schon als giftig an. Im Altertum und im ganzen Mittelalter war dieselbe schon in der Arzneikunde im Gebrauch. — In der Heilkunde werden jetzt benutzt: die beblätterten Stengel im blühenden Zustande (Herba Hyoscyami).

Bittersüss. Solanum dulcamara *(L.)*.

Tafel 93. Wandtafel 16.

Fam.: Nachtschattengewächse. Solanaceae.

Solanum ein bei Plinius vorkommender Pflanzenname; vielleicht von solare, einen Sonnenstich verursachen; also verrückt machen, von der giftigen Wirkung der mit Solanum bezeichneten Pflanze; dulcamara von dulcis, süß, und amarus, bitter, wegen des anfangs bitteren, später süßen Geschmacks der Stengel; daher deutsch „Bittersüß". — Mäuseholz, die Pflanze diente zum Vertreiben der Mäuse; Waldnachtschatten.

Beschreibung. Ausdauernde Pflanze mit kriechendem, holzigem Wurzelstock und verholzten, kletternden, niederliegenden, verzweigten, bis $1^1/_2$ m langen, kantigen Stengeln und abstehenden, in der Jugend grünen, kantigen Ästen (Fig. 1). — Blätter zerstreutstehend, langgestielt, eiförmig, zugespitzt; die oberen pfeilförmig ganzrandig, kahl oder schwach behaart, dunkelgrün. — Blüten (Fig. 1) in wiederholt gabelteiligen Trugdolden, deren Äste sparrig sind; Blütenstiel blattgegenständig oder verschoben, kurz behaart; Stielchen der Einzelblüten abstehend, lang, meist kurz behaart, nach oben zu verdickt. — Zwitterblüten. — Kelch becherförmig, fünfzähnig, kurz, bleibend, grün. — Blumenkrone regelmäßig, abfallend, violett, selten weiß; Röhre kurz; Saum fünfteilig, abstehend, später zurückgebogen; Lappen eilänglich, nach der Spitze zu verschmälert; in der Mitte deutlich der Länge nach gefaltet, am Grunde zwei drüsige, grüne oder weiße Flecken tragend. — Staubblätter (Fig. 2) 5, Staubfäden kurz, pfriemlich; Staubbeutel lanzettförmig, am Grunde den Fäden angewachsen, mit den Rändern zu einer kegelförmigen Röhre verwachsen, hochgelb, zweifächerig, an der Spitze mit zwei Löchern aufspringend. Fruchtknoten (Fig. 2) oberständig, kegelförmig, kahl, zweifächerig, mit zahlreichen Samenanlagen; Griffel fadenförmig, länger als die Staubgefäße; Narbe kopfförmig, stumpf. — Frucht (Fig. 3, 4, 5) eine hängende, saftige, ovale, rote, glänzende Beere. — Same nierenförmig, platt, weiß.

Die Pflanze ändert ab in der Behaarung und kommt, an Stengel und Blättern behaart vor, als var. tomentosa, oft im südlichen Teile ihres Verbreitungsgebietes.

Blütezeit: Mai bis Herbst.

 Tafel 93.

Bittersüß. *Solanum dulcamara L.*

1 Blühender Sproß. 2 Innerer Teil der Blüte im Längsschnitt. 3 Fruchtstand. 4 Frucht im Querschnitt. 5 Frucht im Längsschnitt. 2, 4, 5 vergr.

Biologisches. In der Mitte der einen violetten Stern bildenden Blumenkrone sitzt ein gelber, die Augenfälligkeit der Blüte erhöhender Staubbeutelkegel; er dient zugleich als Anflugplatz für die Insekten. Honig wird nicht abgesondert, ebenso ist die Menge des Blütenstaubes gering; infolgedessen ist der Insektenbesuch spärlich, und Eigenbestäubung häufig. Der pulverförmige Blütenstaub, zu dessen Schutz die Blüte seitwärts gestellt oder nach unten gerichtet ist, wird aus zwei Öffnungen an der Spitze der Staubbeutel entlassen. — Die Beeren werden von Vögeln verzehrt und so die Samen verbreitet.

Standort und Verbreitung. An feuchten, schattigen Stellen in Gebüschen, an Bach- und Flußufern, durch die nördliche Hälfte der Alten Welt. In Europa von den Ländern des Mittelmeeres bis fast zum Polarkreis. In Nordamerika eingeschleppt und ziemlich verbreitet.

Gift und dessen Wirkung. Über **Solanin,** welches in der Pflanze vorkommt, siehe Solanum nigrum. In den Blättern und jungen Trieben des Bittersüß wurde neben Solanin auch freies **Solanidin** reichlich gefunden; in den Früchten ist das Solanin in 0,3 bis 0,7 Proz. enthalten. In den Stengeln der Pflanze wurde ein noch nicht näher erforschtes Glykosid: das **Dulcamarin** nachgewiesen. — Vergiftungen sollen vorgekommen sein durch Genuß der schönen, roten Beeren; von anderen wird diesen aber die Giftigkeit abgesprochen. — In der Heilkunde wurden früher benutzt: die nach dem Abfallen der Blätter, im Herbst, gesammelten zwei- bis dreijährigen Sprosse (Stipites Dulcamarae).

Schwarzer Nachtschatten. Solanum nigrum *(L.)*.

Tafel 94.

Fam.: **Nachtschattengewächse. Solanaceae.**

Solanum siehe Solanum dulcamara; nigrum = schwarzer, wegen der Farbe der reifen Beeren.

Nachtschatten, im Mittelalter „Nachtschade“ = schwarzer Schade = Feind, Widersacher, wegen der Giftigkeit dieser Pflanze.

Solanum melanocerasum (Willd.).

Beschreibung. Einjährige Pflanze mit vielfach sparrig-verästeltem, krautigem, 30 bis 50 cm hohem, kahlem oder wenig behaartem, kantigem Stengel (Fig. 1). — Blätter (Fig. 1) gestielt, eiförmig, ganzrandig oder buchtig-gezähnt, am Grunde in den Blattstiel verschmälert, dunkelgrün. — Blüten (Fig. 1) in Doldentrauben an kurzen, blattgegenständigen oder seitenständigen Stielen. — Zwitterblüten. — Kelch fünfspaltig, bleibend (Fig. 3 u. 5). — Blumenkrone regelmäßig (Fig. 2), mit kurzer Röhre; Saum ausgebreitet, fünfspaltig, abfallend, weiß; Zipfel länglich-eiförmig, zugespitzt. — Staubblätter 5 (Fig. 4), frei; Staubfäden kurz, dick; Staubbeutel aufrechtstehend, kegelförmig zusammengeneigt, breit, zweifächerig, an der Spitze nach oben mit zwei Löchern aufspringend, gelb. — Fruchtknoten oberständig, eiförmig; Griffel säulenförmig mit stumpfer Narbe. — Frucht (Fig. 1 u. 5) eine kugelige, fleischige, schwarze, vielsamige Beere. — Same (Fig. 6) platt, eiförmig.

Die Pflanze ändert ab in der Form der Blätter und in der Farbe der Früchte; außer schwarzfrüchtigen kommen gelb-, grün- und rotfrüchtige (var. miniatum) Formen vor.

Blütezeit: Juli bis Spätherbst.

Biologisches. Honiglose Blüte, die im Bau derjenigen von Solanum dulcamara ähnlich ist. Insektenbesuch nicht häufig.

Standort und Verbreitung. Auf bebautem und unbebautem Lande, in Gärten, an Wegen; in ganz Europa, Asien und Amerika, mit Ausnahme der eigentlichen Tropen und der Gegenden des höchsten Nordens; allgemein verbreitetes Unkraut.

Gift und dessen Wirkung. In einer Reihe von Nachtschattenarten, der Gattung Solanum angehörend (Solanum dulcamara, nigrum,

 Tafel 94.

Schwarzer Nachtschatten. *Solanum nigrum L.*

1 Sproß mit Blüten und Früchten. 2 Blüte. 3 Blüte im Längsschnitt. 4 Staubblatt. 5 Frucht, längs durchschnitten. 6 Same, nat. Gr. 4 vergr.

tuberosum und anderen) finden sich giftige Basen mit Glykosidcharakter. Die bekannteste ist das giftige Alkaloid: **Solanin** ($C_{28}H_{47}NO_{11}$). Dieses ist durch verdünnte Mineralsäure spaltbar in Zucker und das gleichfalls giftige **Solanidin.** — Das **Solanin** kristallisiert in weißen, bitter schmeckenden Nadeln, die in Wasser und kaltem Alkohol wenig löslich sind. — Die physiologische Wirkung der beiden genannten Alkaloide ist der des Saponins ähnlich. Das Solanin gehört zu den scharf narkotischen Giften, das lähmend auf das Rückenmark einwirkt; den Tod führt es durch Lähmung der Respirationsmuskeln herbei. Der Beginn der Vergiftung zeigt sich an durch Schwindel, Verlust der Sprache, Krämpfe, Bewußtlosigkeit; Pupillenerweiterung tritt nicht auf. Selten führt die Vergiftung zum Tode, da der Solaningehalt aller Pflanzenteile kein sehr hoher ist. — Giftig sind von Solanum nigrum die Beeren, besonders diejenigen der rotfrüchtigen Abart (var. miniatum); von anderen wird die Giftigkeit und das Vorhandensein von Solanin in den Beeren bestritten. Vielleicht sind auch die äußeren Verhältnisse, unter denen die Pflanze aufwächst (Standort, Bodenverhältnisse u. dgl.), von Einfluß auf die Bildung des Giftes. In geringer Menge wurde außerdem eine dem Atropin nahestehende Pupillen erweiternde Base in der Pflanze gefunden.

Kartoffel. Solanum tuberosum *(L.)*.

Tafel 95.

Fam.: **Nachtschattengewächse. Solanaceae.**

Solanum siehe Solanum dulcamara; tuberosum, knollentragend.

Kartoffel, eine Verstümmelung des italienischen Namens „Tartuffoli" = Erdapfel.

Beschreibung. Pflanze mit einjährigem, knolligem Wurzelstocke (Fig. 1), aus dem lange, unterirdische Ausläufer hervorwachsen, die sich stellenweise zu knospentragenden Knollen verdicken. — Stengel aufrecht oder niederliegend, verästelt, krautartig, kantig, mit schmalen Seitenleisten, bis 1 m lang. — Blätter (Fig. 1) unpaarig-gefiedert; Blättchen ganzrandig, am Grunde ungleich-herzförmig; unterseits zottig-behaart; oberseits unbehaart. — Blüten (Fig. 1 u. 2) in langgestielten Trugdolden, end- und seitenständig; Blütenstiele in der Mitte gegliedert. — Zwitterblüten. — Kelch einblätterig, mit fünf kurzen, elliptischen Zipfeln. — Blumenkrone (Fig. 2) regelmäßig, radförmig, einblätterig, mit fünf durch seichte Einbuchtung des Randes wenig deutlichen Lappen; Saum gefaltet, weiß, bläulich oder rötlich. — Staubblätter (Fig. 3 u. 4) 5, der Blumenkrone am Grunde aufsitzend; Staubfäden breit; Staubbeutel frei, aufrecht, nach der Mitte zu einem Kegel zusammengeneigt, zylindrisch, zweifächerig, orangefarbig, an der Spitze mit zwei Löchern aufspringend. — Fruchtknoten (Fig. 3 u. 5) zweifächerig, oval; Griffel keulenförmig, weiß; Narbe kopfförmig, grün. — Frucht (Fig. 6) eine kugelrunde, gelbgrüne, fleischige, vielsamige Beere. — Same (Fig. 3) klein, nierenförmig, platt.

Die Pflanze hat unzählige in der Tracht, der Form der Blätter, Farbe der Blüten, Gestalt und Farbe der Knollen sich unterscheidende Abarten gebildet.

Blütezeit: Juli, August.

Biologisches. Zur Blütezeit stellen sich die Blütenstiele fast wagerecht und die Blumenkronen breiten sich zu senkrechtstehenden Flächen aus. Die fünf kegelförmig zusammenstehenden, gelben Staubgefäße umschließen den Griffel, während die Narbe über sie hinausragt und sich mehr oder weniger abwärts richtet. — Farbenkontrast des gelben Staubbeutelkegels gegen die violetten Blumenblätter zur Verstärkung des Schauapparates. — Honiglose Blüte mit spärlichem Insektenbesuch, in der daher Eigenbestäubung häufig eintreten muß. — Die Blütenblätter falten sich abends zusammen und werden durch Krümmen der Blütenstiele nickend, zum Schutze des Blütenstaubes gegen Nässe.

Standort und Verbreitung. Angebaut in fast allen Teilen der Erde, in denen das Klima dieses zuläßt. Die jetzt in unzähligen Formen kultivierte, botanisch als Solanum tuberosum bezeichnete Pflanze, entstammt nicht einer einzigen der wildwachsenden knollentragenden Nachtschattengewächse Amerikas, sondern ist ein Erzeugnis vielhundertjähriger Kultur, zu dessen Entstehung vielleicht auch Vermischung mehrerer Solanumarten beigetragen hat. Als Ursprungsarten sieht man an: die in Chile, Peru, Olivia und nördlich bis Zentralamerika vorkommende Solanum Maglia (Schlecht) und die in Uraguay bis nach Brasilien wachsende Solanum Commersoni (Dunal). Geschichtlich ist erwiesen, daß der, schon vor Entdeckung Amerikas, wenn auch als wenig wichtige Kulturpflanze dort angebaute knollentragende Nachtschatten auf zwei Wegen nach Europa gelangte: 1. aus dem südlichen Teile Nordamerikas nach England gegen 1580 und 2. nach Südeuropa durch die Spanier vor 1586. Im Jahre 1588 wurde die Pflanze durch den Botaniker Clusius nach Deutschland gebracht. Dieser Franzose hatte sie von einem päpstlichen Gesandten unter dem für die Pflanze in Italien gebräuchlichen Namen „Taratoufli“ erhalten. Hiervon leitet sich der deutsche Name Kartoffel ab.

Gift und dessen Wirkung. Über **Solanin** siehe Solanum nigrum. Es findet sich bei der Kartoffel in allen Teilen der Pflanze, und zwar besonders reichlich in der Nähe der Vegetationspunkte in jungen Blättern, Blüten und in den grünen Beeren sowie in den Knollen. — Im Hochsommer enthält das frische Kraut 0,0925 Proz. des Alkaloids, im Spätsommer nur 0,0374 Proz. und noch weniger. In den Knollen findet sich das Solanin in den inneren Schichten der Rinde, und beträgt der Durschnittsgehalt 0,0124 Proz.; er ist aber nach den Sorten wechselnd; die rotschaligen sollen etwas mehr Solanin enthalten als die gelbschaligen Sorten. Weiterhin soll die Feuchtigkeit des Bodens großen Einfluß auf den Solaningehalt der Kartoffelknolle ausüben; feuchter Boden soll einen höheren Solaningehalt der Knollen verursachen als trockener; bei Stickstoffdüngung soll er ferner höher sein als bei Kalidüngung. Im Stärkeparenchym wurden 0,002 Proz. gefunden. In frischen Frühjahrstrieben der Kartoffel wurde bis 1,5 Proz. Solanin gefunden; auch die Knollen selbst, welche junge Triebe tragen, sind reicher an giftigen Alkaloiden, als zur Zeit, wo sie noch nicht austreiben. In sehr geringer Menge ist in der Pflanze ein dem Atropin nahestehendes, die Pupille erweiterndes Alkaloid nachgewiesen worden.

— Besonders hoch ist der Solaningehalt in den Knollen, die längere Zeit dem Lichte ausgesetzt gewesen und dadurch grün geworden sind; hier steigt derselbe um das Dreifache, und es findet sich die stärkste Zunahme nicht in der Schale selbst, sondern in den unmittelbar unter dieser liegenden, blattgrünhaltigen Geweben. Ungesund ist nach dem oben Gesagten der Genuß von gekeimten und von grünschaligen Kartoffeln. — Über die physiologische Wirkung des Solanins siehe bei Solanum nigrum.

 Tafel 95.

Kartoffel. *Solanum tuberosum L.*

1 Knollen. 2 Blühender Sproß. 3 Blüte im Längsschnitt. 4 Staubblatt. 5 Fruchtknoten mit Griffel. 6 Frucht. 7 Same, vergr. u. nat. Größe. 3, 4, 5 vergr.

Tollkirsche. Atropa belladonna *(L.)*.†

Tafel 96. Wandtafel 17.

Fam.: Nachtschattengewächse. Solanaceae.

Atropa von *átropos* (gr.), unabwendbar, Name derjenigen der drei Parzen, die den Lebensfaden abschneidet, wegen der großen Giftigkeit der Pflanze; Bella donna (schöne Frau) von dem Botaniker Tournefort genannt, weil die Italienerinnen sich mit dem Safte der Beeren schminkten.

Tollkirsche, Tollkraut, Schwindelkirsche, Schlafkirsche, wegen ihrer schwindelerregenden Wirkung; Teufelskirsche; Waldnachtschatten.

Beschreibung. Ausdauernde Pflanze mit fleischigem, braunem, verästeltem Wurzelstocke und aufrechten, bis $1^1/_2$ m hohen, etwas kantigen, weichhaarigen, oben verästelten, grünen, oft rötlichbraunen Stengeln. — Blätter (Fig. 1) am Hauptstengel zerstreut stehend, gestielt, groß; an den Ästen paarweise nebeneinander stehend, mit unter sich an Größe ungleichen Paaren; oval oder eiförmig, zugespitzt, ganzrandig, oberseits dunkelgrün, kahl; unterseits heller, am Blattstiel und an den Nerven drüsig behaart. — Blüten (Fig. 1) einzeln, gestielt, hängend, blattwinkelständig; Stiel drüsig behaart. — Zwitterblüten. — Kelch fünfspaltig, Lappen eiförmig, zugespitzt, drüsig behaart, grün, bleibend. — Blumenkrone (Fig. 1 u. 2) glockenförmig, außen drüsig behaart, abfallend; Saum fünflappig; Lappen abgerundet, zurückgerollt; unten grünlichgelb, oben braunviolett. — Staubblätter 5 (Fig. 2), am Grunde der Blumenkrone eingefügt; Staubfäden pfriemlich, weiß, unten zottig behaart, oben kahl, gekrümmt; Staubbeutel oval, am Rücken angeheftet, zweifächerig, blaßgelb, längsaufspringend. — Fruchtknoten (Fig. 2) auf einer ringförmigen Scheibe, eiförmig, seitlich kaum merklich zusammengedrückt, zweifächerig, kahl, mit vielen Samenanlagen; Griffel fadenförmig, unten violett, oben grün; Narbe zweilappig, grün. — Frucht (Fig. 3 u. 4) eine vom grünen Kelche gestützte, plattkugelige, glänzend schwarze, zweifächerige, saftige Beere, in der die Samen in violettem Safte eingebettet sind. — Same (Fig. 5) nierenförmig bis eiförmig, mit harter, körnig-warziger Schale; Embryo stielrund; Samenlappen hakenförmig gebogen (Fig. 6).

Blütezeit: Juni bis August.

Biologisches. Während das Laub für die größeren Weidetiere als Gift wirkt, bildet es für ein kleines Käferchen (Haltica atropae) das hauptsächlichste Nahrungsmittel. — Zwecks Ausnutzung der ganzen zu Gebote stehenden Lichtmenge sind an dieser, im Waldschatten lebenden Pflanze, die Blätter an den Zweigen so verteilt, daß die größeren der Außenseite, die kleineren dem Stengel der Pflanze zugekehrt sind, und zwar so, daß sie den Raum zwischen den größeren Blättern und dem Stengel ausfüllen. — Die Blüte, in der Knospe nach oben gerichtet, kommt vor dem Öffnen durch Krümmung des Stieles in eine gestürzte Lage, zum Schutze des Blütenstaubes gegen Nässe. — Am Grunde der Staubblätter stehen vor der Nektarhöhle Haarbüschel als Schutzwehr (Saftdecke) gegen unberufene, d. h. keine Bestäubung bewirkende Gäste, z. B. kleine Insekten. — Platzwechsel der Staubbeutel und Narben zur Begünstigung der Kreuzbestäubung: in der jungen Blüte sind die Staubbeutel der Wand angelehnt, die Narbe nimmt die Mitte der Blüte ein; nach einigen Tagen ist der Griffel, falls er noch nicht abgefallen ist, an Stelle der Staubbeutel getreten, und diese stehen in der Mitte der Eingangspforte der Blüte. Keimung der Blütenstaubkörner und Eindringen der Keimschläuche in den Griffel vollziehen sich sehr rasch; gleich darauf welkt die Narbe, und der Griffel fällt ab. — Die großen, schwarzblauen Beeren werden trotz ihres Giftgehaltes von Amseln und Drosseln verzehrt und dadurch die Samen verbreitet.

Standort und Verbreitung. In Bergwäldern, besonders auf Kalkboden, zuweilen recht häufig; in ganz Süd- und Mitteleuropa und Westasien.

Gift und dessen Wirkung. Die Tollkirsche ist eine der gefährlichsten Giftpflanzen, da das Gift auch in den schönen, großen, appetitlichen Beeren enthalten ist, die von Kindern und auch von Erwachsenen bei Unkenntnis ihrer Giftigkeit gesammelt und genossen werden können, was um so leichter vorkommt, als die Beeren süßlich schmecken. — Die Pflanze enthält in allen Teilen das sehr giftige Alkaloid: **Atropin** ($C_{17}H_{23}NO_3$), das, rein dargestellt, nadelförmige Kristalle bildet, die sehr bitter schmecken. Dieses Alkaloid steht sehr nahe dem **Hyoscyamin** und läßt sich in dieses überführen, wie auch andererseits Hyoscyamin leicht in Atropin übergeht. In der Tat hat man in der Tollkirschpflanze in gewissen Teilen oder in gewissen Entwickelungszuständen nicht Atropin, sondern Hyoscyamin gefunden, und man faßt diese beiden Basen nebst dem **Skopolamin** ($C_{17}H_{21}NO_2$) und einiger in geringer Menge vorkommenden **(Hyoscin, Atropamin, Belladonnin)** als Basen der Atropingruppe zusammen. — Der Gehalt an Gesamtalkaloiden ist bei Atropa Belladonna am größten in der Wurzel (0,4 bis 1 Proz.); dieselbe enthält jedoch in frischem Zustande nur Hyoscyamin, kein Atropin. Blätter und Früchte enthalten weniger

Tollkirsche. *Atropa belladonna L.*

1 Sproß mit Blüten und Frucht. 2 Blüte im Längsschnitt. 3 Frucht im Längsschnitt. 4 Frucht im Querschnitt. 5 Same. 6 Same im Längsschnitt. 2 u. 6 vergr. 5 nat. Größe u. vergr.

Alkaloide, auch sind kultivierte Pflanzen alkaloidärmer (0,26 Proz.) als wildwachsende (0,4 Proz.). In frischem Zustande scheint die Pflanze fast nur Hyoscyamin zu enthalten; jedoch widersprechen sich die Angaben, was möglicherweise einer Nichtbeachtung der leichten Überführbarkeit des Hyoscyamins in Atropin zuzuschreiben ist; wahrscheinlich bildet sich das Atropin der Hauptmasse nach überhaupt erst bei seiner Herstellung in den abgestorbenen Pflanzenzellen aus dem Hyoscyamin. Genuß der Pflanzenteile wirkt stark narkotisch, besonders auf das Gehirn; es stellen sich Betäubung und Delirien ein; eigentümlich ist ferner die durch das Atropin bewirkte Starrheit der Pupille und die Erweiterung derselben. — In der Heilkunde werden benutzt: die von wildwachsenden Pflanzen zur Zeit der Blüte gesammelten Blätter (Folia Belladonnae) und früher auch die in der Ruhezeit der Pflanze gesammelten Wurzeln (Radix Belladonnae).

Gemeiner Bocksdorn. Lycium halimifolium *(Mill.)*.

Tafel 97.

Fam.: **Nachtschattengewächse. Solanaceae.**

Lycium, *Lykion* (gr.) (Ableitung unbekannt), nannten die Alten den in Kleinasien einheimischen Strauch Rhamnus infectoria; der Name Lycium wurde später von Linné auf die vorliegende, mit der genannten gar nicht verwandten Pflanzengattung übertragen; halimifolium = mit Blättern, denen des Halimodendron ähnlich.

Lycium megistocarpum (D. C.); Lycium barbarum (Ait.); Lycium europaeum (Lam.).

Beschreibung. Bis 2 m hoher Strauch, mit grauen, aufrechtstehenden, mehr oder weniger bedornten Stengeln und schwach überhängenden Ästen und Zweigen (Fig. 1). — Blätter (Fig. 2) kurzgestielt, Spreite allmählich in den Stiel verschmälert, lanzettförmig oder elliptisch-lanzettlich, glatt, oben hellgrün, unten graugrün. — Blüten (Fig. 1) einzeln oder zu drei bis vier in den Blattachseln, gestielt. — Zwitterblüten. — Kelch glockig, dreizähnig, kahl. — Blumenkrone (Fig. 2) trichterförmig, im Schlunde behaart; Saum ausgebreitet, mit fünf eiförmigen, zurückgeschlagenen, hellvioletten Zipfeln. — Staubblätter 5 (Fig. 2), der Mitte der Blumenkrone aufsitzend; Staubfäden unten mit einem Haarkranze (Fig. 3); Staubbeutel eiförmig, längsaufspringend. — Fruchtknoten oberständig, zweifächerig (Fig. 5), oval; Griffel (Fig. 4) fadenförmig; Narbe knopfförmig, schwach zweilappig. — Frucht (Fig. 6) eine eiländliche, etwas ungleichseitige, zweifächerige, orangefarbige oder korallenrote Beere. — Same nierenförmig (Fig. 7).

Blütezeit: Mai bis Oktober.

Biologisches. Der Strauch hält sich mit seinen langen, gertenförmigen Sprossen in und auf den Zweigen anderer Sträucher fest, wobei die Stacheln das Festhalten erleichtern: Spreizklimmer. — Der Honig wird vom Fruchtknoten abgesondert und im Grunde der Blumenkronröhre abgelagert; die letztere ist am oberen, trichterförmig erweiterten Ende durch die wolligen, um jeden Staubfaden in Form eines Ringes stehenden Haarkränze abgeschlossen, und dadurch ist das Innere gegen das Eindringen des Regens geschützt. — Die Blüten

 Tafel 97.

Gemeiner Bocksdorn. *Lycium halimifolium (Mill.).*

1 Zweig mit Blüten und Früchten. 2 Blüte im Längsschnitt. 3 Staubblatt. 4 Fruchtknoten. 5 Fruchtknoten im Querschnitt. 6 Frucht im Längsschnitt. 7 Same. 2 bis 7 vergr.

sind erstweiblich (proterogyn); die Narbe steht zunächst über den Staubbeuteln; diese werden durch nachträgliches Wachstum der Staubfäden in die Höhe gerückt.

Standort und Verbreitung. Dieser Strauch stammt aus China und kommt in Kleinasien, Nordafrika, Süd- und Mitteleuropa verwildert vor. Bei uns in Anlagen vielfach angepflanzt.

Gift und dessen Wirkung. In der Pflanze ist ein zur Gruppe der giftigen Atropin- bzw. Hyoscyaminbasen gehörendes, chemisch noch nicht näher untersuchtes, pupillenerweiterndes Alkaloid, allerdings nur in geringer Menge vorkommend, nachgewiesen worden. Die seit langem bestehende Giftverdächtigkeit der Pflanze wird dadurch bestätigt.

Judenkirschartige Giftbeere. Nicandra physaloides *(Gaertn.)*.

Tafel 98.

Fam.: Nachtschattengewächse. Solanaceae.

Nicandra nach dem Arzte Nicander (um 160 v. Chr.) aus Kolophon; physaloides = der Physalis (Judenkirsche) ähnlich.
Physalis peruviana (Mill.).

Beschreibung. Einjährige Pflanze mit aufrechtem, viel verzweigtem, bis 1,30 m hohem Stengel (Fig. 1). — Blätter (Fig. 1) abwechselnd, eilänglich, mit gebuchtetem Rande, kahl, in den Stiel verschmälert. — Blüten (Fig. 1) einzeln, gestielt, achselständig oder meist außerhalb der Blattwinkel stehend, überhängend. — Zwitterblüten. — Kelch (Fig. 1) fünfteilig, fünfkantig, aufgeblasen, mit pfeilförmigen Zipfeln, kahl. — Blumenkrone (Fig. 2) glockenförmig, mit gefaltetem Rande, schwach fünflappig, violett. — Staubblätter 5 (Fig. 2); Staubfäden am Grunde verbreitert, pfriemlich; Staubbeutel eiförmig, längsaufspringend. — Fruchtknoten (Fig. 2) fünffächerig, mit vielen Samenanlagen; Griffel fadenförmig; Narbe kopfförmig. — Frucht (Fig. 3 u. 4) eine saftlose, drei- bis vierfächerige, vom blasenförmigen Kelche eingeschlossene, braune, vielsamige Beere. — Same nierenförmig, platt, braun.

Blütezeit: Juli bis September.

Biologisches. Die Staubblätter bilden im Grunde der Blüte einen Hohlkegel, der den darunter liegenden Honig schützend überdeckt. Die Blüte, bei der Entfaltung aufwärts oder seitwärts gewendet, wird nach der Bestäubung nach abwärts geneigt, und die reifende Frucht wird von dem bleibenden Kelche umschlossen und geschützt.

Standort und Verbreitung. Stammt aus Peru; wird in Gärten als Zierpflanze gezogen und findet sich vielfach verwildert.

Gift und dessen Wirkung. Die Pflanze wurde früher als giftig oder doch als giftverdächtig angegeben; einige hielten sie jedoch nicht für giftig. Neuerdings ist durch mikrochemischen Nachweis ein den Hyoscyamin- oder Atropinbasen nahestehendes, chemisch noch nicht näher untersuchtes Alkaloid in der Pflanze aufgefunden worden.

 Tafel 98.

Judenkirschartige Giftbeere. *Nicandra physaloides Gaertn.*

1 Blühender Sproß. 2 Blüte im Längsschnitt. 3 Frucht. 4 Frucht im Querschnitt.
2 vergr.

Roter Fingerhut. Digitalis purpurea *(L.)*.†

Tafel 99. Wandtafel 18.

Fam.: **Rachenblütler. Scrophulariaceae.**

Digitalis von Digitale = Fingerhut, wegen der Form der Blumenkrone; purpureus = rot, wegen der purpurroten Blüte.
Waldglöckchen, Waldschelle.

Beschreibung. Pflanze mit zweijährigem Wurzelstocke. — Stengel einjährig, krautig, aufrecht, bis 2 m hoch, einfach, selten später verästelt, undeutlich fünfkantig, weich behaart. — Blätter: Wurzelblätter langgestielt (Fig. 1); Stengelblätter zerstreutstehend, länglich, gekerbt, runzelig, behaart, in den dreikantigen Blattstiel verschmälert, nach oben hin bis zu Deckblättern kleiner werdend. — Blüten (Fig. 2) in endständiger, einseitswendiger Traube mit großen, hängenden Zwitterblüten. — Kelch (Fig. 2 u. 5) tief fünfteilig; Zipfel eiförmig, weich behaart, bleibend. — Blumenkrone (Fig. 2 u. 3) unterständig, unregelmäßig glockenförmig, mit schiefem, lippenförmigem, gewimpertem Saume; Oberlippe kurz, mit zurückgeschlagenen Zipfeln. Unterlippe dreilappig, Mittellappen groß, innen lang behaart, purpurrot, zuweilen weiß, im Schlunde weiß, mit kleinen roten Tüpfeln. — Staubblätter 4 (Fig. 2 u. 4), ungleichgroß, am Rande der Blumenkrone eingefügt; die beiden längeren Staubfäden gerade, die beiden kürzeren knieförmig gegeneinander gebogen, platt, weiß. Staubbeutel groß, länglich, zweifächerig, paarweise genähert, gelb mit roten Punkten; Fächer an der Spitze zusammenhängend, mit gemeinsamer Spalte sich öffnend. — Fruchtknoten (Fig. 5) schief-kegelförmig, drüsig behaart, zweifächerig, mit zahlreichen Samenanlagen; Griffel lang, fadenförmig, kahl; Narbe spitz, zweispaltig. — Frucht (Fig. 6) eine kegelförmige, seitlich etwas zusammengedrückte Kapsel; beiderseits mit vertiefter Naht; reif, zweiklappig aufspringend. — Same (Fig. 7) sehr klein, rotbraun, vierkantig, mit netzgrubiger Oberfläche.

Blütezeit: Juli bis September.

Biologisches. Die Blätter bilden im ersten Jahre eine grundständige Rosette; sie beschatten im Umkreise der Wurzel den Boden und verhindern dadurch ein schnelles Austrocknen desselben. Das auf die Blätter auffallende Regenwasser wird durch die Stellung derselben der Pfahlwurzel zugeführt. — Die filzige Behaarung der Blätter bildet einen Schutz gegen zu starke Ausdünstung des Wassers. — Der weithin sichtbare Blütenstand bildet eine einseitige Ähre; die einzelnen Blüten richten sich nach der Seite hin, von der das meiste Licht kommt, und woher deshalb die meisten Insekten zu erwarten sind. — Der Honig wird von einem ringförmigen Wulste des Fruchtknotens abgeschieden. — Die Blüte ist dem Besuche von Hummeln und größeren Bienen angepaßt, welche auch häufig in ihr übernachten. Beim Heranfliegen lassen sich die Besucher auf der etwas vorstehenden Unterlippe nieder, halten sich an den dort befindlichen aufrecht stehenden Borsten, die ungebetenen kleineren Gästen den Zutritt verwehren, fest, und kriechen dann ganz in die Blüte hinein. Die Blüte ist erstmännlich (proterandrisch); die Insekten finden also anfangs nur die im oberen Teile der Blüte befindlichen Staubbeutel reif und bedecken sich auf dem Rücken mit Blütenstaub; erst in älteren Blüten sind auch die Narben der Griffel auseinander gespreizt und belegungsfähig. — Bei ausbleibendem Insektenbesuch erfolgt Eigenbestäubung dadurch, daß Blütenstaub auf die herabgebogene Narbe herabrieselt, oder daß gegen Ende der Blütezeit die Blumenkrone sich ablöst, mit den Staubbeuteln über die Narbe hinweg gleitet und dabei den Blütenstaub auf die letztere überträgt. — Die Blüte, in der Knospe aufwärts gerichtet, kommt durch Krümmung des Blütenstieles kurz vor dem Öffnen in eine gestürzte Lage, in der sie so lange verharrt, als der Blütenstaub des Schutzes gegen Regen bedarf; nach dem Abblühen streckt sich der Blütenstiel wieder. Infolge dieser Stellung der reifen Samenkapsel kann der Wind die zahlreichen kleinen Samen weithin verstreuen, die im anderen Falle einfach gleich neben der Mutterpflanze zur Erde fallen würden.

Standort und Verbreitung. In Gebirgsgegenden Westeuropas; in Deutschland östlich bis zum Harz, in einzelnen Gebieten, so am Rhein, in den Vogesen, im Schwarzwald in großer Menge; fehlt im Jura, in den Alpen und in den österreichischen Gebirgen. In Gärten häufig als Zierpflanze.

Gift und dessen Wirkung. Alle Teile der Digitalisarten, besonders Blätter und Samen, sind giftig. Vergiftungen sind viele bekannt, meist vorübergehende, seltener tödliche, durch Verwechselung mit anderen Kräutern, durch Mißbrauch als Hausmittel gegen Wassersucht, Herzklopfen u. dgl. und durch zu starke Gaben in der Heilkunde. — In den genannten Teilen der Pflanze sind eine Reihe nahe verwandter, giftiger Glykoside und Bitterstoffe gemischt vorhanden: 1. das **Digitalin** ($C_{35}H_{56}O_{14}$), rein dargestellt ein weißes,

Roter Fingerhut. *Digitalis purpurea L.*

1 Grundblätter. 2 Blühender Sproß. 3 Blüte im Längsschnitt. 4 Staubblatt. 5 Fruchtknoten im Längsschnitt. 6 Frucht. 7 Same, nat. Größe und vergr. 4, 5 vergr.

amorphes, in Wasser und Alkohol schwer lösliches Pulver; 2. das **Digitonin** ($C_{27}H_{44}O_{13}$), kristallisierbar, in Wasser leicht löslich; 3. das **Digitaleïn,** nur in geringer Menge in der Pflanze vorhanden; 4. das **Digitoxin** ($C_{34}H_{54}O_{11}$); 5. das **Digitophyllin** ($C_{32}H_{52}O_{10}$), ein kristallisierbares Glykosid der Digitalisblätter. Der Gehalt an den genannten giftigen Glykosiden ist sehr vom Standorte der Pflanze abhängig; wildwachsende Pflanzen sind wesentlich glykosidreicher, also giftiger, als die in Gärten kultivierten. Die genannten Glykoside wirken in charakteristischer Weise lähmend auf die Herzmuskeln. — In der Heilkunde werden benutzt: die von wildwachsenden Pflanzen zur Blütezeit gesammelten Blätter (Folia Digitalis).

Gelber Fingerhut. Digitalis lutea *(L.)*.

Tafel 100.

Fam.: **Rachenblütler. Scrophulariaceae.**

Digitalis siehe Digitalis purpurea; luteus = gelb.
Digitalis parvifl. (All.).

Beschreibung. Zweijährige oder ausdauernde Pflanze mit 1 m hohem, aufrechtem, kahlem Stengel. — Blätter (Fig. 1) länglich; die oberen lanzettförmig; spitz gezähnt; Wurzelblätter gestielt; Stengelblätter sitzend, stengelumfassend. — Blüten (Fig. 1 u. 2) in endständigen, einseitswendigen Trauben. — Zwitterblüten. — Kelch fünfblätterig, mit lanzettlichen Zipfeln, bleibend. — Blumenkrone gelb, röhrenförmig, oben wenig bauchig erweitert, mit ungleichmäßigem, vierzipfeligem Saume; der obere Zipfel breit, zweispaltig; der untere und die beiden seitlichen gleich, spitz, dreieckig. — Staubbeutel 4, am Grunde der Blumenkronröhre angewachsen; Staubfäden weiß, fadenförmig, so lang wie die Blumenkronröhre; Staubbeutel zusammengeneigt, zweifächerig, längsaufspringend, braungelb. — Fruchtknoten eiförmig, zweifächerig; Griffel fadenförmig; Narbe spitz. — Frucht eine braune, zweiteilige, aufspringende, vielsamige Kapsel. — Same klein, gelbbraun.

Blütezeit: Juni bis August.

Biologisches siehe Digitalis purpurea.

Standort und Verbreitung. In den Gebirgen von Mittel- und Südeuropa. In Deutschland im Nahe-, Mosel- und Saargebiete, in den Vogesen, im Schwarzwald und in der Pfalz.

Gift und dessen Wirkung siehe Digitalis purpurea.

 Tafel 100.

Gelber Fingerhut. *Digitalis lutea L.*

1 Teile der Pflanze. 2 Blüte im Längsschnitt.

 Tafel 101.

Blaßgelber Fingerhut. *Digitalis ambigua Murray.*

1 Blühender Sproß. 2 Blüte mit aufgeklappter Blumenkrone. 3 Staubblatt.
4 Fruchtknoten mit Griffel im Längsschnitt. 2, 3, 4 vergr.

Blassgelber Fingerhut. Digitalis ambigua *(Murrey).*

Tafel 101.

Fam.: **Rachenblütler. Scrophulariaceae.**

Digitalis siehe Digitalis purpurea; ambiguus = schwankend, weil man die Pflanze für einen Bastard hält.

Digitalis grandiflora (All.); Digitalis ochroleuca (Jacq.).

Beschreibung. Ausdauernde Pflanze mit plattem oder drüsig behaartem Stengel (Fig. 1). — Blätter (Fig. 1) eiförmig oder länglich-lanzettlich; unterseits netzadrig; Wurzelblätter gestielt; Stengelblätter stengelumfassend, gesägt, in der Blütenspindel zu einfachen, lanzettlichen Deckblättchen werdend. — Blüten in endständiger, einseitswendiger Traube; Spindel filzig behaart. — Zwitterblüten. — Kelch fünfblätterig, mit lanzettförmigen, spitzen Zipfeln, behaart, bleibend. — Blumenkrone (Fig. 2) ungleichmäßig, glockig, mit nach oben bauchig erweiterter Röhre; Rand mit vier ungleichen dreieckigen Zipfeln, von denen der obere breiter und ausgerandet ist; gelblich, im Verblühen gelbrot, innen netzförmig rot geadert; außen drüsig behaart. — Staubblätter 4 (Fig. 2 u. 3) am Grunde mit der Blumenkrone verwachsen; Staubfäden fadenförmig, die beiden längeren am Grunde gebogen; Staubbeutel gelb, eiförmig, zweifächerig, längsaufspringend. — Fruchtknoten (Fig. 2 u. 4) eiförmig, seitlich zusammengedrückt, beiderseits mit deutlicher Naht, grün, glatt, zweifächerig; Griffel fadenförmig; Narbe spitz. — Frucht eine längliche, seitlich zusammengedrückte, vom Kelche gestützte, zweifächerige Kapsel. — Same klein, elliptisch.

Blütezeit: Juni, Juli.

Biologisches siehe Digitalis purpurea.

Standort und Verbreitung. In trockenen Bergwäldern Mitteleuropas von Frankreich bis zum Ural zerstreut vorkommend.

Gift und dessen Wirkung siehe Digitalis purpurea.

Wald-Läusekraut. Pedicularis silvatica *(L.)*.

Tafel 102.

Fam.: **Rachenblütler. Scrophulariaceae.**

Pedicularis von pediculus, Laus; silvatica = im Walde wachsend.

Beschreibung. Zwei- oder mehrjährige Pflanze (Fig. 1) mit kahlen, vom Grunde aus verästelten, niederliegenden, beblätterten Stengeln. — Blätter (Fig. 1) abwechselnd gefiedert; Fieder breit eingeschnitten, gezähnt, hellgrün. — Blüten (Fig. 2 u. 3) in endständigen, aufrechten Ähren. — Zwitterblüten. — Kelch weit, bauchig, mit fünf Zähnen; Zähne oben blattartig, bleibend. — Blumenkrone zweilippig; Röhre zylinderförmig, am Schlunde erweitert; Oberlippe helmartig, seitlich zusammengedrückt, mit kurzem, abgestutztem, beiderseits einen Zahn tragendem Schnabel; Unterlippe ausgebreitet, dreizipfelig; Zipfel rundlich, rot. — Staubblätter 4 (Fig. 3 u. 4), zwei längere und zwei kürzere, am Grunde mit der Blumenkronröhre verwachsen; Staubfäden fadenförmig, weiß; Staubbeutel am Rücken angeheftet, eiförmig, zweifächerig, längsaufspringend, gelb. — Fruchtknoten (Fig. 3) eiförmig, zweifächerig, mit vielen Samenanlagen; Griffel fadenförmig; Narbe undeutlich kopfförmig. — Frucht (Fig. 5 u. 6) eine vom Kelche umschlossene, halbkugelige, zweifächerige, zusammengedrückte, aufspringende Kapsel. — Same (Fig. 6 u. 7) eiförmig, kantig, mit grubiger Nabelwarze.

Blütezeit: Mai bis Juli.

Biologisches. Die Läusekrautarten sind sogenannte Halbschmarotzer, d. h. Pflanzen, denen man die schmarotzende Ernährungsweise nicht ansieht; sie tragen große, grüne Blätter, bedürfen aber zur vollständigen Entwickelung fremder Pflanzen, an deren Wurzeln sie sich mit Hilfe scheibenförmiger Saugorgane (Haustorien) festsaugen, und aus denen sie Nährstoffe entnehmen. Die Läusekrautarten schmarotzen auf Gräsern, an deren Wurzeln sie sich mit kleinen Saugwurzeln festsetzen. — Die Unterlippe dient den Insekten als Anflugplatz; die Oberlippe wölbt sich als schützendes Dach über die Staubbeutel. — Der Honig wird von einem einseitigen Wulst am Grunde des Fruchtknotens

Tafel 102.

Wald-Läusekraut. *Pedicularis silvatica L.*

1 Blühende Pflanze. 2 Blüte mit Stützblatt. 3 Blüte im Längsschnitt. 4 Staubblatt. 5 Frucht. 6 Frucht im Querschnitt. 7 Aufgeschnittene Samenkapsel. 8 Same. 2 bis 5 vergr., 8 nat. Größe u. vergr.

abgeschieden. — Im Bau ihrer Blüten sind diese Pflanzen an die Bestäubung durch Hummeln und Bienen angepaßt.

Standort und Verbreitung. In moorigen Wiesen und an feuchten Waldstellen; in Westeuropa, in der Schweiz und in Böhmen.

Gift und dessen Wirkung. Stengel und Blätter von Pedicularis silvatica und Pedicularis palustris riechen und schmecken unangenehm scharf; sie werden vom Weidevieh verschmäht und allgemein als giftig betrachtet. Früher dienten die Teile der Pflanze als Volksheilmittel zur Vertreibung von Läusen. In der Pflanze wurde ein, auch in den Rhinanthus- und Melampyrumarten vorkommendes Glykosid: **Rhinanthin,** gefunden, dessen chemische Zusammensetzung und physiologische Wirkung jedoch noch unbekannt sind.

Sumpf-Läusekraut. Pedicularis palustris *(L.)*.

Tafel 103.

Fam.: **Rachenblütler. Scrophulariaceae.**

Pedicularis siehe Pedicularis silvatica; palustris = im Sumpfe wachsend.

Beschreibung. Zwei- oder mehrjährige Pflanze, mit aufrechtem, verästeltem, kahlem, kantigem Stengel (Fig. 1). — Blätter unregelmäßig gefiedert oder doppelt gefiedert; Fiederchen länglich, eingeschnitten-gezähnt, hellgrün. — Blüten (Fig. 1) einzeln in den Achseln der Blätter; die oberen ährenförmig zusammengedrängt. — Zwitterblüten. — Kelch (Fig. 2) bleibend, bauchig-aufgeblasen, mit zweilappigem Rande; Lappen eingeschnitten, gezähnt und gekräuselt. — Blumenkrone (Fig. 2) zweilippig; Röhre weit, zylindrisch, aufrechtstehend; Oberlippe helmartig, seitlich zusammengedrückt, vorn undeutlich abgestumpft, mit zwei seitlichen Zähnen; Unterlippe abstehend, dreilappig; Lappen gleich, rundlich, rot. — Staubblätter 4 (Fig. 2), zwei längere und zwei kürzere, am Grunde mit der Blumenkronenröhre verwachsen; Staubfäden fadenförmig, weiß; Staubbeutel am Rücken eingefügt, zweifächerig, längsaufspringend. — Fruchtknoten (Fig. 2) eiförmig, zweifächerig, mit vielen Samenanlagen; Griffel fadenförmig; Narbe kopfförmig. — Frucht (Fig. 3) eine vom Kelche umgebene, halbkugelige, zweifächerige, aufspringende Kapsel. — Same (Fig. 4) eiförmig, kantig, netzgrubig, mit Nabelwarze.

Blütezeit: Mai bis Juli.

Biologisches siehe Pedicularis silvatica.

Standort und Verbreitung. In Europa und Nordasien auf Moorboden und sumpfigen Wiesen.

Gift und dessen Wirkung siehe Pedicularis silvatica.

 Tafel 103.

Sumpf-Läusekraut. *Pedicularis palustris L.*

1 Blühender Sproß. 2 Blüte im Längsschnitt, vergr. 3 Frucht, aufgesprungen. 4 Same, vergr. u. nat. Größe.

Gottesgnadenkraut. Gratiola officinalis *(L.)*.

Tafel 104.

Fam.: **Rachenblütler. Scrophulariaceae.**

Gratiola, Verkleinerungsform von gratia = Gnade; Gnadenkraut, weil man die Pflanze, der früher ganz besondere Heilwirkungen zugeschrieben wurden, für eine besondere Gabe göttlicher Gnade hielt.

Gichtkraut, Purgierkraut.

Beschreibung. Ausdauernde Pflanze mit kriechendem, weißem oder bräunlichem, ästigem Wurzelstocke und aufrechten, verästelten, unten runden, oben vierkantigen, bis $^1/_2$ m hohen Stengeln (Fig. 1). — Blätter (Fig. 1) gegenständig, sitzend, halbstengelumfassend, lanzettförmig; in der oberen Hälfte gesägt, kahl; die unteren fünfnervig, die oberen schmäler und dreinervig. — Blüten (Fig. 1 u. 3) einzeln, achselständig, langgestielt. — Zwitterblüten. — Kelch von zwei kleinen Deckblättern gestützt, fünfteilig; Zipfel gleich, schmal, spitz, bleibend. — Blumenkrone (Fig. 3) trichterförmig, undeutlich zweilippig; Röhre bräunlich, stumpfkantig; im Schlunde unter der Oberlippe mit gelben Haaren besetzt; Saum undeutlich zweilippig; Oberlippe zweilappig, zurückgebogen; Unterlippe dreilappig; Lappen abgerundet. — Staubblätter 4 (Fig. 3), zwei längere und zwei kürzere, im Grunde mit der Blumenkronröhre verwachsen; nur die beiden oberen fruchtbar, die beiden unteren unfruchtbar; Staubfäden kurz, kahl; Staubbeutel weiß, zweifächerig; Fächer querliegend (Fig. 4). — Fruchtknoten (Fig. 5 u. 7) eilänglich, zweifächerig, mit vielen Samenanlagen; Griffel (Fig. 6) lang, oben gekrümmt; Narbe zweilappig. — Frucht (Fig. 7) eine eiförmige, zweifächerige, vom Kelche gestützte, zweiklappig aufspringende Kapsel. — Same sehr klein, an der Oberfläche netzartig.

Blütezeit: Juli bis August.

Standort und Verbreitung. In sumpfigen Wiesen von Mittel- und Südeuropa, in Mittelasien und im südlichen Nordamerika.

Gift und dessen Wirkung. Kraut und besonders die sehr bitter schmeckende Wurzel wirken stark purgierend und führten, als Volksmittel angewandt, schon häufig Vergiftungen herbei. — Aus den genannten Teilen wurden verschiedene einander nahestehende giftige Glykoside dargestellt: 1. das **Gratiolin** ($C_{43}H_{70}O_{15}$), ein Doppelglykosid, welches zunächst in Zucker und **Gratioligenin** ($C_{37}H_{60}O_{10}$) zerfällt; das letztere liefert im weiteren Zerfall Glukose und **Gratiogenin** ($C_{31}H_{50}O_5$); neuerdings wird außerdem noch ein weiteres Glykosid: **Gratiolinin,** als darin vorkommend angegeben. Welchem von den genannten Stoffen vorwiegend die Giftwirkung zuzuschreiben ist, bleibt noch festzustellen. Auch die getrocknete Pflanze wirkt giftig.

 Tafel 104.

Gottesgnadenkraut. *Gratiola officinalis L.*

1 Wurzelstock. 2 Blühender Sproß. 3 Blüte im Längsschnitt. 4 Staubblatt. 5 Fruchtknoten im Längsschnitt. 6 Narbe. 7 Fruchtknoten im Querschnitt. 8 Frucht. 3 bis 8 vergr.

Zwerg-Hollunder. Sambucus Ebulus *(L.)*.

Tafel 105.

Fam.: **Geifsblattgewächse. Caprifoliaceae.**

Sambucus von *sámbyx* (gr.), eine rote Farbe oder eine Pflanze mit rotem Safte. Die Griechen nannten die Sambucusarten *Aktaía* (gr.) [von *ágnymi* (gr.), brechen] oder *akté* (gr.), von diesem der deutsche Name Attich. — Ebulus (Ableitung unbekannt) ist die Bezeichnung der Römer für diese Pflanze.

Hollunder, Holler von „Holla tar" = Baum der Holla. Der Hollunder war der von unseren altheidnischen Vorfahren der allverehrten Göttin Holla geweihte Baum.

Ebulum humile (Garke).

Beschreibung. Ausdauernde Pflanze (Fig. 1) mit dickem, kriechendem, oft tief im Boden liegendem Wurzelstocke und 1 bis 2 m hohem, aufrechtem, rundem, stark gefurchtem und mit Warzen besetztem, krautigem Stengel. — Blätter (Fig. 1) gegenständig, unpaarig gefiedert, mit sieben bis neun Fiederblättern; Blattstiel kahl oder kurz behaart, gefurcht; Fiederblätter kurzgestielt, eirund-lanzettlich, scharf gesägt, oben kahl, unten kurz behaart; Nebenblätter am Grunde des Blattstieles eirundlich, spitz, gesägt. — Blüten (Fig. 1) in endständigen, dichten Doldentrauben; Blütenstiele kurz behaart, zuweilen rot angelaufen. — Zwitterblüten, stark duftend. — Kelch (Fig. 3), einblätterig, zu einer den Fruchtknoten umschließenden Röhre verwachsen, mit fünf kurzen Zipfeln. — Blumenkrone (Fig. 2 u. 3) regelmäßig, fünfblätterig, unten zu einer kurzen Röhre verwachsen, abfallend; Zipfel eirund, zurückgeschlagen, weiß oder rötlich. — Staubblätter 5 (Fig. 2 u. 3), der Blumenkrone aufsitzend; Staubfäden pfriemlich, weiß; Staubbeutel eiförmig, zweifächerig, längsaufspringend, anfangs rötlich, später braunrot. — Fruchtknoten (Fig. 3) eirund, stumpf, mit dem Kelche verwachsen, einfächerig, mit drei Samenanlagen; die drei sitzenden Narben stumpf. — Frucht (Fig. 4 u. 5) eine einfächerige, drei-, zuweilen viersamige, runde, glänzend schwarze Beere. — Same (Fig. 6) eiförmig, fast dreieckig; Innenseite flach; Rückenseite gewölbt.

Blütezeit: Juli, August.

Biologisches. Häufung der kleinen Einzelblüten zur Errichtung eines weithin sichtbaren Schauapparates. Die Blüte hat Vanillenduft, ist aber honiglos. Der Kreis der die Blüte besuchenden Insekten ist sehr klein. — Verbreitung der Samen durch Vögel, welche die schwarze Beere gern verzehren.

Standort und Verbreitung. Durch ganz Europa, an feuchten Stellen in Gehölzen, an Waldrändern, zuweilen (wegen der tiefliegenden Wurzelstöcke) ein lästiges Unkraut auf Äckern.

Gift und dessen Wirkung. Die Blätter des Attichs riechen unangenehm und wirken wie die Beeren brechenerregend und stark purgierend. Bei der Verwendung der Pflanze als Volksmittel zu genannten Zwecken kamen verschiedentlich Vergiftungen mit tödlichem Ausgange vor. Welchen Stoffen der Pflanze die Giftwirkung zukommt, ist unbekannt.

 Tafel 105.

Zwerg-Holunder. *Sambucus Ebulus L.*

1 Sproß mit Blüten und Früchten. 2 Blüte. 3 Blüte mit abgestoßener Krone.
4 Frucht. 5 Frucht im Querschnitt. 6 Same. 2 bis 6 vergr.

Schneeball. Viburnum Opulus *(L.)*.

Tafel 106.

Fam.: Geifsblattgewächse. Caprifoliaceae.

Viburnum, Ableitung unbekannt, vielleicht von viēre = flechten. Opulus, Name des Ahorns bei den Römern, die ihn wegen der Ähnlichkeit der Blätter auf den vorliegenden Strauch übertrugen.

Viburnum lobatum (Lam.). — Schlinge.

Beschreibung. Ein sparrig, oft baumartig wachsender, 4 bis 5 m hoher Strauch. — Blätter rundlich bis eirund, mit pfriemlichen Nebenblättern, dreilappig; die unteren Lappen oft geteilt, spitz, am Grunde abgerundet oder keilförmig, zuweilen herzförmig, entfernt- und unregelmäßig-gezähnt, am Grunde ganzrandig, oberseits kahl, hellgrün, unterseits blaugrün und kurzbehaart. — Blüten (Fig. 1) in lockeren, flach ausgebreiteten Scheindolden; die inneren Blüten zwitterig, die Randblüten unfruchtbar; Blumenkrone der letzteren etwa 2 cm im Durchmesser, leuchtend weiß, flach ausgebreitet, aus fünf verkehrt-eiförmigen, abgerundeten Zipfeln gebildet. — Kelch der Zwitterblüte klein, fünfzähnig, bleibend (Fig. 3). — Blumenkrone (Fig. 2) regelmäßig, fünflappig, zu einer kurzen, trichterförmigen Röhre verwachsen; Saum radförmig, weiß. — Staubblätter 5 (Fig. 2), am Grunde der Blumenkrone eingefügt, hervorragend; Staubfäden pfriemlich; Staubbeutel eiförmig, zweifächerig, längsaufspringend, gelb. — Fruchtknoten (Fig. 2) mit dem Kelche verwachsen, grün, dreifächerig, mit je einer Samenanlage; Griffel sehr kurz, drei sitzende Narben. — Frucht (Fig. 4) eine runde oder eiförmige, fleischige, durch Fehlschlagen von zwei Samenanlagen nur einsamige, rote Beere, die auf dem Scheitel die Kelchblätter trägt. — Same (Fig. 5 u. 6) herzförmig, flach.

Der Strauch kommt als beliebte Zierpflanze: Viburnum Opulus roseum oder Viburnum Opulus flor. plen. vor, mit völlig unfruchtbaren Blüten, die, eine kugelige Scheindolde bildend, wie die Randblüten der Hauptform eine große, flache Blumenkrone und völlig verkümmerte Staub- und Fruchtblätter besitzen.

Blütezeit: Mai, Juni; die Beeren reifen im September.

Biologisches. Auf den Blattstielen stehen polsterförmige (extranuptiale) Nektarien, die oft rötlich gefärbt sind. Die Bedeutung dieser Gebilde soll darin liegen, daß sie eine Besiedelung des Baumes mit Ameisen begünstigen und dadurch seine Blätter und Blüten gegen den Fraß anderer Tiere (Insekten, Raupen) schützen. — Arbeitsteilung im Blütenstande: die Randblüten haben auf Kosten der Geschlechtsorgane ihre Blumenkrone vergrößert, machen den Blütenstand auffallend und sichern den Insektenbesuch; die inneren Blüten mit unbedeutender Blumenkrone besitzen Staubbeutel und Stempel. Narbe und Staubbeutel sind gleichzeitig entwickelt, doch ragen letztere über die Blumenkrone hervor, während die ersteren dicht auf dem Fruchtknoten aufsitzen. Bei dem schnellen Überschreiten der Blütenstände berühren die Insekten mit Rüssel und Beinen Staubbeutel und Narben der verschiedenen Blüten und bringen Fremdbestäubung zuwege. Der freiliegende Honig bildet eine flache Schicht, deren Ausbeute nur für kurzrüsselige Insekten (Fliegen usw.) lohnend ist. Einige in Gärten kultivierte Abarten (sogenannte gefülltblühende (Schneeballsträucher) besitzen Blütenstände, deren sämtliche Blüten taub, also zu sogenannten Randblüten geworden sind.

Standort und Verbreitung. In Wäldern, an etwas feuchten Stellen in Gebüschen, an Flußufern und Bächen; durch ganz Europa, in Mittelasien und in Sibirien.

Gift und dessen Wirkung. Die Pflanze wird allgemein als giftverdächtig angegeben. Die Beeren wirken brechenerregend; selbst die Vögel verzehren sie nur ungern. Über die Inhaltsstoffe derselben ist nichts Näheres bekannt. — Aus der Rinde der Pflanze wurde ein nicht näher untersuchter Bitterstoff: das **Viburnin,** gewonnen.

 Tafel 106.

Schneeball. *Viburnum opulus L.*

1 Blühender Zweig. 2 Teil der Blütendolde. 3 Blüte im Längsschnitt. 4 Fruchtzweig. 5 Same. 6 Same im Längsschnitt 2 bis 6 vergr.

Rotbeerige Zaunrübe. Bryonia dioica *(Jacq.)*.

Tafel 107. Wandtafel 19.

Fam.: Kürbisgewächse. Cucurbitaceae.

Bryonia, *bryonía* (gr.) [von *brýo* (gr.), wachsen, klettern], griechischer Name für kletternde Pflanzen; dioica = zweihäusig.
Zaunrübe wegen der rübenförmigen Wurzelstöcke und ihres Standortes.

Beschreibung. Ausdauernde Pflanze mit rübenförmigem, fleischigem, gelblichem, übelriechendem Wurzelstocke, und mittels spiralig-gewundenen Ranken hoch kletterndem, verästeltem, eckigem, federkieldickem, einjährigem Stengel (Fig. 1). — Blätter (Fig. 1) gestielt, herzförmig-handförmig, fünflappig; Endlappen größer als die anderen; Rand gebuchtet, beiderseits mit kurzen, steifen Haaren besetzt; oberseits dunkler grün. — Blüten (Fig. 1) in Doldentrauben neben den Blattachseln stehend, zweihäusig. — Staubblüten und Fruchtblüten gleich groß. — Kelch (Fig. 2 u. 4) fünfblätterig; Kelch der Fruchtblüte halb so lang wie die Blumenkrone; Kelchzähne zurückgekrümmt. — Blumenkrone (Fig. 2 u. 4) glockenförmig; Saum ausgebreitet, fünfzipfelig; Zipfel eiförmig, weißlich, mit grünen Nerven. — Staubblätter 5 (Fig. 2 u. 3); dreibrüderig verwachsen; Staubfäden kurz, weiß, am Grunde behaart, der Blumenkrone eingefügt; Staubbeutel gelb, hin und her gewunden. — Fruchtknoten (Fig. 4 u. 5) der Fruchtblüten unterständig, kugelrund, dreifächerig; Griffel 3 (Fig. 6), grün, auswärts gebogen, mit je zwei Narben. — Frucht (Fig. 7 u. 8) eine runde, fleischige, rote, wenigsamige Beere. — Same (Fig. 9) länglich-rund, etwas zusammengedrückt, grau.

Kommt auch mit gelben Früchten vor: Bryonia dioica var. lutea.

Blütezeit: Juni, Juli.

Biologisches. Die Pflanze hält sich mit korkzieherartig gewundenen, einfachen und ungeteilten Ranken fest; diese krümmen sich sichtbar bei eintretender Berührung, eine Erscheinung, die durch das Vorhandensein besonders ausgebildeter Fühlzellen erklärt wird. — Ein giftiger Stoff, der sich besonders in der rübenförmigen Wurzel findet, dient der Pflanze als Schutz. — Die Blüten sind zweihäusig. Der Blütenstaub klebt zusammen; die Bestäubung kann also nur durch Insekten erfolgen. Die Staubblüten, die zuerst von den

Insekten besucht werden, sind größer und augenfälliger; die Fruchtblüten sind etwas kleiner, von grünlicher Farbe, fast ohne Geruch und unter dem Laube halb verborgen; dennoch werden sie von den Insekten wahrgenommen, und von einer Erdbiene (Andrena florea) besonders bevorzugt. — Die Beeren werden von Vögeln gefressen und damit die Samen verschleppt.

Standort und Verbreitung. In Zäunen und Gebüschen, an Flußufern, durch ganz Deutschland; im Westen und Süden häufiger als im Osten.

Gift und dessen Wirkung. Giftig sind die ekelhaft riechenden und stark bitter schmeckenden Wurzelstöcke der Bryonia dioica und der Bryonia alba, die als Volksmittel als Abführmittel gebraucht werden. Sie wirken scharf reizend auf den Darmkanal und ihr Genuß kann Unterleibsentzündungen, starkes Erbrechen, Krämpfe erzeugen, die mit dem Tode enden können. Der wirksame Bestandteil ist das giftige Glykosid: **Bryonin** ($C_{62}H_{93}O_{31}$); außer diesem soll noch ein zweites Glykosid: **Bryonidin** darin vorkommen. — Auch die Beeren werden allgemein als mindestens giftverdächtig bezeichnet. — In der Heilkunde wurden früher benutzt: die Wurzelstöcke (Radix Bryoniae).

Rotbeerige Zaunrübe. *Bryonia dioica L.*

1 Blühender Sproß. 2 Staubblüte im Längsschnitt. 3 Staubblatt. 4 Fruchtblüte. 5 Fruchtblüte im Längsschnitt. 6 Griffel. 7 Zweig mit Früchten. 8 Frucht im Längsschnitt. 9 Samen. 2 bis 6 u. 8 vergr., 9 nat. Größe u. vergr.

 Tafel 108.

Schwarzbeerige Zaunrübe. *Bryonia alba L.*

1 Sproß mit Staubblüten. 2 Sproß mit Fruchtblüten. 3 Staubblüte. 4 Staubblüte im Längsschnitt. 5 Staubblatt. 6 Fruchtblüte. 7 Fruchtknoten im Querschnitt. 8 Früchte. 9 und 10 Same. 3, 4, 5, 6, 7, 9, 10 vergr.

Schwarzbeerige Zaunrübe. Bryonia alba *(L.)*.

Tafel 108.

Fam.: Kürbisgewächse. Cucurbitaceae.

Bryonia siehe Bryonia dioica; alba, wegen der im Vergleich zur vorigen mehr weiß gefärbten Blüte.

Beschreibung. Ausdauernde Pflanze mit rübenförmigem, fleischigem, weißlichgelbem, wulstig geringeltem, übelriechendem Wurzelstocke, und einem, mittels einfachen Ranken kletterndem, federkieldickem, rauh behaartem, einjährigem Stengel (Fig. 2). — Blätter (Fig. 2) gestielt, am Grunde herzförmig, fünflappig, spitz; oberseits grün, mit kurzen, steifen Härchen besetzt; unterseits blasser, schwach glänzend, mit deutlich hervortretenden Nerven. — Blüten (Fig. 1) in Doldentrauben neben den Blattachseln stehend. Einhäusig; die unteren Blüten Staubblüten, die oberen Fruchtblüten; die letzteren kleiner als die ersteren. — Kelch der Staubblüten (Fig. 4) kürzer, derjenige der Fruchtblüten (Fig. 6) so lang wie die Blumenkrone; fünfblätterig; Zipfel zurückgebogen. — Blumenkrone (Fig. 1 u. 6) glockenförmig; Saum ausgebreitet, fünfzipfelig; Zipfel eiförmig, weißgrün mit grünen Nerven. — Staubblätter 5 (Fig. 4 u. 5), dreibrüderig verwachsen, halb so lang wie die Blumenkrone; Staubfäden kurz, kahl; Staubbeutel gelb, hin und her gewunden (Fig. 5). — Fruchtknoten (Fig. 6 u. 7) unterständig, kugelförmig, dreifächerig; Griffel 3, grün, mit je zwei lanzettlichen, nach außen und abwärts gerichteten Narben. — Frucht (Fig. 8) eine runde, fleischige, schwarze, wenigsamige Beere. — Same (Fig. 9 u. 10) eiförmig, etwas zusammengedrückt und gerandet.

Blütezeit: Juni, Juli.

Biologisches siehe Bryonia dioica. Die Blüten sind einhäusig. Zuerst werden an dem Triebe die Staubblüten angelegt, die also im unteren Teile des Triebes erscheinen; später im oberen Teile die Fruchtblüten.

Standort und Verbreitung. An Zäunen und in Gebüschen, besonders an Fluß- und Bachrändern, durch ganz Deutschland; im Osten und Norden häufiger als im Westen, wo sie manchmal z. B. im ganzen Rheingebiete, fehlt. Häufig in Thüringen, Bayern, Sachsen.

Gift und dessen Wirkung siehe Bryonia dioica!

Wasser-Lobelie. Lobelia Dortmanna *(L.)*.

Tafel 109.

Fam.: Lobeliengewächse. Lobeliaceae.

Lobelia, nach dem Hofbotaniker Jakobs I. von England, Lobelius oder Matthias L'Obel, geb. 1538, gest. 1616 in London. Dortmanna nach Dortmann, einem Gröninger Apotheker.

Beschreibung. Ausdauernde Pflanze (Fig. 1) mit kleinem, aus fadendünnen, weißen Wurzelfasern gebildetem Wurzelstocke. — Blätter am Wurzelstocke gedrängt stehend, linealisch, stumpf, Milchsaft führend, innen mit zwei Höhlungen, unter dem Wasserspiegel wachsend. — Blüten (Fig. 1) in wenig blütiger Traube an der Spitze eines über das Wasser emporragenden, mit einem kleinen Deckblättchen besetzten, milchsaftführenden Schaftes. — Zwitterblüten. — Kelch (Fig. 1 u. 6) oberständig, glockig, mit fünf kleinen Zipfeln, grün. — Blumenkrone (Fig. 2) trichterförmig, unregelmäßig, zweilippig. Oberlippe aus zwei schmalen, auswärts gebogenen, Unterlippe aus drei eirunden, stumpfen Zipfeln gebildet; die Kronenröhre zylindrisch, an der oberen Seite tief aufgeschlitzt, weiß oder blau. — Staubblätter 5 (Fig. 3); Staubfäden weiß, unten frei, oben zu einer Röhre verwachsen; Staubbeutel verwachsen, violett, an der Spitze mit weißen Haaren besetzt. — Fruchtknoten (Fig. 6) mit dem Kelch verwachsen, zylindrisch, violett, unter den Narben behaart. Narbe zweilappig, beim Aufblühen geschlossen und in der Griffelröhre verborgen. — Frucht (Fig. 6) eine aufspringende Kapsel. — Samen zahlreich, sehr klein.

Blütezeit: Juli, August.

Biologisches. Übertragung des Blütenstaubes: In dem Hohlzylinder, der von den Staubbeuteln gebildet wird, sammelt sich der von den Staubbeuteln nach innen entlassene Blütenstaub. Der Griffel reicht zunächst mit den beiden geschlossenen, aneinanderliegenden Narbenlappen bis an den Eingang des Staubbeutelzylinders; allmählich wächst er durch denselben hindurch und fegt dabei mit einem dicht unter der Narbe stehenden Haarkranze den Blütenstaub aus dem Hohlzylinder heraus. Insekten, welche die Blüte jetzt besuchen, bedecken sich mit Blütenstaub. Ist die Narbe ganz aus der vorderen Öffnung herausgetreten, so breiten sich die Narbenlappen aus, und

 Tafel 109.

Wasser-Lobelie. *Lobelia Dortmanna L.*

1 Pflanze. 2 Blühender Sproß. 3 Blüte. 4 Narbe in der Staubbeutelröhre. 5 Narbe geschlossen. 6 Narbe geöffnet im Längsschnitt. 7 Junge Frucht. 3 bis 7 vergr.

es bietet sich nun den Insekten die belegungsfähige Narbe zur Berührung dar.

Standort und Verbreitung. In Moorsümpfen und moorigen Seen, in Nord- und Ostdeutschland zerstreut vorkommend.

Gift und dessen Wirkung. Alle Lobeliaarten, außer der vorliegenden, auch die häufig als Zierpflanzen angebaute Lobelia syphilitica, Lobelia fulgens, Lobelia splendens, Lobelia cardinalis sind Giftpflanzen; sie besitzen in allen Teilen einen scharfen Milchsaft. — Das Kraut der Pflanze erregt heftiges Erbrechen und wirkt außerdem narkotisch. — Als wirksamer Bestandteil wurde das Alkaloid **Lobelin** ($C_{12}H_{23}NO_2$) erkannt.

Gift-Lattich. Lactuca virosa *(L.)*.†

Tafel 110. Wandtafel 20.

Fam.: **Korbblütler. Compositae.**

Lactuca, vielleicht von Lactiduca = Milchführerin (wegen des Saftes) abzuleiten; virosa giftig.

Lattich verstümmelt aus Lactuca.

Beschreibung. Pflanze mit zweijähriger Wurzel; bildet im ersten Jahre eine Blattrosette; im zweiten Jahre einen einjährigen, aufrechten, 1 bis $1^1/_2$ m hohen, runden, hohlen, unten einfachen, oben rispig-verzweigten Stengel. — Blätter (Fig. 1) zerstreut, sitzend, stengelumfassend, mit pfeilförmigem Grunde, umgekehrt-eiförmig, ganzrandig, wagerecht abstehend, an der Mittelrippe unterseits mit steifen Borsten besetzt; in den Verästelungen in lanzettförmige Deckblätter übergehend. — Blütenkörbchen in einer Rispe an der Spitze des Stengels (Fig. 1), Körbchen strahlenförmig (Fig. 2); Blütenboden flach, kahl; Hüllkelch kahl, walzenförmig; Deckblätter dachziegelförmig, nach innen länger und schmäler werdend. — Blüten (Fig. 2 u. 3) sämtlich zungenförmige Zwitterblüten. — Kelch eine haarförmige, silberweiße Haarkrone von der Länge der Blumenkronröhre. — Blumenkronblätter zungenförmig, gelb. — Staubblätter 5 (Fig. 3), aus der Blüte hervorragend; Staubfäden frei; Staubbeutel schmal, zweifächerig, zu einer Röhre verwachsen, nach innen längsaufspringend, am Grunde in einen geteilten Fortsatz endigend. — Fruchtknoten unterständig, länglich-oval, einfächerig, mit einer Samenanlage; Griffel fadenförmig, behaart; Narben 2, zurückgekrümmt, außen behaart. — Früchte (Fig. 4) umschlossen von dem Hüllkelche, langgeschnäbelt, mit der Haarkrone an der Spitze, seitlich zusammengedrückt, mit fünf Längsriefen, breit berandet, in einen langen, an der Spitze kahlen Schnabel auslaufend, schwarz.

Blütezeit: August, September.

Biologisches. Häufung der kleinen Einzelblüten zur Genossenschaft in einem Blütenkörbchen, zwecks Vergrößerung der Augenfälligkeit. — Der Honig ist in der engen, kurzen Blumenkronröhre eingeschlossen und füllt dieselbe bis oben an, wodurch er auch kurzrüsseligen Insekten zugängig wird. — Der Kelch

 Tafel 110.

Gift-Lattich. *Lactuca virosa L.*

1, 2 Blühender Sproß. 3 Blütenköpfchen im Längsschnitt. 4 Einzelne Blüte. 5 Frucht. 3, 4, 5 vergr.

der Blüte, zu einer weißen Haarkrone umgebildet, dient als Flugapparat und Fallschirm zur Erleichterung der Ausbreitung der Samen durch den Wind. — Gegen unberufene, den Stengel hinauf kriechende Insekten schützen sich der Gift- und der wilde Lattich in eigentümlicher Weise. Die Deckblätter der Blütenkörbchen, die Blütenstiele und die oberen kleinen Laubblättchen führen in den Zellen der Oberhaut einen weißen Milchsaft, der bei der geringsten Verletzung der äußeren Zellwand mit Gewalt hervorquillt. Kleine Insekten, z. B. Ameisen, die, beim Ersteigen der Stengel in die Blütenregion gelangend, mit den Krallen ihrer Füße jene von Milchsaft strotzenden Zellen ritzen, werden sofort von dem weißen, klebrigen Safte bedeckt. Ein Entrinnen ist für die Tiere meist nicht möglich, da der Saft an der Luft schnell zu einer zähen, später braun werdenden Masse erhärtet. Leichen von Ameisen, Aphisarten und anderen kleinen Insekten findet man oft massenhaft an den Blütenständen festgekittet.

Standort und Verbreitung. An trockenen, sonnigen, felsigen Orten, auf hellen Waldplätzen, durch West- und Südeuropa; im Westen Deutschlands häufig. Wurde früher an manchen Orten (z. B. bei Zell an der Mosel) zur Gewinnung des Saftes kultiviert.

Gift und dessen Wirkung. Die Lactucaarten sind leicht narkotisch wirkende Pflanzen, in ihrer Wirkung dem Bilsenkraut in etwas ähnlich. Sie besitzen einen äußerst bitter schmeckenden, eigentümlich betäubend riechenden Milchsaft, der eingetrocknet gelbbraune, innen weiße Klumpen bildet, die als „Lactucarium“ in der Medizin verwandt werden. Aus diesem und direkt aus dem Milchsafte wurde als wirksamer Bestandteil das **Latucerin** ($C_{28}H_{44}O_2$) als blaßgelbe, bitter schmeckende Nadeln dargestellt. Die dem Opium ähnliche Wirkung des Milchsaftes war schon den Alten bekannt (*Thridax agria* des Dioskorides, auch von Plinius wird sie erwähnt). Außerdem finden sich als Bitterstoffe unbekannter Zusammensetzung häufig das **Lactupikrin** und (bis 0,3 Proz.) das kristallisierbare **Lactucin.** — In der Heilkunde wurde früher benutzt: der aus der kultivierten Pflanze durch Abschneiden der Stengel gewonnene und eingetrocknete Milchsaft (Lactucarium germanicum).

Wilder Lattich. Lactuca scariola *(L.)*.

Tafel 111.

Fam.: **Korbblütler. Compositae.**

Lactuca siehe Lactuca virosa; scariola soll aus seriola [von *seris* (gr.), Lattich] verstümmelt sein.
Lactuca silvestris (Lam.).

Beschreibung. Pflanze mit zweijähriger Wurzel; im ersten Jahre oben mit einer dichten Blattrosette besetzt; im zweiten Jahre einen einjährigen, 1 bis $1^1/_2$ m hohen, aufrechten, verästelten, runden, hohlen, glatten Stengel treibend. — Blätter (Fig. 1) eirund bis länglich, pfeilförmig, fiederspaltig, sägeförmig, an den Rändern stachelig bewimpert, stachelspitzig, an sonnigen Stellen die Ränder nach unten und oben kehrend; unterseits an der Mittelrippe mit stacheligen Borsten besetzt; nach oben in schmale, lanzettförmige Deckblätter übergehend. — Blütenkörbchen in pyramidenförmigen Rispen (Fig. 2). — Körbchen strahlig; Blütenboden flach, kahl; Hüllkelch kahl, walzenförmig; Deckblätter dachziegelförmig. — Blüten zungenförmig; zwitterig. — Kelch von einer silberweißen Haarkrone gebildet. — Blumenkrone einblätterig, zungenförmig, unten röhrig, blaßgelb. — Staubblätter 5 (Fig. 3 u. 4), aus den Blüten hervorragend; Staubfäden frei; Staubbeutel tiefgelb, schmal, zu einer Röhre verwachsen, nach innen längsaufspringend. — Fruchtknoten unterständig, länglich-oval, einfächerig, mit einer Samenanlage, behaart; die zwei Narben zurückgebogen, außen behaart. — Früchte (Fig. 5, 6 u. 7) vom Hüllkelch umschlossen, braun, beiderseits mit fünf Riefen, schmal berandet, mit langem, fadenförmigem Schnabel, mit der Haarkrone an der Spitze.

Blütezeit: Juli bis September.

Biologisches siehe Lactuca virosa. Eine sogenannte „Kompaßpflanze“: die Blätter der freistehenden Pflanze drehen sich so, daß ihre Spitzen nach Norden und Süden, die Ränder nach oben und unten gerichtet sind. Diese Stellung wird durch das Licht bedingt.

Standort und Verbreitung. In Mittel- und Südeuropa. In Deutschland überall an Wegen, trockenen Abhängen, auf steinigen Stellen, Schutthaufen u. dgl.

Gift und dessen Wirkung siehe Lactuca virosa!

Wilder Lattich. *Lactuca scariola L.*

1, 2 Blühender Sproß. 3 Blütenköpfchen im Längsschnitt. 4 Einzelblüte. 5 Frucht. 6 Same, nat. Größe. 7 Desgl., vergr. 3, 4, 6, 7 vergr.

Wasserdost. Eupatorium cannabinum *(L.)*.

Tafel 112.

Fam.: **Korbblütler. Compositae.**

Die Pflanze hat ihren Namen Eupatorium von der Verwechslung derselben mit Agrinonia Eupatoria, die von Mithridates Eupator (ein die Heilkraft der Pflanzen studierender pontischer König, gest. 64 v. Chr.) gegen Leberleiden empfohlen wurde; cannabinum von Cannabis = Hanf, weil die Stengel wie diejenigen der Hanfpflanze benutzt wurden.

Wasserhanf; Kunigundenkraut.

Beschreibung. Ausdauernde Pflanze mit starkem, kriechendem Wurzelstock und aufrechten, krautigen, bis 2 m hohen, verästelten Stengeln (Fig. 1). — Blätter (Fig. 1) gegenständig, gestielt, drei- bis fünfteilig; Zipfel lanzettlich, gesägt, rauhhaarig. — Blütenkörbchen (Fig. 1) in doldentraubiger, reichblütiger Rispe an der Spitze der Triebe; Blütenstiele behaart; Hüllkelch der Körbchen länglich-zylindrisch; Deckschuppen länglich-lanzettlich, weißlich, dachig. In jedem Körbchen fünf bis sechs Blüten (Fig. 2); Blütenboden flach, kahl; Blüten alle gleich, zwitterig. — Kelch (Pappus) haarförmig, einreihig. — Blumenkrone (Fig. 3) röhrig, oben etwas erweitert, mit fünfteiligem Rande, rötlich, wohlriechend. — Staubblätter (Fig. 3) in der Blumenkrone eingeschlossen; Staubfäden fadenförmig, frei; Staubbeutel aufrecht, linealisch, zu einer Röhre verwachsen, nach innen aufspringend. — Fruchtknoten (Fig. 3) unterständig, mit dem haarförmigen Kelche verwachsen; Griffel am Grunde verdickt, von der Mitte an zweiteilig gespalten; Äste halbzylindrisch, außen behaart, innen rinnenförmig, an den Seiten mit Narbenpapillen besetzt. — Früchte (Fig. 4) länglich, gerieft, kantig, fünfseitig, gekrönt von der einreihigen, weißen Haarkrone.

Blütezeit: Juli bis September.

Biologisches. Die Blüten sind erstmännlich (proterandrisch). — Die Griffel sind tief gespalten; die obere Hälfte trägt Fegehaare; die untere bildet die belegungsfähige Narbe. Anfangs stecken die Griffel in dem Staubbeutelzylinder, fegen beim Strecken aus diesem den Blütenstaub heraus und bieten ihn den Insekten dar; nachher spreizen sich die Griffeläste auseinander. Da die fünf Blüten eines Köpfchens nacheinander aufblühen, so stehen ältere und jüngere

Blüten nebeneinander und Kreuzbestäubung ist unvermeidlich. Der Bau der Blüte ermöglicht Bienen, Hummeln und Schmetterlingen die Entnahme des Honigs. Die Augenfälligkeit der kleinen Blüten wird vermehrt durch Zusammenstellung derselben in doldenförmigen Köpfchen, in denen die weit hervorragenden, schneeweißen Griffeläste gegen die rötlichen Blumenkronblätter scharf hervortreten.

Standort und Verbreitung. In ganz Europa und Vorderasien, in Deutschland überall verbreitet; an Waldbächen, an feuchten Stellen, an Felsen und im Walde; an trockenen Stellen nur, wenn sie etwas beschattet sind.

Gift und dessen Wirkung. Die Pflanze wird als giftverdächtig angesehen. Kraut und besonders die Wurzel schmecken bitter und scharf; sie wirken brechenerregend und werden als Volksmittel gegen Wassersucht, Hautausschläge usw. angewandt. In der Pflanze kommt ein Glykosid: **Eupatorin,** vor, dessen chemische Zusammensetzung und Eigenschaften noch nicht näher erforscht sind.

 Tafel 112.

Wasserdost. *Eupatorium cannabinum L.*

1 Blühender Sproß. 2 Blütenköpfchen. 3 Blüte im Längsschnitt. 4 Same.
2, 3, 4 vergr.

SACHREGISTER.

(Die römischen Ziffern beziehen sich auf die Einleitung.)

R.

S.

GPSR Compliance

The European Union's (EU) General Product Safety Regulation (GPSR) is a set of rules that requires consumer products to be safe and our obligations to ensure this.

If you have any concerns about our products, you can contact us on ProductSafety@springernature.com

In case Publisher is established outside the EU, the EU authorized representative is:

Springer Nature Customer Service Center GmbH
Europaplatz 3
69115 Heidelberg, Germany

Batch number: 10577896

Printed by Printforce, the Netherlands